ANTHROPOLOGIES FRANÇAISES EN PERSPECTIVE

Jean-Luc Jamard

ANTHROPOLOGIES FRANÇAISES EN PERSPECTIVE

Presque-sciences et autres histoires

EDITIONS KIMÉ
2, impasse des Peintres
75002 PARIS

Illustration couverture : Quentin Metsys, Le changeur et sa femme (détail), Musée du Louvre.

ISBN : 2-908212-49-8

A ma mère.

Et aux discours des anthropologues,
mes informateurs privilégiés.

Je suis redevable à Robert Cresswell de ses enseignements multiples et de ses critiques toujours généreuses. M'ont été précieuses bien des discussions avec Jean-Claude Combessie, Michel Giraud, Georges Guille-Escuret – et Margarita Xanthakou, dont le dévouement est illimité. Merci, enfin, à Daniel Becquemont et Pierre Bonte pour leur lecture attentive et leurs judicieux commentaires du manuscrit. C'est bien sûr à moi seul qu'incombe la responsabilité du livre dans sa forme définitive.

... Expliquer du visible
compliqué par de l'invisible simple...

Jean Perrin,
à propos de la science.

... « C'est intéressant parce que c'est compliqué », parce que cela ne se réduit pas à cette forme d'économie de la pensée qu'est la science déductive. Vico maudissait ces Français qui, avec leurs idées claires et distinctes, prétendaient rendre inutile le poids des bibliothèques.

Paul Veyne,
à propos de l'histoire.

Les raisons de l'imprécision très réelle des contours de l'ethnologie, pour l'ethnologie française en particulier, tiennent à la fois à son histoire et à sa constitution ; l'ethnologie [« histoire naturelle de l'homme »] est un complexe scientifique plus qu'une science et l'histoire de son contenu actuel est sans doute la meilleure définition qu'on puisse en donner.

André Leroi-Gourhan.

Introduction

Dans mon village habite un ethnologue, un seul. Il y observe tous les habitants du lieu qui ne s'observent pas eux-mêmes. Qui observe l'ethnologue ?

C'est bien simple : en toute logique, il s'observe lui-même si – et seulement si – il ne s'observe pas lui-même. Situation assez épineuse, qui par la forme est celle du barbier dans le paradoxe du même nom.

Mais l'ethnologie en a vu d'autres. Car il y a beau temps qu'elle se met en question. Comme le devraient les miroirs, il lui arrive de réfléchir avant de renvoyer les images. Peut-elle cependant se réfléchir elle-même comme elle réfléchit ses objets ? Qui fera l'ethnologie des ethnologues, si ce n'est ceux-ci, mais comment ? Que de tels problèmes se posent, cela transparaît à travers les « états des lieux » et les bilans critiques profusément dressés en France dans la période récente, qui voit en outre grandir l'intérêt pour les « retours aux sources ».

Des problèmes, il en est certes de plus manifestes... quoique mis en plein jour, d'un même mouvement, par les mêmes voies : Où sont donc passés l'objet, le champ, « la » méthode ? Ne restera-t-il bientôt de l'ethnologie que tout ce qui lui était étranger ? Doit-elle recouvrer une identité ? Eclatement ou crise de croissance... « Une des maladies les plus répandues est aujourd'hui le diagnostic », écrit Karl Kraus, feignant le mal qu'il dénonce. Gardons-nous de l'épidémie.

En l'occurrence pourtant, les symptômes ne sont pas nouveaux, ni l'étiologie ou le traitement, réservés aux seuls ethnologues. Il y a quelque trente ans, Fernand Braudel plaidait déjà pour que « les sciences sociales cessent de tant discuter sur leurs frontières réciproques, sur ce qui est ou n'est pas science sociale, sur ce qui est ou n'est pas structure... ». Pourtant, les voilà qui discourent aujourd'hui de plus belle, et même sur ce qu'est – ou non – La Science ; mais en se tournant le dos, dirait-on, et avec moins d'échos que naguère.

L'ethnologue n'a pas perdu sa langue : il est toujours prêt semble-t-il à discuter ferme. Certes, l'historien et certains porte-voix des « vraies » sciences lui ont depuis dix ou quinze ans ravi la vedette qu'il partagea avec les émules de Freud, à compter des années soixante, dans le coeur de l'« honnête homme » hexagonal. Cela ne saurait être fortuit (rien ne l'est !). Qui nous dit cependant que l'amateur éclairé ne vibrerait pas à l'unisson du spécialiste, pour peu qu'en clair, on parle et à l'un et à l'autre des problèmes posés aujourd'hui au second – mais en amont justement, ou à l'horizon, de sa spécialité ? C'est bien ce que nous verrons.

L'introduction d'un livre devrait en principe définir l'objet dont il va traiter. Mais en l'espèce l'objet doit consister pour une part dans cette définition même : le suggèrent ces phrases de Leroi-Gourhan placées ci-avant en exergue. C'est donc chemin faisant que le lecteur pourra, graduellement, le cerner. Souhaitons qu'aux abords de la conclusion il soit enfin à même d'en saisir le contour. Qu'il suffise donc ici d'annoncer la couleur.

Des anthropologies *françaises*, voilà un point de départ : le pluriel comme l'indéfini sont à retenir, mais c'est encore bien vague. Et définir, c'est exclure. Aussi évoquerai-je pour l'heure ce que je *n'ai pas* voulu faire et qu'au reste je n'aurais peut-être pas pu faire.

Etaient en ce sens exclus d'emblée des fins de ce travail une histoire de l'ethnologie en France – fût-elle de faible profondeur et même si je sollicite parfois la mémoire d'un passé récent – aussi bien qu'un tableau visant à l'exhaustivité ou à la précision photographique. Cela implique au passage que j'aie contourné certaines œuvres ou thématiques qui à plus d'un titre mériteraient cent fois de figurer dans une anthologie de l'anthropologie, même réduite – si l'on peut dire – à la recherche française.

Française : voilà bien l'autre restriction. Je traite en tant que telle d'une sous-population comprise dans une nation plus vaste, celle des théories et des discours anthropologiques contemporains, comme d'autres ethnologues le font d'une section tribale ou d'un village en écartant, par méthode ou quelquefois par nécessité, l'étude *in vivo* de ses homologues dans un même peuple. Cela soit dit sans prendre l'analogie trop au sérieux ; pourtant, peut-on, dans les deux cas, faire toujours ou pleinement l'impasse sur le système de relations où se trouve pris l'objet d'étude et dont celui-ci tient ses propriétés, peut-on l'isoler du tout dont il est élément ? Jamais bien longtemps, si l'on veut éviter l'écueil bien connu du « monographisme ». Mais c'est là un problème de dosage, d'organisation graduelle de la recherche en plusieurs étapes, ou phases d'échelles différentes. Et tout dépend des questions posées. Certaines des miennes figurent dans le premier chapitre de l'essai (si c'en est un) ; le moment venu, elle seront réitérées, avec d'autres interrogations. Autant néanmoins le dire tout de suite : pas plus que leur histoire, ce livre ne prétend approfondir la sociologie des ethnologues ou de leur produits. Mieux vaut à mon sens comprendre ce qu'ils *veulent dire* et *comment* ils le disent – quelles sont, aussi, les règles du jeu – avant de chercher dans le « social en général » des causes de ces discours. Mais il y a plus.

Pourquoi en vient-on à étudier puis même, parfois, à pratiquer l'ethnologie ? Eh bien, ce n'est pas sans émotion que ceux des lecteurs qui ont été enfants se souviendront de ce que c'est que d'être un Indien. Etre ce que l'on n'est pas, voilà pur régal pour d'aucuns, qui en retrouvent le goût non sur les planches ou dans les studios mais en fréquentant leur « terrain » d'ethnographe. S'y conjugue cependant l'insatiable curiosité qui motive toute recherche scientifique – et sur quoi les freudiens nous en ont conté de belles.

« Scientifique », nous y voilà : c'est vite dit. L'ethnologie, une science ? Ou une « histoire des autres », fût-elle au présent et même simplement (façon de parler) une recherche, comme peut l'être l'écriture ou l'art en général ? C'est bien ce dont nous discuterons, dans les limites toutefois de notre sous-population. Pareilles questions ne sont pas de pure forme. En témoigne le fait que tant d'ethnologues, plus ou moins ouvertement, s'inspirent et se réclament depuis si longtemps de l'un ou l'autre modèle.

Mais, sans même s'attendre à des réponses décisives, encore faudra-t-il se donner un langage approprié et d'autres moyens idoines pour poser ces questions de façon plus circonstanciée avec quelque substance (chapitre premier).

Ainsi équipés, auteur et lecteurs devront s'attaquer à forte partie, puisque le second chapitre confronte de « grandes théories » sur un registre bien français : le structuralisme lévi-straussien et quelques espèces locales de l'inspiration marxiste en ethnologie – opposition qui reste exemplaire, soit dit sans acharnement thérapeutique ; je m'en expliquerai.

Cette table d'orientation dressée, il n'en sera espérons-le que plus facile de traiter dans le troisième chapitre – en changeant l'échelle – de plusieurs variétés contemporaines de l'ethnologie, dont beaucoup des praticiens entendent en France distinguer à divers égards leur production des deux grands dogmes méthodologiques ci-dessus mentionnés. Ces modalités semblent nombreuses qui se rapprochent d'une sorte d'histoire, ne serait-ce qu'en situant leurs objets dans une perspective temporelle.

Une ligne de partage détachera ensuite – dès le début de la

seconde partie – certaines recherches que de nouvelles solidarités pourraient bien associer, non plus à l'histoire, mais aux développements des « sciences cognitives » et d'autres disciplines en vogue (chapitre quatre).

Après quoi viendront, dans les deux derniers chapitres et l'épilogue, des manières de bilans illustrés par de nouveaux débats – qu'appuieront quelques expériences de pensée. Seront ainsi évalués la nature des procédés de la démarche des ethnologues, et certains de ses déplacements, en y incluant quelques analyses de type anthropologique, appliquées, cette fois, à l'activité de recherche elle-même. Enfin, reviendront les timides questions formulées au début du présent propos. Car il ne s'agit pas ici de régler un problème (ou des comptes), mais de construire un cadre de réflexion et d'y faire entrer les lecteurs, y compris ceux dont l'ethnologie n'est pas ou pas encore la profession, à mesure qu'il s'édifie. D'où certains échafaudages.

Ceci encore : n'avoir rien fait est un privilège dont il ne faut point abuser, disait quelqu'un. Claude Lévi-Strauss ou d'autres grandes figures de l'anthropologie en ont tellement fait qu'ils ont depuis bien longtemps perdu ce privilège, avec ses garanties. Aussi ne s'étonnera-t-on pas du ton parfois critique de ce livre : il est proportionné à l'ampleur et l'intérêt des travaux commentés ; à la mesure, par conséquent, des risques que prennent leurs auteurs, comme tout chercheur. La fonction critique compte parmi les tâches inhérentes au travail de recherche – et souvent, son exercice y traduit des hommages plus sincères que bien des dithyrambes. C'est pourquoi je me suis plu à citer nombre de discours : pour illustrer, en faisant « parler » un milieu, les controverses où ils s'inscrivent, et pour stimuler ma propre critique – comme celle du lecteur – sans abuser de la paraphrase. Celle-ci, de la sorte, est par ailleurs évitée quand d'autres ont déjà mieux écrit ce que j'aurais moi-même voulu dire. On va le voir en entrant dans le vif du sujet.

PREMIÈRE PARTIE

De ce qui demeure à ce qui change

1

Préambule : questions, fins, moyens

Une culture ethnologique française ?

« ... si ceux qui viendront après nous doivent constituer ce que nous n'avons pas su véritablement bâtir, ou rebâtir : une école ethnologique française, ce sera en se convainquant que comme Leroi-Gourhan l'avait dit, derrière toutes les spécialisations, derrière toutes les différences de points de vue, il y a quelque chose qui nous rapproche, quelque chose qui nous unit, et ce quelque chose, c'est la culture ethnologique » (Lévi-Strauss 1988 : 206). En disant cela, Claude Lévi-Strauss pose l'existence au moins tendancielle d'*une* anthropologie et d'une anthropologie *française*[1].

Propos auquel font écho bon nombre de questions. Retenons-en, pour mémoire car nous y reviendrons, quelques-unes. Qu'est-ce au juste – un anthropologue de culture française a récemment réfléchi en ces termes (Lenclud 1988 a) – qu'est-ce donc qu'une « culture ethnologique (nationale) » ? Et si, en aval, on parle d'anthropologie française, le fait-on dans le sens où pourrait s'entendre l'expression

---

1. Les noms d'auteurs suivis d'une date de publication (le tout ou la date entre parenthèses – ou entre tirets dans des parenthèses –) renvoient à la bibliographie en fin de volume (références de tous les textes cités). Là, les dates de publication et les références complètes ajoutées entre crochets correspondent aux premières éditions, ou aux éditions en langue originale quand c'est une traduction en français qui est citée (dans le cas inverse, la version française, si j'en ai connaissance, figure entre crochets). Les passages en petits caractères serrés, marqués d'une ligne verticale, ajoutent des commentaires ou des détails à l'exposé principal. Sauf exceptions dûment motivées et argumentées, les termes « anthropologie », « anthropologie sociale » et « ethnologie » seront employés indistinctement.

« la physique française » ? Est-ce plutôt l'analogue d'une formule comme « l'école historique française » (ou encore « notre philosophie » et même, pourquoi pas, « notre littérature ») ?

A cet égard, le passage précité s'auto-illustre de belle manière. Car son auteur et le savant qu'il évoque – Lévi-Strauss et Leroi-Gourhan – furent naguère les deux visages de l'ethnologie française, vue tout entière comme sous la lumière contrastée d'une étoile double, pour les étudiants d'alors, devenus nos anthropologues en exercice ou la plupart d'entre eux.

L'une et l'autre de ces hautes figures formèrent ainsi le dipôle qui a pour un temps configuré la culture ethnologique transmise dans l'hexagone à tout apprenti-chercheur. Et ce, en dépit (ou à cause) de l'abîme qui sépare leurs objets comme leurs méthodes – les *styles* mêmes de leur pensée. Quant à l'inspiration marxiste, on sait qu'elle a doté d'un relief singulièrement accusé le paysage des sciences sociales en France. Pour sa part, nous le verrons, elle est souvent entrée en dissonance avec l'ascendant exercé par le structuralisme lévi-straussien. Il y a donc plusieurs anthropologies possibles ? Sans aucun doute, et bien plus de deux, ne serait-ce que dans la tradition universitaire française... à supposer qu'en la matière, les couleurs nationales estampillent des pratiques et discours *sui generis* ; mais quand bien même, prenons-en note, l'anthropologie se ferait partie intégrante d'une « science-monde », cela n'empêcherait aucunement – c'est tout le contraire – que perdurent en son sein des « traditions locales »[2]. Ce qui nous ramène au problème du statut de pareille discipline – si c'en est vraiment une plus qu'un agrégat de pratiques diverses – face, disions-nous par exemple, à deux extrêmes, la physique et l'histoire, mais aussi à d'autres sciences humaines ou sociales.

Frontières et partages

Depuis qu'existe l'idée dénotée, à la locution « sciences humaines ou sociales » (on parle aujourd'hui de « sciences de l'homme et de la société », label d'un département du CNRS) s'oppose celle de « sciences physiques et naturelles » ou simplement de sciences de la nature, qui incluent alors les sciences de la vie : le domaine, en gros, de la biologie. Fondre en un seul tenant sciences *humaines* et

2. Sur ces notions, construites d'après le modèle des « économies-mondes » de Braudel (1979, t. III), voir Polanco 1989 : 10-11 notamment.

sciences *sociales*, voilà donc qui s'admet *de facto* bien souvent. Contre quoi il n'y aurait rien à dire (« homme » implique société, Robinson même porte la sienne dans la tête et sur le corps), n'était le fait qu'aux yeux et sous la plume de nombreux zoologistes, les *sociétés* animales apparaissent sans métaphores abusives en quantité croissante, en dehors même des cas très particuliers de certains insectes, reconnus « sociaux » de longue date.

Il s'ensuit qu'une science sociale peut fort bien, en droit au moins, embrasser certains districts du réel d'où l'homme est totalement absent ; qu'elle peut, aussi, viser des phénomènes qui n'ont rien, par les lois qui les régissent, de proprement humain – comme le fait la démographie, argumente notamment Lucien Scubla (1988 a : 98-99 ; précisons que le principe de cette discipline est applicable à tout groupe d'êtres vivants sexués). Bref, ne pas être une science humaine apparaît possible pour une science sociale. Lévi-Strauss a proposé, pour les différencier, d'autres critères d'ailleurs assez surprenants ; l'occasion viendra de les évoquer.

En réciproque, il est des sciences humaines mais non sociales, rappelle aussi Scubla, en ce que leurs objets sont attributs exclusifs d'*homo sapiens sapiens*, envisagés toutefois comme systèmes indépendants des rapports sociaux : ainsi les linguistiques structurale ou générative et bien souvent la psychologie. J'en vois une preuve *a contrario* dans la nécessité où l'on s'est trouvé de spécifier la psychologie *sociale*, et une *socio*-linguistique (parfois une *ethno*-linguistique) qui, elle, s'attache à révéler sur pièces la relation de la langue au social et au culturel.

Laissons cela, que nous retrouverons plus loin sous les dehors d'une question : de quoi parlent au juste les anthropologues. Que pour tous ceux-ci, toute anthropologie soit au moins et sur le fond une science humaine, c'est à quoi l'on s'en tiendra pour l'instant sans grand risque d'être contredit. Se demander maintenant où et quand ce qu'ils *font* les rapproche plutôt d'une sorte d'histoire ayant en l'espèce observation directe et « archives orales » pour matière première, ou plutôt d'une manière de science, et si pareille opposition a même un sens, vise seulement à situer notre propos. Toute réponse est bien sûr prématurée. Mais il faut en rassembler progressivement les éléments ; nous aurons, bien des fois en sous-main, cette injonction pour viatique tout au long de l'ouvrage. Je sais bien que pour ce qu'en a pensé Lévi-Strauss (1973 : 72), il y aurait là quelque « Faux problème [...], car le propre de l'anthropologie est d'être rebelle à cette distinction » (entre « humanités » et « sciences naturelles ») ; mais c'était vite dit.

Voici donc le premier présupposé qui oriente nos vues : la

tension, et partant, les choix souvent tacites, entre science et histoire comme *régimes de connaissance* – pour parler bref –, y compris dans leurs combinaisons ou prétendues fusions, constitue un trait hautement distinctif des formes d'anthropologie. Mais la position des théories et des pratiques de recherche se définit aussi – second présupposé – en fonction d'un *contenu de connaissance* visé. Non d'un objet, mais de l'équilibre établi selon les cas en faveur de l'un ou l'autre aspect intelligible de tout objet empirique, d'un élément de cette commune *dyade thématique* : stabilité / changement, invariant / processus. Certains philosophes transposeraient : « être » et « devenir ». N'ayons crainte, je ferai l'économie de sa généalogie ; on entrevoit, bien loin, Parménide et Héraclite...

De ces préliminaires, ressort qu'il faut dès maintenant revenir sur quelques notions pour expliciter nos fins et nos moyens, nos enjeux et procédés, sous peine d'en rester aux abstractions oiseuses. Quant aux présupposés, l'essentiel n'est aucunement d'en avoir ou pas : c'est d'avoir les bons – ce qui ne se juge qu'après coup.

Des sciences « dures »...

Plus haut, ont été opposées l'une à l'autre histoire et science, en tant que régimes de connaissance. Est-ce discréditer le savoir et la recherche historiques ? Loin de là. Au reste, ne dit-on pas « sciences historiques » ? Certes, mais là gîte le problème : c'est justement pour les distinguer, ces disciplines, des « sciences théoriques » – le contraste des termes date de Cournot –, celles qui découvrent ou modélisent des lois quantifiables, celles qu'on répute exactes, la mathématique et la physique théorique, ou « dures » : les mêmes, rejointes par certains secteurs de pointe en chimie et en biologie. Et encore ce procédé passe-t-il sous silence les sciences parfois nommées d'observation : géologie, géographie, astronomie au sens strict, mais aussi éthologie, et d'autres... telle l'ethnographie. Rappelons que celle-ci, selon un schéma classique, fournit ses données (d'« observation ») à l'ethnologie, ou l'anthropologie si l'on préfère, qui est le moment de synthèse ou de théorisation du cycle de recherche et qui en principe appelle donc une autre phase de collecte des faits susceptibles de répondre aux nouvelles questions posées, et ainsi de suite. Mieux vaut laisser en suspens le problème de l'étape initiale d'un pareil cycle...

En quoi consiste alors la scientificité qui rend une science « dure », délimitée dans l'ensemble beaucoup plus général des savoirs sur le monde ? Bien des critères de démarcation ont été avancés. Les uns sont d'ordre normatif. Pour, disons, l'empirisme logique, seul sera scientifique et plus largement encore, « cognitif », l'énoncé *vérifiable* par l'expérience – d'où la maxime : « la signification d'un énoncé, c'est la méthode de sa vérification » (Schlick et Waismann) ; notons que ce « dogme », comme d'ailleurs la position de Popper évoquée ci-dessous, sera contesté par le « holisme épistémologique » de W. v. O. Quine.

Contre ce « principe de vérification », Sir Karl Popper (1973 [1968], 1991 [1979]...) et ses émules soutiennent le « principe de réfutabilité » : une théorie – un ensemble d'hypothèses – n'accède au statut scientifique que si elle se dote de falsificateurs potentiels. Autrement dit, pour peu qu'il soit possible *au moins d'imaginer* un état de fait ou une expérience qui la réfuterait (la « falsifierait »). Faute de quoi, garantie à vie contre les démentis du réel observable, ou même du possible, elle n'a pas de contenu informatif et reste confinée dans le domaine de ce qui relèvera par nature du « même pas faux », s'avérant donc à jamais irréfutable empiriquement : les dogmes, la métaphysique... le domaine du « toujours confirmé » quoi qu'on observe ou qu'il arrive ; comme l'est, *mutatis mutandis*, l'astrologie, immunisée par construction contre toute infirmation de ses prédictions. Domaine, partant, d'une histoire non cumulative des visions du monde, où se succèdent autant de tables rases que de points de départ, et par conséquent sans ce « véritable progrès » – au demeurant induit par certaines ruptures – qui en revanche, dans les sciences dures, semble découler d'une sorte de sélection naturelle qu'imposerait à des théories concurrentes l'épreuve de données nouvelles ou de faits revus et corrigés.

Sous cet angle de vue – qu'annonçaient du reste certains écrits de Claude Bernard ou de Heinrich Hertz, celui des ondes –, les *sciences* de l'homme et de la société, même quand y défilent des cortèges de concepts abscons, de courbes et tableaux du plus bel effet ou de raisonnements fort rigoureux, ne sont ainsi nommées dans la plupart des cas qu'au prix d'un abus de langage (au moins de prime abord : les nuances devront attendre). Mais alors, de vastes pans de la biologie, entre autres disciplines, tombent aussi sous le coup de cet arrêt d'expulsion. Et ce fut également le triste sort de la théorie darwinienne de l'évolution, par exemple. N'étant pas, semblait-il, empiriquement invalidable, elle se retrouva aux yeux de Popper du mauvais côté de la ligne de démarcation – *tout en constituant néanmoins un très intéressant « programme de recherche »*, comme il y en a dans les sciences « molles », capable de stimuler à terme la genèse d'explications en droit réfutables. Mais Sir Karl a récemment réhabilité l'hypothèse de la sélection naturelle, reconnue testable *in extremis*... A la différence, hélas pour Freud et Adler, de la psychanalyse : bien qu'elle puisse sans doute voir juste, il faut dissiper à jamais l'illusion de sa scientificité... Sauf dans certains cas très particuliers, autre goutte d'eau versée dans son vin de fraîche date par notre auteur, qui reste par ailleurs inflexible à l'égard des marxistes : leurs théories, réfractaires aux démentis de l'histoire réelle, sont parfois intéressantes mais toujours non scientifiques.

... *aux sciences « molles »*

Tous ces rappels ne nous égarent nullement. L'examen fructueux de ce que disent et font les anthropologues requiert en effet, outre les mises au point qu'on lira *in fine*, un balisage préalable : nous en sommes à celui qui renvoie, par discours et pratiques interposés, aux bornes dressées par certains penseurs – elles sont diverses et changeantes – entre les modes de production et de validation des savoirs selon leurs genres. D'autant que, nous le verrons, les ethnologues eux-mêmes prennent parfois expressément position en de telles matières.

Peut-être cependant le lecteur impatient et encore dubitatif s'écrie-t-il *in petto* : « Mais enfin, qu'on me dise sans tergiverser si l'anthropologie est une "science" ou non – et après tout, quelle importance ! » Il faut donc à cela une réponse de plus : en une époque où malgré certains reculs apparents du scientisme, le label de la véracité scientifique ou « technoscientifique » confère à qui l'arbore – l'expert, le savant, pour critiqués qu'ils soient – tout le poids des arguments d'autorité ; quand par surcroît se dilate à l'extrême le champ d'action et de réflexion de « la science », il est bon de s'interroger sur le type de vérité à quoi prétend ou parvient en fait le discours de ces spécialistes ès formes d'humanité que sont les anthropologues. En est fonction pour une part, même réduite, la permanente construction des rapports entre ces diverses formes d'humanité, c'est-à-dire de sociocultures. Relations, d'abord, entre l'Occident et le reste – puis le central et le « local » ou le complexe et le « simple », le moderne et le « traditionnel » –, au sein desquelles depuis les grandes découvertes s'est consommée la gestation de l'ethnologie qu'inventa l'Europe dominante.

De là, surtout, le fait que circonscrire des variantes de l'anthropologie à un champ intellectuel et institutionnel national – ici, français – prépare des comparaisons encore dans l'œuf, mais constitue par suite une étape indispensable de l'étude anthropologique des différentes ethnologies. De telles confrontations porteraient en effet sur les concomitances ou les genèses conjointes de variables comme celles-ci : d'un côté, les modalités locales de scientificité ou d'accès à divers réels dont se réclament ici ou là les anthropologues ; de l'autre, les institutions académiques de chaque nation et la dynamique de recherche qui y prévaut, ainsi que la socioculture qui forme leur substrat, saisie aussi dans ses rapports présents et passés avec l'objet premier de l'ethnologie, les sociétés « exotiques » progressivement touchées par l'Occident. Mais pour dire les choses autrement, cette délimitation provisoire est un moyen de prévenir les comparaisons à venir contre certains « effets de champs » non contrôlés.

> « Le fait que les textes circulent [d'une nation à l'autre] sans leur contexte, qu'ils n'importent pas avec eux le champ de production – pour parler mon jargon – dont ils sont le produit et que les récepteurs, étant eux-mêmes insérés dans un champ de production différent, les réinterprètent en fonction de la structure du champ de réception, est générateur de formidables malentendus » (Bourdieu 1990 : 3).

N'en disons pas plus pour le moment et restons encore un peu sur le problème des conditions auxquelles des hypothèses ou des théories sont reconnues « scientifiques ». Pour en finir avec le point de vue normatif, et si l'on retient maintenant le seul critère de la formalisation mathématique *intrinsèque, complète et opératoire* (les mathématiques elles-mêmes étant bien sûr hors concours), l'anthropologie comme bien d'autres sciences humaines ou naturelles sera loin de s'y conformer : la physique théorique détiendra le quasi-monopole de cette propriété, dont on sait le prestige et l'efficacité qu'elle confère. Le physicien J.-M. Lévy-Leblond a signalé sur ce point en quoi consiste à ses yeux « le miracle de la physique » (on doit l'expression à E. Wigner mais l'idée est ancienne) : « *En physique, les mathématiques ne s'appliquent pas, elles s'impliquent.* Elles n'interviennent pas comme *outil* de l'analyse théorique, mais comme sa substance même » (Lévy-Leblond 1977 : 434). Il serait par conséquent déraisonnable de donner, dans notre discussion introductive, ne fût-ce que préséance à la discipline miraculée. La biologie ou les sciences humaines appliqueraient-elles par places les mathématiques les plus raffinées, que dans cet esprit la frontière persisterait[3]. En outre, on sait la rareté et surtout le confinement des

---

3. Autre chose est le problème, que nous évoquerons en fin de parcours, de certaines mathématiques dites qualitatives qui ont voulu gagner le cœur même des sciences de l'homme et la société.

modèles formalisés que construisent les *social scientists* ; le cas des modèles économétriques ne doit pas faire illusion : les facteurs qu'ils excluent pour les besoins de la cause mathématique peuvent être aussi déterminants dans le réel – ou plus – que ceux qu'ils incluent. En témoignent presque toujours les faibles succès prédictifs de ces constructions ; et pareille expulsion de facteurs non formalisables affecte aussi certaines anthropologies.

Les sciences humaines et sociales – et parmi elles les théories anthropologiques – ne sont donc pas de la Science ? Rares sont les spécialistes de ce genre de question qui les jugeraient dignes du nom sous l'angle d'une épistémologie restrictive et procédurière. Et pourtant, lisons le philosophe et historien des sciences Larry Laudan.

> « ... On dit que les sciences peuvent découvrir que leurs hypothèses sont fausses [cf. plus haut, K. Popper], tandis que les sciences humaines ne le peuvent pas ; on dit que les sciences sont "auto-correctives" mais que les autres disciplines n'ont pas cette caractéristique décisive. *Quelle que soit la manière dont cette distinction est exprimée (progressiste - non progressiste, rationnel - non rationnel, falsifiable - non falsifiable), elle ne résiste pas à un examen détaillé*. Des disciplines comme la métaphysique, la théologie et même la critique littéraire ont tous les traits que nous exigeons pour évaluer rationnellement les mérites des idéologies rivales qui les parcourent. Les non-sciences [*i. e.* les « humanités »], tout comme les sciences [...] ont fait des progrès significatifs à certaines périodes de leurs évolutions historiques respectives » (Laudan 1987 : 196, mes italiques).

Dieu soit loué ! voilà l'anthropologie même au sens le moins « dur » tirée d'affaire, avec d'autres « non sciences » humaines.

Qu'en pensent les anthropologues ? Laissons d'autres écrits invoquer à l'envi les pères fondateurs, leurs décrets ou leurs incertitudes. Il faut seulement rappeler pour le moment, à titre d'illustrations exemplaires, les positions de deux des plus fameux ethnologues anglais et du plus célèbre des français. A. R. Radcliffe-Brown (1952, 1957) a voulu que l'anthropologie – la « sociologie comparative » – devienne une véritable « science naturelle de la société » ; son compatriote E. E. Evans-Pritchard, par contraste, niait que cela fût possible. Selon lui, cette discipline relève des humanités bien plus que des sciences, puisqu'elle étudie les sociétés comme des « systèmes moraux », et non comme des systèmes naturels : « elle interprète plutôt qu'elle n'explique » (Evans-Pritchard 1962 : 26). Mais Lévi-Strauss : « Vis-à-vis des sciences exactes et naturelles, les sciences sociales sont en position de clientes, alors que les sciences humaines [dont l'anthropologie] aspirent à devenir des disciples » (Lévi-Strauss 1973 : 362). Cependant, écrit ultérieurement ce même auteur, « ... les sciences humaines ne peuvent [...] prétendre qu'à une analogie formelle, non substantielle, avec l'étude du monde physique et de la nature vivante. C'est au moment où elles tendent à se rapprocher davantage de l'idéal du savoir scientifique qu'on comprend le mieux qu'elles préfigurent seulement, sur les parois de la caverne, des opérations qu'il appartiendra à d'autres sciences de valider plus tard, quand elles auront enfin saisi les véritables objets dont nous scrutons les reflets » (Lévi-Strauss 1971 a : 575).

Science ou histoire

« Pré-science » s'attaquant, faute de mieux, aux ombres portées d'un réel encore inaccessible, vraie science ou herméneutique – discipline à jamais interprétative : les trois positions quant à la nature de l'anthropologie, ou ces trois anthropologies au moins possibles, sont autant de jalons dans le champ des nombreuses autodéfinitions que les premiers intéressés peuvent donner de leur activité distinctive, ou en laisser entendre par leur pratique de recherche et ses fruits. (Foucault ajouterait l'idée d'ethnologie comme « contre-science ».) Mais, qu'on fasse dépendre ces attitudes, en chaque cas, d'une façon propre de concevoir la « vraie » science, outre, derechef, le départ entre sciences sociales et sciences humaines, et c'est alors une rude affaire de traiter le problème.

Loin de nous par bonheur l'ambition de la mener à bien. L'entreprise ne pourrait en fin de compte tirer sa substance que d'une histoire et d'une sociologie comparées de la connaissance, des catégories cognitives et même de la « croyance »... à la science notamment. Car il est en matière d'épistémologie – au sens le plus large – non seulement différentes conceptions normatives, mais des approches historicistes et relativistes qui relèvent elles-mêmes d'une anthropologie confrontant divers « régimes » ou « programmes » de vérité, pour emprunter ces termes au philosophe Michel Foucault et à l'historien Paul Veyne. Qui veut aborder sociologiquement, en toute rigueur, le problème des rapports différentiels à la connaissance et à la vérité y compris scientifique ou même logique doit appliquer ce que David Bloor (1982 a [1976]) appelle le « principe de symétrie ». A savoir, une règle de méthode suivant laquelle les mêmes *types* de causes ou de raisonnements doivent expliquer, et les croyances que nous, modernes éclairés, tenons pour vraies, et celles que nous disons fausses. Vu autrement, ce principe édicte l'identité de traitement des théories acceptées à ce jour et de celles qui, au même moment, ont fini par être rejetées ou l'ont toujours été par le rationalisme universaliste – les théories vaincues. C'est là le « programme fort » de la sociologie des sciences, qui touche à la production même des connaissances et non pas leur seul « dévoiement » par des intérêts plus ou moins impurs, politiques ou autres.

Sous ce jour et *a contrario*, « Faire de la sociologie afin de comprendre pourquoi les Français croient à l'astrologie, mais ne pas en faire afin de comprendre pourquoi les Français croient à l'astronomie, voilà qui est asymétrique » (Latour & Woolgar 1988 : 21). L'ethnologue a donc droit de cité aussi là où nos philosophes ont voulu régner en maîtres, l'étude de la production des idées justes et des croyances rationnelles à la science : « Les Occidentaux (ou du moins ceux qui ne sont pas bactériologistes de profession) croient aux microbes, et multiplient les mesures d'asepsie, exactement de la même manière que les Azandé croient aux sorciers et multiplient les précautions contre eux : *ils croient de confiance*, en interprétant en ce sens quelques indices équivoques ; *vérité ou superstition, la sociologie de la croyance est identique* » (Veyne 1986 : 114, mes italiques).

Mais il vrai que d'une pareille symétrie d'objets et de méthode, on ne saurait inférer l'homologie ou l'équivalence de *ce qui est cru* dans les différents exemples produits... Pas plus d'ailleurs qu'on ne doit, si l'on en croit Bruno Latour, s'engluer dans le « relativisme banal » qui « refuse de voir comment certaines [croyances] *arrivent à en vaincre d'autres* » (1988 a : 42, mes italiques). Reste la propension à se demander pourquoi les trains arrivent en retard sans chercher pour quelles raisons beaucoup arrivent à l'heure. C'est comme si sociologues et ethnologues, rechignant sans doute – quelles que soient leurs intentions proclamées – à l'usage du principe de symétrie, ne songeaient qu'à démonter les seuls ressorts qui dans tel ou tel groupe humain réduisent l'action des idées « vraiment justes ». « C'est symbolique puisque c'est faux », semblent-ils bien souvent penser en traitant d'un de leurs sujets favoris.

N'empêche : l'allusion aux bactériologistes le rappelle, il paraît probable que ces derniers ont des raisons bien particulières de croire aux microbes... et à la bactériologie. Ces raisons, en tout cas par le degré, diffèrent à leur tour, du moins le supposerons-nous, de celles qui motivent l'adhésion des historiens aux vérités de l'histoire ou des ethnologues aux vérités anthropologiques... Et que dire de la confiance du scientifique dans les énoncés d'une ethno-sociologie de la communauté savante – dont il est membre lui-même – et de ses lieux de travail, les laboratoires ou le terrain ! Quant au profane, à supposer qu'il ait une vague idée de ce qu'est l'anthropologie, sans doute ne lui fait-il pas crédit au même titre qu'à la géologie ou à la chimie, et certains ethnologues pas davantage.

Car derrière toutes les différences relatives aux représentations des sciences dures et des autres, il y a cette idée fort opiniâtre (vraie ou fausse, c'est à voir) que, aidés par quelques formules illustres, nous schématiserons comme suit. Même si l'homme n'est pas « un empire dans un empire » (Spinoza) ; si par là il forme « une partie de la nature » et en suit « l'ordre commun » *(id.)*, si en conséquence on admet ce postulat : « les faits que l'on appelle sociaux sont dans la nature, c'est-à-dire sont soumis au principe de l'ordre et du déterminisme universels, par suite intelligibles » (Fauconnet & Mauss 1969 [1901] : 140), il demeure que quand l'homme pour l'homme devient objet de connaissance, c'est un objet qui parle et en quoi le sujet peut se retrouver. D'où l'opposition, qui depuis Dilthey surtout a fait tant d'usage et bat en brèche ce qui précède, entre le règne de l'explication – les *Naturwissenschaften*, sciences de la nature – et celui de la *compréhension* : les *Geisteswissenschaften*, « sciences de l'esprit » ou sciences morales, ce qu'aujourd'hui nous appelons les sciences humaines et sociales, dont le type même, cher au susdit, reste l'histoire. Sous ce rapport, quand la différence d'objet s'avère pertinente, c'est qu'elle paraît impliquer deux modes distincts de pénétration ou de construction du réel.

Dans le premier cas, on considère les faits sociaux ou les faits humains « comme des choses » ; de par l'extériorité dont ils se trouvent ainsi dotés, leur connaissance sera produite en les rapportant aux causes, sociales ou non, dont ils sont effets ou, idéalement – pour l'honnête positiviste –, en actualisant ceci : leur explication, c'est la loi générale sous laquelle ils rentrent. Laissons ici de côté ce qui, par importation de procédés originaires des sciences dures, ressortit dans l'explication aux étapes de déduction des lois et de construction d'un modèle dont le comportement sera analogue – temporairement, pour son concepteur et ses pairs – à celui du réel (cf. par exemple les exposés de Granger 1973, Piaget 1973, Descola 1988 a...).

Mais si nous expliquons les choses, nous comprenons les hommes, écrivait déjà Dilthey, ou pour être exact : « Nous expliquons la nature, nous comprenons la vie psychique. » De là, sous le second chef, la démarche ainsi nommée compréhensive, qui procède par intuition synthétique des conduites finalisées. Or, suivant certains avis autorisés sinon incontestés, l'histoire comme discipline ne saurait que « comprendre »...

Le « moi » comme objet moyen

... Et l'ethnographe fait-il autre chose ? – Bien sûr que non, affirment les tenants d'une ethnologie compréhensive ou interprétative. Une ethnologie qui depuis quinze ou vingt ans regagne du terrain, en tout cas aux Etats-Unis avec Clifford C. Geertz comme chef de file (1973, 1983, 1986). Prendrait-il même le parti inverse, ce que l'observateur ramène dans son bagage n'est, on ne le dira jamais assez, ni l'image objective d'une « culture », ni même l'impassible instantané d'un état conjoncturel de celle-ci. Quelle qu'en soit l'étiquette, même des plus scientistes, c'est en fait le compte rendu, qu'une objectivité d'apparat habille trop souvent, de l'interaction entre « lui » et « eux », l'ensemble de ces derniers ayant d'ailleurs pour témoins et descripteurs-interprètes au premier degré ce qu'il est convenu d'appeler les informateurs privilégiés.

Pas de données « brutes », donc : des faits interprétés, et bien souvent deux fois. Discours et autres comportements qui au surplus sont en bonne proportion littéralement créés par l'observation. (Ni plus ni moins cependant que dans quelques disciplines créditées de scientificité à part entière où l'expérience, à la lettre, produit le phénomène.) Il en découle le rapport de l'ethnographe à l'« objet qui parle » et à sa description, qui coïncide sans trop forcer la note avec ceci :

> « L'historien qui consulte ses documents pour interpréter un événement politique donné ne peut juger de la valeur de ces documents que s'il connaît la place qu'ils occupent dans la séquence d'événements pour lesquels justement il les consulte. [...] Une étude sur la prise du pouvoir par César et sur le proconsulat de Pompée qui utilise comme source principale les écrits de Cicéron devient une analyse du rôle de Cicéron dans le conflit entre le Sénat et les usurpateurs. [...] D'une façon générale on pourrait désigner cela comme la dialectique du document : l'information que l'on cherche à acquérir à l'aide du document doit être posée *a priori* si l'on veut saisir tout le sens de ce document. [...] Chaque instrument, chaque document, participe de la structure qu'on lui demande de faire apparaître » (Wind 1936, cité *in* Bourdieu & col. 1973 : 282-283).

Tout cela s'applique facilement à l'ethnographe-ethnologue... *mutatis mutandis*. Et même cette restriction usuelle tombe quand on lit ce qui suit.

> « En faisant intrusion dans la structure qu'il compte étudier, le chercheur devient, comme tous ses outils, lui-même en partie objet de son étude ; il faut accorder à "en partie objet" une double signification : il n'est, comme tout instrument d'enquête, qu'une

partie de l'ensemble étudié ; mais de la même façon ce n'est qu'une partie de lui-même, extériorisée sous forme d'outil, qui pénètre dans le monde objectal de son étude » (*ibid.* : 285).

Mais il faudrait y voir de plus près. Le « chercheur » ici évoqué, ce n'est pas seulement l'historien, le sociologue ou l'ethnographe ; c'est aussi – d'ailleurs explicitement chez l'auteur cité – l'agent de toute investigation sur le monde physique et naturel. Réussir l'objectivation ou atteindre à la scientificité en pleine conscience de l'intrusion du « moi » dans l'observable s'avère au fond une contrainte commune à tout effort de connaissance de la réalité, sans égard pour la nature spécifique de ce réel, fût-il autre qu'humain et social ou s'agirait-il d'un imaginaire (réel spécial). C'est l'« effet de sonde », perturbation de l'objet par l'observation. Il n'en est pas moins vrai que l'étude de l'homme en société – ici, ailleurs ou jadis – implique une attitude particulière envers cette contrainte. La connaissance qu'il est convenu d'appeler scientifique requiert en son seuil une distinction : un véritable « dédoublement », dirait G.-G. Granger (1973 : 148), faisant le départ entre le *tout* du vécu – expérience concrète du connaissant, qui embrasse le sensible – et un schéma conceptuel qui en abstrait certaines propriétés formelles généralisables à divers degrés. Dès lors, un pareil modèle, tout en intégrant de quelque manière les recoupements ou les interdépendances de l'observateur et de l'observé, visera, à partir d'hypothèses constitutives, non tel fait singulier, mais bien des classes de faits puis, par déduction, la loi qui les subsume.

Les savoirs sur l'homme en société qui briguent encore le statut de science cherchent donc souvent à (se) persuader qu'ils remplissent ou du moins approchent ces conditions dictées par l'épistémologie normative des disciplines « dures » que certains érigent en impérieux idéal de connaissance. Mais quel ethnologue, même scientiste, oserait encore ignorer les effets particuliers de la situation d'observation ethnographique ? Ces effets s'exercent tant sur l'observateur – dès ses perceptions – que sur l'observé et ses comportements : par conséquent sur l'observation proprement dite. Les travaux anthropologiques sont nombreux dans lesquels transparaît ce problème. Plus restreint s'est longtemps avéré l'effectif de ceux qui l'évoquent ; et Georges Devereux, père de l'ethnopsychiatrie complémentariste, a longtemps semblé bien solitaire dans sa tentative d'en examiner systématiquement toutes les modalités, sous l'angle il est vrai particulier des conceptions psychanalytiques (voir Devereux 1980 [1967]).

La boucle ethnographique

« L'analyste du comportement doit apprendre à admettre qu'il n'observe *jamais* le comportement "qui aurait eu lieu en son absence" et qu'il n'entend pas le même récit qu'un même narrateur eût fait à un autre que lui » (*ibid.* : 30). De telles interactions sont fonction des idiosyncrasies comme des cultures respectives de l'ethnologue et de ses interlocuteurs. Car leur est sous-jacente une symétrie propre à l'ethnographie, bien qu'également présente, en un sens plus restreint, dans certaines formes d'éthologie animale : l'observation est réciproque, bilatérale ; en sont simultanément agent et patient « l'expérimentateur » et « l'objet d'expérience ».

La perception même est donc tributaire des attentes, des préjugés, des blocages, conscients ou non, de ces deux parties prenantes de la relation ethnographique. Sans doute la force d'une semblable sujétion varie-t-elle à raison de multiples facteurs : je présume que l'observation et la description de pratiques agricoles courantes sont pour la plupart des ethnographes occidentaux moins chargées d'affects que celles d'un repas cannibalique rituel. Sans doute aussi l'observateur professionnel peut-il en principe, disons pour faire bref, s'observer en train d'observer des gens qui l'observent ou au moins le perçoivent (l'observation participante est une idée-limite ; « [l'ethnographe] essaie d'accorder ce qu'il pense que les gens pensent avec ce qu'il pense que lui-même penserait s'il était vraiment l'un d'entre eux », note Dan Sperber – 1982 : 31). Mais il reste que l'anthropologie la plus théorique – et même la moins « compréhensive » – doit travailler des faits qui en dernier ressort résultent d'interprétations qui souvent interprètent d'autres interprétations. Qu'on arrive parfois à faire de nécessité vertu est une autre histoire (cf. Devereux 1980). Une histoire au reste beaucoup plus compliquée qu'il n'y paraît à entendre ce que Lévi-Strauss affirmait sereinement en 1960, voulant, dans sa leçon inaugurale au Collège de France, récuser « la fausse opposition introduite par des penseurs comme Dilthey et Spengler » : « Nous discernons déjà ce qui fait l'originalité de l'anthropologie sociale : elle consiste – au lieu d'opposer l'explication causale et la compréhension – à se découvrir un objet [...] dont l'explication causale puisse se fonder sur cette compréhension qui n'est pour nous qu'une forme supplémentaire de preuve » (Lévi-Strauss 1973 : 17-18). Certes, mais qu'on soit ou non convaincu par Freud, comment nier que, suivant sa propre expression, « le moi n'est pas le maître en sa demeure » ?

Voilà quelques-unes des raisons pour lesquelles s'exposerait à de cruelles déconvenues le chercheur ou même le « simple » lecteur qui oublierait que tout document ethnologique se prête, en droit pour le moins, à une forme en partie spécifique de critique des sources. Celle-ci a semblé jusqu'à l'époque récente – si marquée de scepticisme épistémologique – plus facilement admise pour les œuvres du passé que pour l'anthropologie moderne... Et pourtant, comme le remarque Jeanne Favret-Saada, « ... un ouvrage de folklore du XIXe siècle, *comme d'ailleurs un livre d'ethnographie du XXe* ou une archive judiciaire du XVIe siècle, est d'abord un document historique produit dans un moment particulier, par des groupes particuliers, selon des modèles particuliers » (Favret-Saada 1987 : 22, mes italiques). C'est dire à quel point ces sciences du social sont à la fois de leur temps et de leur milieu. Comme d'ailleurs toutes les autres, chacune à sa manière. Et pas seulement par leur forme : par leur contenu également, tant les « modèles » évoqués s'imposent aussi aux ethnologues – notamment, et à leur insu pour une part – en leur fournissant comme du prêt-à-porter les « vraies » questions, les thèmes valables et les bons procédés. Un *modus operandi* livré clés en main pour penser les faits et en parler.

Des dogmes scientifiques ?

Un paradigme : plus qu'un exemple – comme pourtant l'étymologie le laisserait entendre –, un ensemble de prescriptions. Pas un mot-type ni, au sens de la linguistique, un axe de substitution des termes ; mais une sorte de *credo* scientifique. Ou un dispositif de crédibilité. Car pour Thomas S. Kuhn (1983 [1970]), qui a introduit cette notion déjà ancienne, bien vite discutée mais encore commode aujourd'hui, fût-ce parce qu'elle pose problème, en histoire des sciences (physiques, naturelles et autres), le paradigme est à la limite une vision du monde ; en tout cas un système de présupposés, de modèles théoriques délimitant en outre, pour les chercheurs qui y adhèrent, le champ des questions à résoudre et les procédés pour ce faire (le mot a fait fortune mais il a remplacé un terme plus brutalement parlant qu'employait le même auteur dans un premier temps : « dogme »).

L'exploitation progressive d'un paradigme par une communauté scientifique donnée – dont il reste pour un temps objet de consensus – constitue selon Kuhn le mouvement cumulatif de la « science normale », mode d'activité le plus courant des chercheurs. C'est dire qu'un paradigme doit être efficace, mais pas trop : assez pour mobiliser les scientifiques, sans toutefois apparaître « saturé » parce qu'il aurait « réponse à tout » dans son domaine propre, rendant de ce fait caduque la nécessité de chercher plus avant. Dans les périodes « normales », donc, le paradigme dominant – auquel se sont ralliés l'immense majorité des savants – échappe à toute critique. Et ce, même si certaines des théories locales qu'il régit et qui tentent d'agrandir son champ d'application sont discutées, réfutées et abandonnées. Les faits peuvent révéler certaines « anomalies » mais le paradigme permet en général de les absorber, comme le furent les irrégularités, par rapport aux lois newtoniennes, de l'orbite d'Uranus, qui suscitèrent dans ce cadre l'hypothèse d'une nouvelle planète, ultérieurement observée : Neptune.

Mais arrive le temps où des anomalies indigestes du réel, *vues comme telles depuis l'intérieur des frontières du paradigme*, se sont à ce point accumulées que ses tenants commencent à le mettre sérieusement en question. C'est d'ailleurs le moment où il passe du tacite à l'explicite, trahissant par là ses limites et ses contradictions. Tant et si bien qu'éclate une « crise » : épisode relativement bref, assez rare, crise de confiance qui prélude à une « révolution scientifique » (image banale depuis Bachelard – 1965 a [1938], 1986 [1949]), et pendant lequel s'instaure la fièvre de la « science extraordinaire ». Celle-ci discute âprement les fondements mêmes, y compris philosophiques, du paradigme ainsi révoqué en doute ; les controverses s'y multiplient, des hypothèses inédites sont audacieusement avancées, critiquées, réfutées ou peu à peu intégrées au sein d'ébauches de théories neuves et mutuellement concurrentes...

Quand un beau jour le moment vient où de nouvelles conceptions tant des problèmes que de leurs solutions emportent l'adhésion d'une partie au moins de la communauté scientifique concernée. C'est alors que celle-ci agence systématiquement ces conceptions qui finissent par faire pleinement école : en reconstruisant un champ du savoir, les chercheurs eux-mêmes suscitent *plus ou moins délibérément* l'émergence d'un nouveau paradigme. La transition de l'un à l'autre, et surtout le sacre du nouveau aux dépens de l'ancien, c'est cela, une révolution scientifique. Exemples : celles qu'illustrèrent les noms de Copernic et Galilée, Newton, Darwin, Einstein... (Marx et Freud aussi, je crois)... et qui de plus sont pleinement représentatives d'une propriété cruciale de semblables révolutions, le « renversement de la vision des formes » ou « restructuration perceptive » *(Gestalt switch)*.

Diable ! Qu'est-ce à dire ? Que dès l'instant où les spécialistes d'une discipline (ou de plusieurs) intériorisent, l'ayant reconnue « meilleure », une manière novatrice de « voir » les choses qu'a proposée l'un d'entre eux, cette nouvelle évidence communément partagée – ce paradigme – transforme littéralement et soudainement le réel perçu, reconstruit les « faits » ou en crée de nouveaux. Cela nous renforce dans la conviction que toute observation, tout fait ou événement s'avèrent « imprégnés de théorie » (Hanson 1958) ; depuis le déclin de l'empirisme, les penseurs et les savants sont rares qui s'insurgeraient là contre (l'idée de la « sous-détermination » des faits par la nature était déjà exprimée dans l'œuvre de Pierre Duhem et a reçu une nouvelle vigueur de la critique de Quine). Ainsi les théories séparées par une frontière entre paradigmes ne partagent-elles ni leur base observationnelle, ni leur vision du monde ou même, selon Paul Feyerabend (1979, 1989), leur « fond ontologique » : elles sont par suite *incommensurables* – sans commune mesure. Elles ne peuvent jamais débattre des *mêmes* questions. Et elles « produisent » des phénomènes *différents.*

A dire vrai, la référence à de telles vues reste ici problématique. Car, est-il sûr que la notion de paradigme fasse sens dans cette région du savoir où l'anthropologie est censée résider avec d'autres « sciences » humaines ou sociales ? Et l'idée de révolution scientifique ? Sous pareil éclairage, les limites nationales d'un ensemble d'anthropologues sont-elles pertinentes ? Nous verrons bien. Mais notons dès à présent – davantage par scrupule que pour servir l'intérêt du présent propos – le caractère assez flou de ces notions d'ailleurs peu prisées, pour des raisons très différentes selon les cas, par certains épistémologues, historiens, sociologues et praticiens des sciences. Vingt-deux usages différents du terme « paradigme », pas moins, voilà ce qu'une critique pourtant sympathisante a repéré dans l'ouvrage de Kuhn ! (Masterman 1972.) A quoi notre auteur répliqua en battant sa coulpe, mais surtout en s'inspirant d'une suggestion de la susdite pour distinguer seulement – schématisons –, en une terminologie désormais renouvelée, un sens restreint, technique, du mot, « paradigme-(modèle-)de-résolution-de-problèmes » ou « exemplaire », de son sens large, aux référents sociologique et idéologique, voire « métaphysique » : « matrice disciplinaire » – l'ensemble des vérités admises dans un domaine de connaissance (Kuhn 1983 – postface de 1969 – et 1990).

En l'historisant et en y liant le cognitif au social, Kuhn « sociologise » déjà quelque peu la réflexion sur la science et la vérité, d'où le reproche de relativisme que d'aucuns ont pu lui adresser ; voilà pourquoi ce n'était pas digresser que de le gloser un peu longuement. D'autant moins qu'il nous a conduits à l'orée d'autres perspectives, qui l'une et l'autre débordent plus encore le rationalisme éthéré, anhistorique et sans partage, des épistémologies procédurières étroitement normatives, aveugles à la science telle qu'elle se fait.

Boîtes noires et thêmata

Sur les processus par quoi un paradigme perd progressivement son empire – l'accumulation d'« anomalies », le croît des défections –, Kuhn et ses épigones restent discrets. *C'est en un certain sens leur « boîte noire »*. Voilà bien encore un terme qui fait fureur, mais fort utile quand on contrôle la métaphore, pour peu qu'on en conserve à l'esprit le sens premier : en analyse de systèmes, un dispositif (« système quasi isolé ») dont on connaît ce qui y rentre (*inputs* ou admissions) et ce qui en sort (*outputs* ou émissions) sans que pratiquement puisse être décelé ce qui s'y passe (les *throughputs*), les mécanismes internes transformant les *inputs*, les entrées, en *outputs*, en sorties. Si la boîte est noire, c'est donc qu'elle est « fermée ». Voyez par exemple comment procédaient les behavioristes, qui prenaient en compte les seuls stimuli et « réponses » d'un système pycho-organique ; celui-ci est une boîte noire, puisqu'on laisse dans l'ombre son fonctionnement interne.

Quels rapports avec nos problèmes ? Mais deux usages éclairants, et complémentaires, de cette image.

Le développement d'une *science* humaine, vu rétrospectivement à partir de ses acquis, devrait consister comme celui des disciplines « dures » à repousser toujours plus loin l'apparition des boîtes noires dans chaque modèle explicatif. Autrement dit, à les « ouvrir » dès qu'elles se forment. Mais vue *in vivo*, « en train de se faire », la même démarche de la recherche « dure » – comme veut le montrer Bruno Latour (1989 a), extrémiste conséquent – est une pratique de compétition entre des chercheurs (ou des équipes) dont chacun vise à *fermer* un nombre toujours croissant de boîtes noires dans la controverse qui l'oppose aux autres. Paradoxe ? Que non. Qu'est-ce donc qu'un modèle gagnant, qu'une théorie (qu'une machine) gagnante, c'est-à-dire devenus aussi incontestables qu'indispensables, en pratique et pour un temps ? Si l'on en reconstitue l'histoire, autant de boîtes noires. Noires, parce que leurs inventeurs ont, à partir d'une situation d'incertitude où rien n'était joué, réussi à les verrouiller, moyennant des stratégies et des procédés divers (cf. Latour 1989 a, 1989 b) ; de telle sorte que tous les praticiens de leur discipline en viennent à les utiliser sans avoir ni le besoin ni, souvent, le pouvoir de les rouvrir[4].

---

4. Pensons par exemple à la théorie newtonienne jusqu'aux succès d'Einstein, ou à l'histoire, pleine de suspens, du modèle de la double hélice maintenant incontesté en biologie moléculaire.

Dans ce second emploi, on pourrait rapprocher boîte noire et paradigme en disant que ce dernier s'établit par les processus propres à la fermeture d'une série de boîtes noires interconnectées. Ces boîtes, qui les aurait scellées détiendrait les clés du paradigme. On n'est en fait jamais seul à l'avoir fait : aucun individu ne s'assujettit à lui seul la totalité du « *credo* scientifique » régnant.

Mais les sciences de l'homme et de la société – spécialement l'anthropologie ? Est-il possible, cette fois dans les deux acceptions, d'y ouvrir et d'y fermer des boîtes noires ? Si oui, lesquelles, au sein de quelles traditions de recherche ? S'agit-il au contraire de l'apanage des « vraies » sciences dont justement se serait de la sorte inauguré le « durcissement » ? Est-ce que l'anthropologie française souffrirait, avec la sociologie et les « humanités », d'une pénurie (ou, ce qui par les effets revient au même, d'une pléthore) de paradigmes ? Nous verrons. Pour le moment, il suffira d'en terminer sur le chapitre des moyens de la réflexion en évoquant la notion de « dyade thématique » dont nous parlions en commençant.

Le structuralisme anthropologique français, on le sait mais nous y reviendrons, fait grand cas des oppositions binaires. Il tient cette prédilection de son modèle initial : la phonologie structurale, dont il importa certains procédés dans l'étude de l'ainsi nommée « pensée sauvage » et d'autres objets structurés.

> Voir les schémas et commentaires au verso, « Triangles et axes orthogonaux d'oppositions binaires » : [1] et [2], couples d'oppositions et triangles phonologiques (Duchet 1986 : 102-103) ; [3], structures élémentaires de l'échange matrimonial (Lévi-Strauss 1967 : 533) ; [4], systèmes d'attitudes (Lévi-Strauss 1958 : 60) ; [5], le « triangle culinaire » (Lévi-Strauss 1968 b : 406).

A première vue, ne croirait-on pas retrouver cette inspiration dans les travaux de Gerald Holton (1981, 1982), et les traits de la pensée sauvage, dans les profondeurs de « l'imagination scientifique » telle que la voit ce physicien historien des sciences... Selon lui en effet – il explore une voie que signala Bachelard (1965 b) –, la science se faisant, la science « à l'état naissant » diffère de la science comme résultat justifié, la science toute faite, en ce que les composantes « thématiques » y prédominent, et le plus souvent sous la forme de couples d'opposés. En revanche, la phase de présentation et de justification fait appel aux propositions analytiques et aux allégations empiriques, aux données expérimentales qui commandent le discours scientifique « public » ; la distinction des deux « moments » reste proche de celle qui, depuis Reichenbach (1938), opposait « contexte de découverte » et « contexte de justification ».

Structuralisme : phonologie et anthropologie

Triangles et axes orthogonaux d'oppositions binaires

[1] Jakobson va déterminer un ordre de priorité entre les oppositions phonologiques, la présence des plus fondamentales d'entre elles étant impliquée par la présence d'autres oppositions plus complexes et plus rares. La syllabe nucléaire dont il part est la représentation du contraste idéal consonne-voyelle : /pa/. Le /p/ représente la fermeture la plus totale à son extrémité la plus apparente du chenal buccal, et /a/ représente la voyelle la plus perceptible et l'ouverture la plus grande du chenal buccal. Ces deux "configurations polaires" de l'appareil vocal sont présentes dans tous les systèmes phonologiques, et pourront être représentées sur un axe vertical allant de l'articulation la plus compacte acoustiquement (/a/) à la plus diffuse acoustiquement (/p/) :

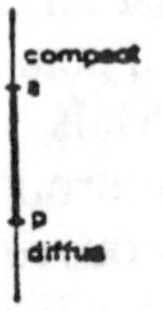

Un deuxième axe va permettre de fonder la première opposition consonantique : nous le représenterons comme l'axe horizontal [grave ~ aigu] :

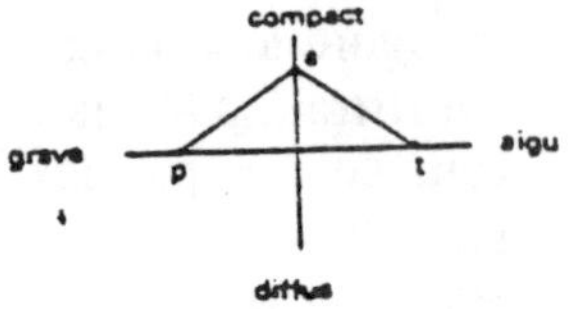

[2] Ceci constitue le triangle primitif que nous avons évoqué plus haut [...]. Ce triangle va pouvoir se diversifier en étendant la distinction [grave ~ aigu] aux voyelles et la distinction [compact ~ diffus] aux consonnes. Nous arrivons alors à la représentation suivante :

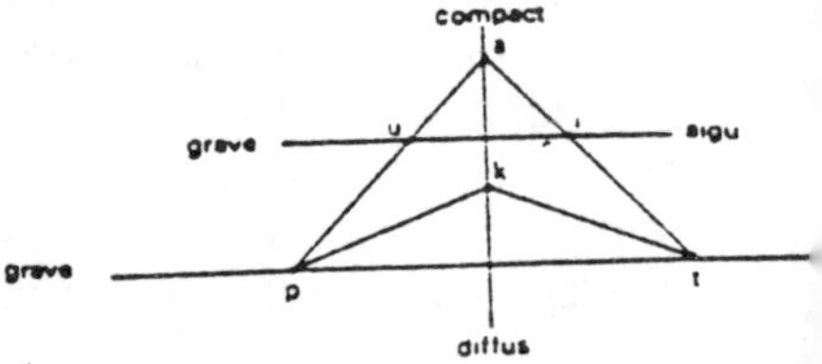

Une extension plus grande pourra être donnée au système qui connaîtra d'autres oppositions :

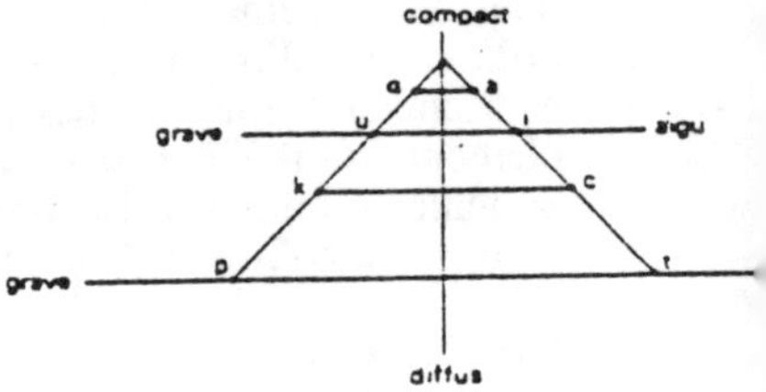

Le même trait [grave ~ aigu] caractérisera les oppositions /ɑ/ ~ /a/, /u/ ~ /i/, /k/ ~ /c/, /p/ ~ /t/, tandis que le trait [compact ~ diffus] opposera /ɑ/ à /u/, /a/ à /i/, /k/ à /p/ et /c/ à /t/. Là encore, Jakobson souligne le fait qu'aucune langue n'ignore les traits [compact ~ diffus] et [grave ~ aigu], même si toutes les langues n'utilisent pas au maximum les possibilités combinatoires qu'ils offrent, et qu'illustre notre dernier triangle.

[3] Le mariage matrilatéral et le mariage patrilatéral constituent les deux pôles de l'échange généralisé ; mais ils s'opposen entre eux comme le cycle d'échange le plus court au cycle d'échange le plus long ; et tous deux s'opposent au mariag bilatéral comme le cas général au cas particulier — puisque l'étude mathématique confirme que, dans toute combinaison à plusieurs partenaires, le jeu à deux doit être traité comme un cas particulier du jeu à trois. En même temps, le mariage bilatéral possède, en commun avec le mariage patrilatéral, le caractère d'alternation, tandis qu'il se rapproche du mariage matrilatéral en ce que tous deux autorisent une solution globale, et non un ensemble de solutions partielles, comme c'est le cas pour le premier. Les trois formes d'échange constituent donc quatre couples d'oppositions :

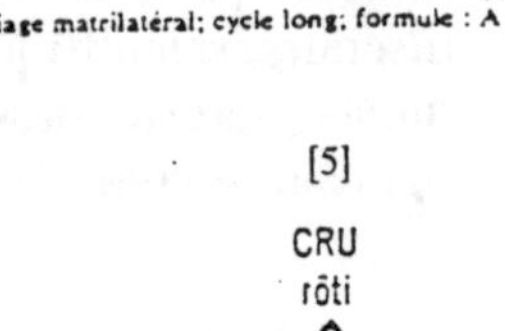

= Mariage bilatéral; cycle nul; formule : A ←→ B.
— Mariage patrilatéral; cycle court; formule A ← B
A ← B
+ Mariage matrilatéral; cycle long; formule : A → B

[4] [Dans l'"atome de parenté", dont l'avunculat est un trait caractéristique, le système] des attitudes élémentaires comprend au moins quatre termes : une attitude d'affection, de tendresse et de spontanéité ; une attitude résultant de l'échange réciproque de prestations et de contre-prestations ; et, en plus de ces relations bilatérales, deux relations unilatérales, l'une correspondant à l'attitude du créancier, l'autre à celle du débiteur. Autrement dit : mutualité (=) ; réciprocité (±) ; droit (+) ; obligation (−) ; ces quatre attitudes fondamentales peuvent être représentées dans leurs rapports réciproques de la façon suivante :

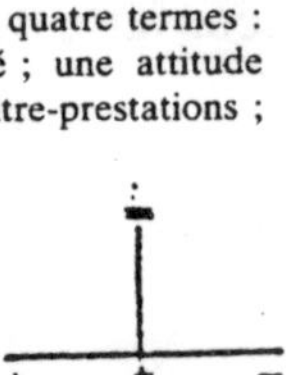

[5]

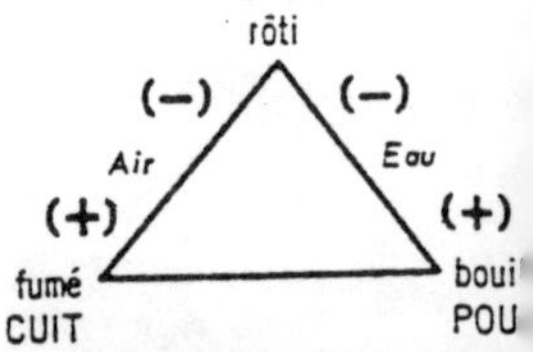

Qu'est-ce donc en chaque cas que ce *thêma*, et la paire qu'il forme avec son contraire ? Un invariant, presque une image mentale, une préconception historiquement stable, largement répandue dans différents districts de la pensée ; mais insaisissable pour l'observation, irréductible au calcul et à l'analyse, réfractaire, du moins sans médiations multiples, à l'épreuve empirique... et pourtant source repérable, et souvent repérée sur pièces par notre auteur, de la démarche d'un homme de science vers la découverte. Exemples de *thêmata* et des dyades que chacun forme avec son *antithêma* : atomisme / continu, simplicité / complexité, ou encore stabilité / changement...

Dans nombre de cas bien étudiés par Holton, documents à l'appui, l'intime conviction du savant quant à la nature du réel s'avère établie sur ces catégories profondes. De sorte qu'on voit comment celles-ci président – parfois sous le manteau ou même inconsciemment – à sa capacité d'imaginer, et gouvernent des choix quasiment esthétiques, y compris dans les controverses. Ainsi comprend-on par exemple à quel point la physique de Schrödinger « répugnait » à Heisenberg et la théorie du second « dégoûtait » le premier, selon les propres termes des deux intéressés (cf. Holton 1981 : 97-98). Mais d'habitude, « Un physicien maintient ses hypothèses les plus générales et les plus thématiques à l'abri, hors de vue, derrière les nuages d'un majestueux Olympe, et il est prêt à sourire quand il voit d'autres dieux portés par des jambes si courtes » (Holton 1982 : 62). Ces pattes de basset sont celles des « sciences encore jeunes », comme les sciences humaines où, à ce jour, plus, disons, qu'en physique, la chaîne est courte qui relie les concepts fortement « thématiques » aux « faits » d'observation. Mais par delà cette différence, de telles conceptions tendent explicitement à estomper l'antinomie traditionnelle entre humanités et sciences de la nature : la créativité s'appuie dans tous les domaines, y compris en sciences « exactes », sur un fonds stable de *thêmata* qui semble déterminer notre pouvoir général d'imagination.

Qu'on envisage la production des connaissances scientifiques selon un modèle « sociopolitique » – comme pour un temps Bruno Latour en France (1984 et cf. *supra*) ou l'anthropologie des sciences anglo-saxonne des années soixante-dix (voir Callon & Latour, éd., 1982, 1985) ; ou qu'avec Holton on l'aborde sous l'angle cognitif et psychologique au sens large, il apparaît donc toujours possible de réduire en bonne mesure l'idiosyncrasie des sciences humaines. Mais dans le discours anthropologique, que de *thêmata* n'osent pas dire leur nom, qui – mésusage du modèle « dur » – sont trop hâtivement rabattus tout d'une pièce sur l'espace réticent des propositions rigoureusement formalisables ou vérifiables empiriquement ! Le risque est alors grand de perdre sur tous les tableaux.

2

Grandes théories

« Le temps est venu pour l'ethnologie de s'attaquer aux turbulences... »

Beau sujet de dissertation « à la française » pour les étudiants en sciences sociales ! Mais cette phrase de Claude Lévi-Strauss (1983 b : 1231) est évidemment plus que cela. Elle sollicite en tout cas l'interprétation des anthropologues, français en particulier. Et sans doute n'a-t-elle pas manqué, pour dire le moins, d'éveiller certains échos chez le public quelque peu au fait d'un discours scientifique qu'en France l'édition retransmet aujourd'hui largement. Car elle suit de près les remarques que voici.

> « Ne faut-il pas, d'ailleurs, dépasser le dualisme de la structure et de l'événement ? Des travaux scientifiques récents y invitent, puisque des physiciens et des chimistes, qui acceptent et même recherchent le dialogue avec les sciences humaines, démontrent que dans des domaines aussi différents que la thermodynamique des fluides, la cinétique chimique et la formation des villes au cours des siècles, des asymétries apparentes, des turbulences et des instabilités peuvent être auto-organisatrices, et que même le désordre engendre des régularités » (Lévi-Strauss 1983 b : 1230).

Comme on le voit, les turbulences livrées à l'assaut des ethnologues renvoient aux problèmes de la reproduction et du changement – dans le désordre ? – des sociétés ou de certains de leurs secteurs, et aux échelles respectives où ces notions font sens ; disons, à la question de leur instabilité productrice d'« ordres nouveaux », pour donner dans les images que diffuse aujourd'hui l'émergence conflictuelle de certaines « matrices disciplinaires » (Kuhn 1983) récentes pour quelques sciences dures.

Je fais ici allusion à tout un contexte qu'il faut bien évoquer. Il s'agit d'un champ de réflexion où convergent et quelquefois se confrontent des notions portées depuis quelques années par la diffusion, auprès des non-spécialistes, de recherches assez nouvelles. Elles concernent la physique des « systèmes désordonnés » – notamment les *turbulences*, comportements chaotiques de divers milieux – et l'auto-organisation du vivant, reliées parfois à la théorie de l'information (cf. la systémique de Heinz von Foerster), usant de concepts comme « l'ordre – ou la complexité – par le bruit » (Atlan 1979, Varela 1979 et 1989 a) ou « l'ordre par la fluctuation » (travaux des chimistes de l'Ecole de Bruxelles : la théorie des structures dissipatives d'Ilya Prigogine, cf. Prigogine 1980, Prigogine & Stengers 1979, 1988).
Là-dessus est venu se greffer un débat sur l'aléatoire, le changement et la causalité, lancé entre autres par un plaidoyer pour le déterminisme du mathématicien René Thom, largement connu en France pour sa « théorie des catastrophes » (voir en particulier, dans les numéros 3, 6 – 1980 –, 14 et 15 – 1981 – de la revue *Le Débat*, des discussions récemment prolongées dans Amsterdamski & col. 1990 ; cf. aussi Thom 1983 a). Peut-être la traduction française du second volume du *Post-scriptum* à *Logik der Forschung* de Sir Karl Popper, sous le titre *L'Univers irrésolu. Plaidoyer pour l'indéterminisme* (Popper 1984), n'a-t-elle pas été étrangère à la façon dont le public intéressé a ensuite perçu les termes et les enjeux de la dispute.
Certains de ces chercheurs – mais surtout des auteurs qui s'en inspirent, comme par exemple Edgar Morin, thuriféraire de toutes les dernières modes scientifiques – sont d'ardents zélateurs d'une « nouvelle alliance » : ils nous voient au seuil d'un pont, une *scienza nuova* inédite, que jetteraient les « sciences de la complexité » entre la philosophie, les modélisations de systèmes naturels, vivants ou artificiels, et des problèmes de dynamique posés en sciences humaines. Un pont que pour sa part Jacques Attali, alors professeur à Polytechnique, invitait hardiment, dès 1984, à franchir au pas de charge dans son bref essai *La Figure de Fraser* où, non content d'en appeler seulement à la vulgate de l'« ordre par le désordre » pour s'interroger sur les crises et le changement, des sociétés primitives à nos jours, il convoquait en outre l'anthropologie philosophique de la *mimesis*, telle que formulée par René Girard (1972, 1978, 1982), et déjà glosée dans la même veine par Jean-Pierre Dupuy (1982), autre enseignant à l'X, qui fut proche d'Ivan Illich et du groupe de Cuernavaca.
Depuis, se multiplient en France à un rythme sans précédent les traductions, souvent très tardives, et les textes de synthèse concernant le positivisme logique, la philosophie analytique, mais aussi la « nouvelle » physique et la science du désordre (« chaologie »), les neurosciences et les sciences cognitives, la « philosophie de l'esprit »... Thèmes également fort prisés, aujourd'hui, par le grand public cultivé : mais c'est une autre histoire. Voilà pour un certain climat.

Il faut certes se garder de sous-estimer ce qui revient, dans le choix des métaphores, aux effets de style que commande l'adéquation d'un discours aux circonstances et aux destinataires. Mais en l'occurrence, ce choix et son contexte n'en suscitent pas moins des interrogations en cascade sur les tendances de fait de l'anthropologie française, comme sur toute la démarche du plus célèbre de ses représentants, en matière de conceptualisation, d'analyse ou de méthodes relatives au changement et à l'accident : aléas, régularités ou nécessité dans les conduites et processus qui de prime abord apparaissent « chaotiques », irréductibles à l'ordre des structures ?

Sans doute soulèvera-t-on encore une fois certaine question préjudicielle : y a-t-il *une* anthropologie *française* ? Si oui, en quoi et pourquoi est-elle *sui generis* : est-ce une des espèces consistantes d'un grand genre ? Mais, outre qu'on ne peut y répondre que « par différence », elle ne se résoudra sérieusement qu'au prix d'un lourd travail épistémologique, historique, sociologique et même proprement ethnographique. J'y reviendrai donc. Passons pour le moment à des données restant à portée plus raisonnable. On veillera mieux ainsi aux risques des conclusions démesurées. Voyons ce que des anthropologues qui travaillent dans le cadre des institutions françaises font et disent faire de la stabilité, des invariants, de la dynamique ou des « turbulences » des organisations humaines. Car sur ces problèmes, qu'on tire un fil et le reste vient : l'appareil théorique, conceptuel mobilisé, parfois les idéologies sous-jacentes, les modes de construction d'objet, manifestes ou non, et les méthodes, les choix d'une recherche, jusqu'aux *feed back* incontrôlés du terrain. Viennent aussi d'entières conceptions de ce qu'est ou devrait être le réel que l'on vise à décrire ou dévoiler (quand existe cette visée), l'ontologie plus ou moins tacite... critères plus discriminants qu'il n'y paraît. Tout cela, les références à Claude Lévi-Strauss l'auront déjà suggéré, et d'autres vont le faire encore. Poursuivons dans ce sens, sans prétendre – loin de là – que le fil sera démêlé jusqu'au bout.

Deux paradigmes

> « L'anthropologie française a son climat intellectuel propre, lié notamment à l'héritage de l'école sociologique durkheimienne, à travers l'œuvre de Marcel Mauss, et au renouvellement méthodologique et épistémologique décisif introduit par l'anthropologie structuraliste au cours des années 50, à partir des recherches de Claude Lévi-Strauss sur la parenté ; plus généralement, l'anthropologie française tient son originalité de la permanence de son rapport à la tradition philosophique », écrit Michel Izard (1982 : 135).

Et voici pour compléter l'image, inévitablement brossée à grands traits :

> « ... l'anthropologie sociale [en France], depuis quinze ans, se diversifie par une poussée interne qui lui fait à la fois se doter de la force et des bénéfices du travail de terrain, de la base empirique sur laquelle s'est édifiée l'hégémonie de l'anthropologie anglo-saxonne et de la force théorique des débats qui, en France, opposent depuis longtemps le structuralisme au marxisme, et ces courants au fonctionnalisme, d'une manière dont on ne trouve nulle part l'équivalent dans le monde occidental » (Godelier 1982 b : 32).

Voilà qui signale encore un élément de notre question préalable, celle de l'assignation d'un label national. Telle que voici dix ans elle se donnait à voir, dans un cadre ici explicitement local et peut-être *ad usum Delphini* – d'où plus de pertinence –, l'anthropologie française de la période récente s'avouait, en synthèse, encore distinguée *(grosso modo*, on l'aperçoit sans doute ainsi du dehors) par deux paradigmes majeurs : l'un structuraliste, entendons lévi-straussien, l'autre marxiste, et par la prégnance de leur durable opposition. (Leroi-Gourhan, dont j'ai pourtant souligné l'importance de l'œuvre et de l'enseignement, ne fut pas, lui, un fournisseur de doctrine.) Opposition qui selon moi a pour un temps fait tache d'huile et s'entend comme un bruit de fond même là, bien souvent, où l'on s'en déclare affranchi. Pour autant, cela ne disqualifie pas – au contraire – les remarques sur la permanence des rapports à la tradition philosophique et la diversification de la discipline durant les deux dernières décennies... Et parmi les causes d'une pareille variété comme de la bipolarité au moins sous-jacente, encore pourrait-on faire entrer en lice l'idiosyncrasie idéologique ou même *stricto sensu* politique de l'environnement national, agissant par ses évolutions en synergie avec cette poussée interne du milieu professionnel que soulignait Maurice Godelier.

Apparemment, donc, deux écoles ont rivalisé jusqu'à il y a peu – l'une seulement conservant sans conteste un chef de file, Lévi-Strauss : le trait est forcé, mais n'est-ce pas ainsi qu'à première vue, se dessine le paysage ? N'importe, les nuances viendront. Et dans l'arène où s'affrontèrent leurs écrits théoriques et parfois polémiques, une arène il est vrai quasiment désertée, aujourd'hui, par les spécialistes de l'ethnologie ou des humanités, se distingue l'ombre portée d'une commune dyade thématique à la Holton (cf. *supra*, p. 35 et suiv.), qui, elle, ne date pas d'hier : permanence / changement, invariance / transformation. On se passera d'augures sur les succès de sa descendance encore dans l'œuf qui, si elle n'avorte, unira un beau jour les contraires.

Mais cette manière de négation de la négation n'est pas pour aujourd'hui dans la science de l'homme, et ce, pour une bonne raison. En l'état actuel des choses, si, naïveté systématique qui me paraît toujours de bonne méthode, on s'efforce de rester sur le terrain de ce que marxisme et structuralisme lévi-straussien ont fait dire et faire aux anthropologues, l'un et l'autre s'avèrent des théories incommensurables. N'épiloguons pas sur le vocabulaire : les sciences humaines ou sociales n'ont pas de théories au sens fort, et le structuralisme en anthropologie se veut tout au plus méthode... Kuhn et surtout Feyerabend, extrémiste, diraient même que l'incommensurabilité des théories est une donnée générale de la science (dure), vu leur mode de construction. Dont acte. Reste à montrer – la pierre de touche étant le problème du changement – en quoi cette donnée, dans le cas présent, peut éclairer le débat et certains des mouvements qui animent l'anthropologie française contemporaine.

Lévi-Strauss sociologue ?

Incommensurables, les deux programmes de recherche ici opposés le sont au premier chef par leur objet, et donc par la nature du réel qu'ils entendent dévoiler. Inutile – et impossible – de recenser maintenant toutes les formules en lesquelles Claude Lévi-Strauss s'est lui-même expliqué sur ce chapitre. Mais il convient d'en rappeler l'essentiel pour ce qui nous occupe et de s'y arrêter un peu longuement.

On sait que selon lui, à la lettre, « ... l'ethnologie est d'abord une psychologie » (Lévi-Strauss 1962 b : 174). L'étude des infrastructures proprement dites n'est donc pas, principalement, de sa juridiction, puisque « à l'histoire – assistée par la démographie, la technologie, la géographie historique et l'ethnographie – est réservé le soin... de développer [cette étude] » (*ibid.* : 173-174). L'ethnologie, elle, doit tout entière tendre sa réflexion vers une meilleure connaissance de la pensée objectivée. En découle ou le montre, et c'est l'essentiel, le fait que notre auteur a vu dans l'étude des mythes, à cet égard, une voie royale : un parcours dont, depuis *Les Structures élémentaires*, « la destination reste inchangée. A partir de l'expérience ethnographique, il s'agit toujours de dresser un inventaire des enceintes mentales [...], de rejoindre un niveau où une nécessité se révèle, immanente aux illusions de la liberté » (Lévi-Strauss 1964 : 18).

Où réside cette nécessité ? La démarche qui a conduit l'auteur de l'*Anthropologie structurale* à s'attaquer systématiquement aux mythes amérindiens après avoir élucidé les principes des structures élémentaires de la parenté, telle que lui-même l'a raisonnée, fournit une réponse sans ambiguïté.

> « Il s'agit de savoir ce qu'on choisit d'étudier. Ce peut être la façon dont les choses se passent dans le concret. Ou bien ce qui se passe dans l'esprit des gens qui, sans observer fidèlement leurs principes, disent quelle est la bonne manière de se conduire. C'est ce deuxième aspect que j'étudiais dans *Les Structures* : non ce que font les gens, mais ce qu'ils croient ou affirment devoir être fait » (Lévi-Strauss & Eribon 1988 : 144). Toutefois, « Rien ne garantissait que ces contraintes [sous-jacentes aux règles de mariage] fussent d'origine *interne*. Il se pourrait même qu'*elles ne fissent que répercuter, dans l'esprit des hommes, certaines exigences de la vie sociale objectivées dans les institutions* » (Lévi-Strauss 1964 : 18, mes italiques).

La mythologie, elle, serait semble-t-il à l'abri d'une telle interférence, d'un pareil bruit : en ce domaine, il s'agit de montrer que « ... l'esprit, livré au tête à tête avec lui-même et échappant à l'obligation de composer avec les objets, se trouve en quelque sorte réduit à s'imiter lui-même comme objet ; et [qu'] il avère ainsi sa nature de chose parmi les choses. Sans pousser aussi loin le raisonnement, il nous suffira d'avoir acquis la conviction que si l'esprit humain apparaît déterminé jusque dans ses mythes, alors *a fortiori* il doit l'être partout » *(loc. cit.)*. Déterminé par quoi ? Les causes « internes » devraient enfin se révéler, dans un champ d'expérience ici protégé de tout frottement perturbateur imputable aux « exigences de la vie sociale objectivées dans les institutions » :

> « ... les mythes signifient l'esprit, qui les élabore au moyen du monde dont il fait lui-même partie. Ainsi peuvent être simultanément engendrés, les mythes eux-mêmes par l'esprit qui les cause, et par les mythes, une image du monde déjà inscrite dans l'architecture de l'esprit » (1964 : 346).

Ce que fournit l'analyse des mythes, c'est donc, je suppose, le *moyen* par excellence, non de construire une explication au sens restreint – comme on le voit –, mais d'établir son préalable : des faits généraux de structure, présumés universels et reflétant la constitution intime de la psyché.

Semblables lois renvoient-elles en dernier ressort au « jeu combiné de mécanismes biologiques et psychologiques », et les structures du psychisme, à celles du cerveau ? A un tel niveau de généralité, l'argumentation s'exténue, faute de contenu empirique, et les nouvelles neurosciences, sciences cognitives ou « philosophies de l'esprit » n'en peuvent mais, dont même les spécialistes n'ont encore guère le choix sur ce point qu'entre l'évidence triviale, les spéculations et les pétitions de principe.

> En effet, malgré les prétentions de l'approche dite computationnelle, la science cognitive ne disposc pas d'une base théorique unitaire, bien loin de là. On peut lire sur cette question la synthèse d'Eckart Scheerer (1988), directeur de l'Institut de science cognitive de l'Université d'Oldenburg ; quelques illustrations du problème apparaissent fort accessibles dans la revue *Le Débat* : *« Une nouvelle science de l'esprit »* (1987). De là des points de vue ou des postulats de méthode contradictoires sur les rapports entre l'esprit, la conscience, le système nerveux et le corps, aussi bien que les significations contrastées ou incertaines des résultats, qui opposent, entre eux ou respectivement, les psychologues cognitivistes, les neurobiologistes, les spécialistes de l'intelligence artificielle, ceux de la « philosophie de l'esprit ». On trouve même parmi cette dernière discipline la « neurophilosophie » de Patricia Churchland ou les positions de Searle et, à l'autre extrême, celle du neuropsychologue D. Laplane – peu conciliable, pour dire le moins, avec la pensée d'un Changeux par exemple ; cf. Churchland 1986 et 1990, Searle 1985 et 1990, Laplane 1987, Changeux 1983, Changeux & Connes 1989...

En tout état de cause, l'important ici n'est pas tant le problème de l'*ultima ratio* – matérialiste ou idéaliste, c'est un autre débat, fallacieux en l'espèce – que celui de l'implication de toute une démarche : point de départ et d'arrivée, l'adéquation de l'ordre du monde connaissable à celui de l'esprit (Lévi-Strauss : « l'homme et le monde se font miroir l'un à l'autre » – 1962 b : 294), selon laquelle le second ne saurait être historique... Ou disons plutôt : ne peut rigoureusement être saisi dans ses variations historiques ou locales que pour rendre plus manifestes, au travers des différences, autant de transformations structurales avérant ses propriétés invariantes, éternelles, celles-là, à l'échelle du genre humain. Non que l'approche structurale entende, à partir de là, ignorer les effets différentiels redevables à des causes apparemment d'une autre espèce. La grande richesse de l'œuvre de Claude Lévi-Strauss tient au minutieux inventaire et à l'exégèse subtile et érudite de pareils effets, dans la mise en ordre d'un immense corpus ethnographique. En témoignent ses premiers ouvrages désormais classiques et des formulations faisant office de mise au point dans des textes ultérieurs, comme « Structuralisme et écologie » (*in* 1983 a [1972]).

> « L'observation ethnographique ne nous oblige pas à choisir entre deux hypothèses : celle d'un esprit plastique, passivement modelé par des influences extérieures, et celle de lois psychologiques universelles parce qu'innées engendrant partout les mêmes effets sans laisser de rôle à l'histoire et aux particularités du milieu » (Lévi-Strauss 1983 a : 146).

Mais ces dernières, comme « certaines conditions techniques et économiques », n'ont vraiment pas le beau rôle dans l'analyse de cas. Elles sont retenues dans la mesure où elles semblent poser un problème à l'esprit qui « ... ne reste pas passif [car] il y réagit, et les articule logiquement en système » (*ibid.* : 154). Un problème dont les modalités non conscientes de solution par la logique immanente à l'esprit constituent bel et bien le seul objet de l'analyse *structurale*. Varier ses données – comparer des contextes d'« infrastructure » d'ailleurs réduits ici à quelques éléments « écologiques » ou techniques –, c'est encore l'occasion de repérer, en confrontant des mythes d'origines différentes, la formule interne des transformations par lesquelles chaque récit se retrouve dans les autres, avec ou sans intermédiaires. Toute variation locale observable doit en principe entraîner, puisque système et structure il y a, une transformation globale qui manifeste cette structure, hors d'atteinte, elle, et par définition, de la perception directe.

Lévi-Strauss psychologue

Autrement dit, la diversité des stocks d'éléments que plusieurs milieux naturels (surtout) offrent respectivement au récit entre bien en ligne de compte. Mais c'est pour que soit mieux montré le travail inconscient de l'esprit humain, qui, dans le continuel engendrement des mythes par d'autres mythes, sélectionne, réagence ces ensembles d'éléments naturels en chaque cas dissemblables, au moins sous l'angle de leurs usages techniques, selon des couples de contraires et des axes d'opposition seuls pertinents. Car tout l'effort du chercheur pour construire ces derniers vise à déduire, des isomorphismes ainsi heureusement dégagés, les « ... exigences mentales qui se manifestent avec constance, indépendamment des différences entre les milieux » (Lévi-Strauss 1983 a : 160). De tels impératifs vont même jusqu'à « falsifier l'image du milieu » *(loc. cit.)*[1]... et

1. Par exemple, « ... en faire un milieu imaginaire plutôt que [laisser le mythe] reconnaître que les rapports avec le milieu réel ont changé » (*loc. cit.* ; cf. aussi le porc-épic des « petites filles modèles » : Lévi-Strauss 1968 b : 203-224).

parfois jusqu'à contrarier la compétence technique, si ce sont bien de pareils impératifs qui gouvernent cette « philosophie naturelle » excluant la poterie des productions matérielles, « de façon plus ou moins consciente » – l'aptitude des hommes étant hors de cause – dans de vastes régions du Nouveau Monde (cf. Lévi-Strauss 1971 a : 553, et *infra,* dans notre chap. 6 : « *... sciences historisées* »).

Deux déterminismes ? Peut-être. Le moins qu'on puisse dire est que « l'autre » – celui qui « ... impose à la pensée mythique des contraintes résultant du rapport à un milieu particulier » (Lévi-Strauss 1983 a : 160) – semble en l'occurrence plus instrumental que vraiment opérant. Non qu'il soit moins déterminant – encore que... voyez plus haut comment le premier peut « falsifier » les effets du second : primat causal ou simple décalage de l'écho, comme ce bon vieux « retard des superstructures » ?... Mais, qui ne le sait aujourd'hui, suivant la méthodologie hyperphonologiste de Lévi-Strauss, en tout cas celle qu'il afficha, les représentations de l'environnement – « le monde » – forment la donnée brute d'où l'analyse structurale devrait déduire les mythèmes (unités distinctives minimales de l'expression des mythes, homologues des phonèmes), lesquels n'existent que par la manière dont la pensée agence leurs rapports mutuels selon la loi du récit. De là une question : le milieu naturel n'est-il pas ici seulement « cause occasionnelle », comme l'était son cycle annuel de changements pour le Mauss des *Variations saisonnières* (1904-1905) ? Sans doute cette formule une peu désuète boite-t-elle par quelque côté face aux droites conceptions lévi-straussiennes rappelées plus haut, qui font du monde un *moyen* pour l'esprit de créer les mythes ; peut-être Lévi-Strauss en ferait-il litière ; il a dernièrement précisé une fois de plus sa méthode dans *Histoire de Lynx* (1991 : 253-255) et on verra de quelle manière mais également ce que j'en déduis (*infra,* chap. 6). Pourtant c'est bien lui qui parle de deux ordres de causes. Qu'il rappelle tout uniment, du même souffle, que l'esprit fait partie du monde, ce que d'ailleurs un réaliste – entre autres – admettra volontiers, n'est pas fait pour clarifier notre problème.

> Sur les deux ordres de causes : « ... l'analyse structurale peut légitimement s'appliquer à des mythes issus de la tradition collective et à des ouvrages d'un seul auteur, car le programme ici et là sera le même : expliquer structuralement ce qui peut l'être et qui n'est jamais tout ; pour le reste, s'employer à saisir, tantôt plus et tantôt moins, *un autre genre de déterminisme qu'il faudra chercher aux niveaux statistique ou sociologique : ceux qui relèvent de l'histoire personnelle, de la société ou du milieu* » (Lévi-Strauss 1971 a : 560, mes italiques).

Assez ratiociné : laissons les arguties, seuls comptent les résultats. Mais en ces matières compliquées les résultats par eux-mêmes ne font jamais foi de leur propre vérité, et si expliquer c'est (comme je crois l'a dit quelqu'un) réduire l'arbitraire des descriptions, il n'est pas avéré que le résultat obtenu consiste en une explication ; dommage, quand on se souvient que Claude Lévi-Strauss écrivit que le propre de l'anthropologie est de « se découvrir un objet [...] dont l'explication causale puisse se fonder sur cette compréhension qui n'est [...] qu'une forme supplémentaire de preuve », d'être rebelle à la distinction entre les humanités et les sciences de la nature, desquelles elle aspire à devenir disciple (1973 : 17-18, 72, et 1958 : 39) ; espoir formulé en des termes qui paraissent maintenant démesurés :

> « La naissance de la phonologie [...] n'a pas seulement renouvelé les perspectives linguistiques : une transformation de cette ampleur n'est pas limitée à une discipline particulière. La phonologie ne peut manquer de jouer, vis-à-vis des sciences sociales, le même rôle novateur que la physique nucléaire, par exemple, a joué pour l'ensemble des sciences exactes » (Lévi-Strauss 1958 : 39).

Je ne prétends pas cependant toujours comprendre cet auteur difficile. Notamment sur ces chapitres, et quand, justement pour éclairer l'articulation de la double pression exercée sur la représentation sans retomber « dans les pièges d'un vieux dualisme philosophique », il argumente en substance comme suit. Même les mythologies, dont la structure se révèle fort abstraite, et « ... que l'esprit semble élaborer sans trop subir les contraintes de l'infrastructure techno-économique, resteraient rebelles à la description et à l'analyse si l'on ne prêtait une minutieuse attention aux conditions écologiques, et aux différentes façons dont chaque culture réagit à son milieu naturel » (1983 a : 160). Or, seuls les praticiens assidus de l'analyse structurale, poursuit notre auteur, peuvent percevoir la portée de cette procédure. Elle permet d'unifier des perspectives que, depuis deux ou trois siècles, une vision scientifique trop étroite tenait pour incompatibles. Cela en raison de la conaturalité de l'esprit, du corps et des choses, à nouveau invoquée ; pour Lévi-Strauss, les uns comme les autres *sont en dernier ressort objectivement et pareillement structuraux* :

> « Le matérialisme vulgaire et l'empirisme sensualiste confrontent directement l'homme à la nature, mais sans voir que celle-ci a des propriétés structurales qui ne diffèrent pas essentiellement, sauf par une plus grande richesse, des codes au moyen desquels le

système nerveux les déchiffre, et des catégories élaborées par l'entendement pour rejoindre les structures du réel » (1983 a : 164).

L'auteur étaye ces affirmations sur des considérations inspirées par les travaux des linguistes phonologues, et certaines recherches sur les mécanismes de la vision ou la théorie stéréochimique des odeurs. Ce postulat d'une relation directe (causale ?), ou même d'une identité profonde, sans même qu'il soit besoin de « principe-pont », entre des ordres du réel intelligible encore séparés par un découplage causal ou en tout cas, traités par des disciplines différentes, est formulé de façon plus radicale dans certains de ses précédents écrits :

> « ... dès 1945 [...] j'appliquais [...] des règles de transformation, sans penser m'écarter en quoi que ce soit des enseignements d'une linguistique structurale [qui] a reçu un statut naturel et objectif avec la découverte et le déchiffrement du code génétique [...] dont [...] le langage articulé répercute le modèle... » (1971 a : 612).

« En vérité, l'analyse structurale, que d'aucuns rabaissent au niveau d'un jeu gratuit et décadent, ne peut émerger dans l'esprit que parce que son modèle est déjà dans le corps » (*ibid.* : 619) ; « ... une révolution s'est produite en biologie avec la découverte du code génétique, [dont] les conséquences théoriques ne pouvaient manquer de retentir sur l'ensemble des sciences humaines », renchérit Lévi-Strauss dans sa préface aux *Six Leçons sur le son et le sens* de Roman Jakobson (1976), rappelant que le célèbre linguiste s'est ailleurs demandé « si l'isomorphisme [des codes génétique et verbal] s'explique par une simple convergence due à des besoins similaires, ou si les fondements des structures linguistiques manifestes, plaquées sur la communication moléculaire, ne seraient pas directement modelés sur les principes structuraux de celle-ci » (Jakobson 1970 : 530, cité par Lévi-Strauss 1983 a : 198). Somme toute, « le structuraliste admet volontiers que les idées qu'il formule en termes psychologiques puissent n'être que des approximations tâtonnantes de vérités organiques et même physiques » (Lévi-Strauss 1971 a : 616). Je tiens Lévi-Strauss et Jakobson pour de grands savants. Mais iraient-ils prétendre que la « vérité » physique, biologique, psychologique, est (je paraphrase alors Paul Veyne) différentielle parce que bien des lois de la nature ont été exprimées sous la forme d'équations différentielles ? Leur réalisme structural intégral dit pourtant quelque chose d'analogue.

Ces structures, ainsi entendues, seraient donc si je ne me trompe bien plus que des *outils* appropriés – pour un temps dans l'histoire des sciences – à l'exploration du réel empirique, bien plus par exemple que les composantes du premier degré d'un langage peut-être promis à devenir plus approprié : celui des morphologies, selon les vues de certains praticiens des sciences physiques contemporaines[2]. « La structure – écrivait ailleurs Lévi-Strauss – ne se rapporte pas à la réalité empirique », mais il faut lui reconnaître « un fondement objectif en deçà de la conscience et de la pensée » (respectivement 1958 : 305 et 1964 : 25) ; elle n'est pas « dans l'objet » mais « puissance de l'objet », qui permet son dépassement par la construction d'un « super-objet » (Lévi-Strauss *in* Bastide, éd., 1962 : 144).

Il est vrai qu'il y a probablement « structures » et « structures » (*idem* pour les « formes »), et que le réalisme en science n'implique pas toujours le postulat d'homologie entre connaissant et connaissable... Laissons cela : ces questions dépassent notre compétence. Rien n'interdit toutefois d'envisager des implications possibles du réalisme structural intégral. Sans doute fait-il ici fonction de caution épistémologique d'une méthode. Reste l'ontologie ou, surtout, le projet de connaissance unitaire qu'à terme il suggère : celui d'une traduction de structures à structures – la pensée, le corps, les choses – par le truchement de codes. On conçoit bien la tâche provisoire d'une psychologie générale dans une telle entreprise. Mais la société, l'objet théorique d'une *sociologie* avec sa dynamique ? C'est sa boîte noire.

Entendons-nous. On risque de faire à tout ce qui précède le grief d'une réduction de la démarche de Claude Lévi-Strauss à l'une de ses lignes de force : le courant majeur qui s'est pleinement épanoui, après *Les Structures élémentaires de la parenté* (1967 [1947]), dans *La Pensée sauvage* (1962 b) et surtout les *Mythologiques* (1964, 1966, 1968 b, 1971 a) – à quoi se rattachent *La Potière jalouse* (1985) puis *Histoire de Lynx* (1991) –, ainsi que dans d'autres écrits sur les mythes (où ceux-ci sont envisagés comme des spéculations logiques « anticipant » des pratiques sociales effectives auxquelles ils proposent des modèles alternatifs).

> L'un de ces derniers textes évoqués montre comment, en certains cas (illustrés par des exemples polynésien et amérindien), les pratiques sociales elles-mêmes sont assimilables à autant de choix opérés « dans une liste de solutions simultanément présentes à l'imagination collective » :

---

2. Voir par exemple Scheurer 1979, en particulier, chap. 3 : « Le langage des structures » ; l'auteur est physicien et historien de la physique.

> « Les mythes dressent parfois une table des possibles où des groupes sociaux empiriquement observables [...] trouvent des solutions propres à résoudre leurs problèmes d'organisation interne [...] on peut dire, en ce sens, que la spéculation mythique devance l'action » (« De la possibilité mythique à l'existence sociale », réédité *in* Lévi-Strauss 1983 a, chap. IX : 232).

A cet éventuel reproche d'amalgame, il est une première réponse possible : l'étude des mythes et de la pensée objectivée est le domaine où Lévi-Strauss a jusqu'à présent poussé le plus loin sa méthode déclarée et l'affirmation de son objet. En second lieu, même là où sa réflexion déborde ce cadre – et quand il n'a pas les méthodes de sa méthodologie –, « plutôt que d'opposer nature humaine et variété culturelle comme deux notions incompatibles, il s'est toujours attaché à montrer que l'une sous-tend l'autre comme une structure abstraite gouvernant des manifestations concrètes et variées » (Sperber 1982 : 89).

Face au programme de recherche ainsi déliné après coup, quel est celui de l'anthropologie française inspirée du matérialisme historique ? Disons, tout aussi brièvement : montrer que les manifestations concrètes et variées de la « culture humaine » sont *commandées* par les enjeux en tout dernier ressort matériels des rapports entre les hommes. S'y ajoutent deux principes d'explication très généraux. D'une part, lesdits rapports ont partout une histoire parce que l'homme transforme la nature ; de l'autre, la « loi » des faits culturels ne saurait être établie en éternisant dans une nature – fût-ce la nature humaine – les produits d'une histoire, indépendamment, donc, des relations historiques et sociales en lesquelles ils s'insèrent. Le déterminisme historique, comme celui de l'« infrastructure économique », n'est pas ignoré par Lévi-Strauss, on l'a vu et on le reverra. Mais, outre la contingence de son exercice, il ne constitue pas à ses yeux une « nécessité » *au même titre* que celui dont la réalité est redevable à la structure de l'esprit humain « en général ». L'« infrastructure » en toute dernière instance qui se reflète au niveau médiat où l'anthropologie peut la saisir apparaît de nature organique : neurologique. Pour les ethnologues marxistes, en revanche, le réel visé est social, il se manifeste dans ses rapports avec le réel « naturel », relations déterminées par une « nécessité » historique.

D'où le caractère non commensurable de théories qui, se donnant sur le fond des objets distincts – et non « complémentaires » au sens que nous évoquerons plus tard – ne peuvent s'infirmer réciproquement, même lorsque l'on croit voir se recouper les champs respectifs de leurs données empiriques. De sorte qu'il n'y a pas entre elles de concurrence pertinente, autre qu'au sein de la « hiérarchie des objets légitimes », dirait Pierre Bourdieu, et en raison des « intérêts » de l'anthropologie, au sens des sociologues allemands d'aujourd'hui (mais cela renvoie alors aux enjeux idéologiques répercutés dans la « communauté » savante, ses rapports de force et ses stratégies). En toute rigueur, une pareille concurrence en termes de rendement de connaissance supposerait quelques entités théoriques partagées, et de là, la possibilité d'établir – ou au moins d'imaginer – des faits susceptibles d'arbitrer communément leurs hypothèses respectives. C'est dire qu'il y a double incommensurabilité : par l'objet construit et, en amont comme en aval, par les concepts et les « faits » qui mutuellement se dotent de pertinence. De cela découle, quand la cohérence interne des discours est hors de cause, l'absence de procédés d'arbitrage possible.

Reconnaissons volontiers que c'est la situation générale des démarches très diverses regroupées dans le champ institutionnel de l'anthropologie. On la retrouve même dans les sciences de la nature, à en croire certains auteurs, cependant sous une forme à la fois plus simple et plus sophistiquée. Disons seulement que pour les sciences « molles », beaucoup moins « biodégradables » (Morin), empiriquement autocorrectives, et encore est-ce une litote, cette situation n'empêche jamais la cohabitation, toujours reconductible nonobstant dissonances et conflits, d'adversaires bien en peine de s'entendre sur les règles d'un jeu qui pourrait les départager. Mais il convenait et sied encore de faire ressortir son singulier relief là où les tenants de deux grandes théories, audacieusement appliquées à d'immenses étendues de faits, se sont rencontrés sans pouvoir jamais s'accorder sur le fond : l'espace de dissension que créent leurs conceptualisations du réel en termes de stabilité, de changement, d'histoire.

Que le problème du changement, des processus historiques, et surtout leur explication au delà de prudentes conjectures sur certains des états qui les rendent probables soient restés de fait assez étrangers à l'œuvre de Lévi-Strauss, les paragraphes précédents l'ont rappelé avec quelques pièces en main et en ont suggéré le pourquoi. Maintenant, précisons. Des options de méthode, liées à des positions théoriques et philosophiques, ont rendu ce problème *insoluble rigoureusement* selon notre auteur : ni le changement ni l'histoire ne se réduisent à la diachronie – dimension où l'événement est vu comme interférence contingente – forcément subordonnée à la synchronie dans la perspective structuraliste. N'écrivait-il pas lui-même dans les années soixante que « Les sciences sociales et humaines ont aussi leurs relations d'incertitude, par exemple entre structure et procès : on ne peut percevoir l'un qu'en ignorant l'autre et inversement, ce qui, soit dit en passant, fournit un moyen commode d'expliquer la complémentarité entre histoire et ethnologie » (1973, chap. XVI [1964] : 356 ; voir aussi, dans le même esprit, Lévi-Strauss *in* Bastide, éd., 1962 : 44-45). Des métaphores estampillées par la physique – incertitude, complémentarité –, la première parle clair, mais la seconde ne dénote pas, comme chez Bohr et pour Devereux à son exemple, le principe de la double explication au sein d'un cadre théorique et méthodologique unique (et deux explications valent mieux qu'une, plaidait Bateson) ; mais ce n'est pas tout.

Il y a plus, en effet. Selon la formule incisive de Dan Sperber, « Pour les autres anthropologues, l'esprit humain est capable de tout acquérir ; pour les structuralistes [entendons lévi-straussiens], il est capable de tout engendrer. Pour les premiers, il ne joue aucun rôle ; pour les seconds, il les joue tous sauf un : le rôle qui consiste à choisir quel rôle sera joué, qui appartient en propre à l'histoire » (Sperber 1973 : 105). Or, on sait, et je viens d'y faire allusion, avec quelle force Lévi-Strauss soutient la contingence irréductible de l'histoire.

Qui ne se souvient, par contraste, de la constance des chercheurs d'inspiration marxiste à inscrire dans leurs problématiques la notion de transition historique, ou même de mouvement de l'histoire... autant qu'ils en excluent toute psycho-logique. Exemple : « La société (S) est une réalité d'un autre ordre que la nature (N) ou que l'homme (H). Chaque réalité a ses structures propres, ses lois propres. Les ordres de réalité sont discrets, *les sciences qui visent à représenter chacun d'eux sont hétérogènes* [...]. Les coupures N/S ou N/H sont communément admises. La coupure entre S et H est beaucoup plus discutée. On en fait, ici, une hypothèse générale » (Fossaert 1977 : 29, mes italiques ; il s'agit ici d'une théorie générale très explicitement marxiste, quoique plus typologique que dialectique ; on voit à quel point son parti épistémique se distingue de celui du structuralisme lévi-straussien).

Les déterminations de la transformation diachronique des systèmes restent hors d'atteinte de l'analyse *structurale* suivant Lévi-Strauss, bien que celui-ci ait admis que les changements « idéologiques » sont fonction de ceux des rapports sociaux, rappelait Maurice Godelier (1973 a, notamment section V-4, « Mythe et histoire : réflexions sur les fondements de la pensée sauvage », et Lévi-Strauss, Augé & Godelier 1975). Le « primat des infrastructures » en ce domaine, « incontestable » (cf. *La Pensée sauvage* 1962 b), n'est donc pas contesté ; quant à l'histoire, elle doit bien sûr informer l'analyse dans toute la mesure du possible, comme le montrent notamment maints passages des *Mythologiques* et de plus récents ouvrages qui les prolongent.

Nulle contradiction pourtant chez le théoricien, puisqu'il entendait fournir à la théorie des « superstructures » une contribution dont la matière ne fût pas l'idéologie avec ses changements, mais bien ce schème médiateur intercalé entre *praxis* et pratiques, prioritaire ou antécédent au sens analytique : l'« objet véritable [de] l'investigation scientifique » (Lévi-Strauss 1962 b : 173). Car en lui, s'accomplissent des structures – êtres à la fois empiriques et intelligibles –, sans lui, la « praxis » ne pourrait se vivre comme pensée ; et, constitué dans « la structure objective du psychisme et du cerveau » (*ibid.* : 172-173 et 349), il est par suite dépourvu d'historicité (pour le moins depuis qu'existe *Homo sapiens sapiens*). Sous cet angle de vue néanmoins – « matérialiste transcendantal » – tout dans le réel pertinent du social est en un sens superstructure : tout ce que la raison peut « scientifiquement » en connaître ; mais alors le primat des infrastructures ne fait plus grand sens. Sauf, du moins le présumerai-je, à penser encore que si ces dernières « priment », ce n'est que comme causes occasionnelles qui prêtent aux règles de la combinatoire de l'esprit-cerveau – cette cause efficace – les matériaux contingents de son universel exercice. Et même si pareille différenciation dans l'ordre des causes, peut-être parce qu'elle fleure la métaphysique, semblerait disqualifiée tant par l'épistémologie moderne que par certaine pensée dialectique.

Où en sommes-nous donc ? Il est temps de faire le point. La disparité des approches et de leurs moyens conceptuels apparaît toujours patente. Déjà Maurice Godelier – tenant de l'analyse marxiste mais le moins suspect d'*a priori* anti-structuralistes – écrivait voici quelque temps : « L'histoire n'est pas une catégorie *qui explique*, mais qu'*on explique.* » S'engager sur les chemins que lui-même emprunte, c'est – dit-il – « vouloir parvenir en un lieu où seront abolies les distinctions et les oppositions entre anthropologie et histoire » (Godelier 1973 a : viii et iii respectivement). Un lieu ? Une utopie, pourrait répondre Lévi-Strauss : « On ne peut pas court-circuiter l'histoire. Après tout, elle existe, nous sommes obligés de nous incliner devant elle » (Lévi-Strauss & col. 1975 : 181). Et d'incriminer, chez Godelier, une assimilation abusive entre l'histoire (« événements irréductibles »), qui se constate, et « une espèce de temporalité abstraite dans laquelle les structures [...] évolueraient les unes en fonction des autres, si, précisément, rien ne venait les déranger. Et toute l'histoire est dans ce "si" » *(loc. cit.)*.

Passe une décennie. Les formulations, les champs et les pratiques d'investigation ont peut-être changé et vont le faire encore – on le verra –, mais, sur le fond, les positions se sont-elles rapprochées et les démarches, rejointes ? « Loin de tourner le dos à l'histoire », écrit Lévi-Strauss en 1983 (b : 1229), « l'analyse structurale lui soumet une liste de cheminements concevables, entre lesquels l'histoire seule pourra déterminer celui ou ceux effectivement suivis ». « Car une systématique bien comprise... » – comme le cladisme pour les naturalistes (cf. *infra*, pp. 82-84) – « ... trace des réseaux figurant des rapports possibles entre ses objets. Elle ne se pose pas la question de savoir lesquels de ces itinéraires furent empruntés, ni même si l'itinéraire vrai, différent de tous ceux qu'on imagine, ne mit pas bout à bout des fragments provenant de plusieurs » *(loc. cit.)*. Des rapports possibles : logiques, et non *historiquement* conçus, ni, à plus forte raison, historiquement nécessaires. Et Godelier, en parallèle (1984 : 12 et 15), se propose toujours l'analyse de l'action des réalités matérielles (naturelles ou non) sur « l'organisation de [la] vie sociale et, plus profondément, sur le processus de production de nouvelles formes de sociétés » ; « ... une société existe toujours comme un tout, comme un ensemble articulé de rapports et de fonctions dont toutes sont *simultanément nécessaires* pour qu'elle existe comme telle, mais dont le poids sur sa reproduction est inégal ». De là, le projet d'élucider sous ce jour les lois de transformation historique de telle ou telle société en fonction de certaines limites de variation des rapports sociaux qui la composent et de la base matérielle sur laquelle elle s'appuie : au delà de ces limites, sa reproduction ne peut se poursuivre *(loc. cit.)*. Entreprise évidemment dénuée de fondements rigoureux aux yeux de Lévi-Strauss. Car pour ce dernier – ajoute d'ailleurs Godelier lui-même (*ibid.* : 29) –, aucune nécessité *interne* ne préside à la co-présence des différentes structures d'une société, « ... co-présence qui relève donc tout au plus d'invérifiables relations de probabilité ».

Comment alors le père du structuralisme français a-t-il pu, de son côté, proclamer qu'il faut dépasser le dualisme de la structure et de l'événement, s'attaquer aux turbulences, se demander « dans quelles conditions et sous quelles formes la pensée collective et les individus s'ouvrent à l'histoire » ? (Lévi-Strauss 1983 b : 1218.)

C'est qu'il entrevoit la possibilité, sinon de résoudre le vieux dilemme à sa façon, en tout cas de le situer dans de nouvelles perspectives en se tournant vers des centres d'intérêt inédits. C'est aussi manière de prendre acte d'une tendance qui, de fait, modifie progressivement le champ de l'anthropologie française – sous des influences diverses – et y généralise la sensibilité aux dimensions historiques des objets d'étude. Doit-on en conclure que pour un temps s'est profilée une « nouvelle alliance » entre le structuralisme et certains anthropologues « d'inspiration marxiste » ? Ce serait aller bien vite. Face aux questions toujours litigieuses – ordre ou chaos rebelle à la représentation systématique, structure ou procès – différentes positions ont été tenues, diverses démarches sont engagées et de nouvelles hypothèses de travail, avancées. Les unes et les autres ne sont pas toujours commensurables. Peut-on faire alors, de leur puissance explicative, indissociable de l'aptitude à engendrer les conditions de leur validation et donc à stimuler des travaux empiriques, la mesure de leur capacité à dépasser le débat ? Car celui-ci, tout ringard qu'il paraisse, n'en demeure pas moins de façon diffuse, souterraine pourrait-on dire, au principe de bien des clivages qui parcourent le territoire de l'anthropologie française, apparemment plus morcelé que jamais. Tout cela est à voir.

Dialogues, divergences, exclusions

Certains poursuivent dans les voies que balisent les constructions échafaudées au plus fort des débats. Un fameux programme de recherche s'est de la sorte inscrit dans la tendance dénommée « structuralo-marxiste ». En anthropologie, l'inaugurèrent Maurice Godelier et Emmanuel Terray – démarqués mais non coupés de la brillante interprétation « indéterministe » de la théorie marxiste que proposa Lucien Sebag (1964) sous le jour structuraliste – lorsque la relecture de Marx par Louis Althusser faisait encore école. Cette tendance assemble des démarches qui, outre l'évident héritage du matérialisme historique, ont eu au départ en commun *une approche dialectique des rapports entre structure et événement, par laquelle se discernent les seuils du changement*. Cela, avec pour arrière-plan la pleine fièvre structuraliste largement propagée dans plus d'un district de la pensée : un bouillonnement de la réflexion encore accru par les vues très particulières d'historiens de la « longue durée » (cf. Fernand Braudel) aux yeux desquels la structure, c'est le réel à temporalité lente (alors que c'est plutôt ce qui, *dans* un changement, ne change *pas*, dirait pour faire bref un anthropologue ; sur ces questions d'histoire des structuralismes français, voir l'ouvrage très complet de François Dosse – 1991-1992).

Il s'agit donc d'une problématique qui sur des points essentiels se sépare, tout en rejoignant l'épistémè structurale, de celle de Claude Lévi-Strauss. Celui-ci, on l'a vu, soutint l'opposition irréductible – qu'il nous invite maintenant à dépasser – entre structures (êtres intelligibles) et événements (données de constat). Godelier et

Terray ont en revanche essayé de longue date, le premier d'imaginer sur la base de documents existants les processus par lesquels « la structure digère l'événement » jusqu'à un point au delà duquel c'est un événement inassimilable qui digère la structure (Godelier 1969, t. II : 199-200) ; le second de montrer, grâce à l'étude approfondie de la formation d'un royaume africain, comment certains événements appellent d'abord des réponses conscientes, mais fragmentaires et isolées, qui à la longue s'organisent en « structure sociale inconsciente ». Celle-ci, une fois cristallisée, détermine les réponses aux événements ultérieurs. Et surtout, elle définit en quoi ce qui va advenir – un « changement » – constitue ou non un « événement ». D'où l'opacité de l'histoire pour ses propres acteurs et la représentation de la structure comme produit final de la mise en relation d'éléments épars, « déjà là », produit d'un « bricolage sans bricoleurs » : l'image est empruntée à un célèbre développement de *La Pensée sauvage* (cf. Terray 1973, 1975, 1977)...

... Mais d'autre part et sur le fond, de pareilles dialectiques réfèrent à un trait critique qui fait le départ entre ces deux auteurs et Lévi-Strauss. Leurs hypothèses de travail s'enracinent en effet dans la détermination en dernière instance des structures de la socioculture par celle de « l'économique », quand pour le structuralisme lévi-straussien, le postulat épistémologique ultime – comme la méthode qu'il accrédite –, c'est l'exclusive intelligibilité, en tant, si l'on veut, que cause formelle, des structures de l'esprit et, au-dessous, du cerveau, objectivables par la pensée.

Notons toutefois par scrupule que les *hypothèses de travail* qui orientent certaines recherches plus récentes d'Emmanuel Terray semblent nuancer grandement les vues du déterminisme économique même le plus subtil ou accomodant, en tout cas si l'on en croit l'une des dernières en date de ses publications anthropologiques (1986) : « L'Etat, le hasard et la nécessité. Réflexion sur une histoire ». Mais sur ce problème, serait surtout à consulter sa thèse d'Etat (Terray 1984 a ; cf. aussi Izard 1986).

On ne peut enfin éviter une remarque devenue triviale : la notion même de structure, naguère censée fonder la cohérence de tout le structuralisme à la française comme « hypothèse du monde » (S. Pepper) unifiant le savoir dans ses variétés philosophiques, psychologiques, etc., et même au sein des anthropologies – y compris marxistes –, cette notion, donc, n'était pas dépourvue *de facto* d'une ambiguïté qui se révèle aujourd'hui plus flagrante. C'est pour une part à cela qu'elle doit le succès tous azimuts qui fut le sien et qui çà et là renaît aujourd'hui sous de nouvelles « formes » – si l'on peut dire : voyez par exemple certains travaux, techniquement fort pointus, de René Thom (1977, 1980, 1983 b...) et de Jean Petitot (1985, 1988 a et c...).

Il n'est pas question cependant de s'engager ici dans une vraie discussion sur le concept de structure et ses avatars, de la méthode déclarée aux applications, bien que ce problème pendant me paraisse irriguer les évolutions de tous les ethnologues structuralistes. Acceptons donc, comme s'y résout un Dan Sperber, de confondre, parce que seuls comptent les résultats, la structure elle-même, le modèle qui la manifeste, le système réel qui en est muni – et en définitive tout ensemble de rapports relativement invariants ordonnant la représentation d'un objet.

D'autant qu'il faut maintenant revenir sur l'itinéraire – et discerner le « programme de solution » – d'une démarche qui, plus que toute autre, a voulu faire bénéficier l'anthropologie marxiste de certains acquis des travaux de Claude Lévi-Strauss, moyennant peut-être quelques inévitables réinterprétations.

Rendre raison en peu de temps, sous l'angle de vue qui est le nôtre, de la production anthropologique de Maurice Godelier n'est possible qu'en choisissant d'en privilégier des lignes de force tendues entre deux pôles : la volonté de réinterpréter la réflexion marxiste pour mieux l'ajuster à l'étude des sociétés intéressant l'ethnologie classique ; le souci complémentaire de prendre en compte les résultats de la recherche structuraliste selon lesquels la parenté et surtout l'échange matrimonial constituent une donnée immédiate de la vie en société et l'armature sociologique de la « pensée sauvage ».

La première de ces exigences impliquait que la causalité structurale, s'entend – du changement et des transitions historiques fût recherchée dans une contradiction entre deux structures : celles, respectivement, des rapports et des forces de production... Une contradiction dont les conditions de résolution sont contraintes par les limites de la compatibilité des covariations de ces structures, et sont donc en ce sens externes à chacune d'elles prise séparément. Car en considérant la contradiction et les données de sa résolution comme internes au rapport des classes antagoniques (au système des rapports de production), selon une vision classiquement hégélienne du schéma marxien, comment rendre compte de façon unitaire des transformations qui affectent *toutes* les formations sociales : y compris par conséquent, objets premiers de l'ethnologie, celles d'où lesdites classes sont absentes ?

De cela découle une série d'analyses, outre une polémique – marxisme contre structuralisme – avec le philosophe Lucien Sève, encore continuée il y a peu par ce dernier : peut-on concilier pensée dialectique et invariance structurale ?[3]

Quant à la seconde donnée, l'échange matrimonial fondateur du *socius*, ses conséquences sont liées à la première exigence, et plus généralement à l'effort d'explication qu'impose à toute démarche non empiriste – et *a fortiori* au marxisme avec son déterminisme par l'économie – un fait polémique : la « dominance » de la parenté dans nombre de sociétés sans classes. De cela résulte, on le sait, une réévaluation des rapports entre infrastructure et superstructure, qui rappelle certaines esquisses de Sebag (1964), et en quoi Godelier veut voir une distinction de *fonctions* et non d'institutions. D'où la variété des rapports sociaux (de parenté, par exemple) qui sont, selon les lieux et les temps, susceptibles de fonctionner notamment comme rapports de production tout en assumant, le cas échéant, des fonctions superstructurelles – ainsi, en faisant office d'« armature » de l'idéologie et de la « pensée » dont elle émane (voir spécialement Godelier, éd., 1970 et Godelier 1973 b) : l'économique détermine encore mais sans domicile fixe.

De sorte que le double mouvement ci-dessus schématisé entraîne Godelier à faire de la fonction le foyer d'un espace continuellement sous tension. D'un côté, la topique marxiste des instances (superstructures séparées de l'infrastructure économique comme l'édifice institutionnel reposant sur des fondations) est ramenée à sa projection sur le plan d'une hiérarchie fonctionnelle passible – c'est selon – d'être supportée dans son ensemble par telle ou telle structure, alors plurifonctionnelle, ou de se décalquer dans des institutions distinctes – comme dans la société capitaliste. Et ce parce que du même coup, à l'autre extrême, il faut coupler la « morphologie structurale » lévi-straussienne avec une « physiologie structurale », une théorie des déplacements locaux des fonctions assumées, ici par les rapports de parenté, là par d'autres structures sociales.

Sur ces points, on reviendra à un article cité plus haut (Lévi-Strauss & col. 1975 : 180), et à l'« Avant-propos » d'un des plus récents ouvrages de M. Godelier (1984 : 34-35 notamment) :

> « Mais il [Lévi-Strauss] traite [...] la parenté dans sa fonction principale [reproduire *socialement* l'homme en agissant sur lui-

---

3. Sur de telles conceptions et sur la polémique évoquée, cf. Godelier 1973 a, chap. III-1 : « Système, structure et contradiction dans *Le Capital* », et chap. III-2 : « Logique dialectique et analyse des structures. Réponse à Lucien Sève » ; M. Godelier & J. Garanger 1973 (travail commenté dans plusieurs textes ultérieurs de Godelier) ; Sève (1984), *Structuralisme et dialectique*, recueil d'articles publiés de 1967 à 1984.

même], séparée de ses autres fonctions, économiques et politiques. Par là, se maintient une vision ethnocentrique de l'économie qui n'empêche pas une analyse structurale de la parenté ou de la mythologie, mais qui en restreint la portée, en arrête en partie le mouvement. »

Question : comment « l'inventaire des enceintes mentales » (Lévi-Strauss) pourrait-il mordre sur des « fonctions » répondant manifestement aux si perturbatrices « nécessités de la vie sociale objectivées dans les institutions » (*id.*, et cf. ici même, p. 44) ?

Une science du déplacement des fonctions au travers des structures sociales, disions-nous : c'est-à-dire une théorie non seulement du changement en général mais surtout de ce en quoi consiste la *transition historique* au delà de la « digestion » de l'événement par la structure, et même du passage de la *subsomption formelle* à la *subsomption réelle* : la transformation du rapport – en termes d'institutions porteuses – entre infrastructure et superstructure[4].

De tout ce qui précède, naissent les prolégomènes de révisions plus radicales encore de la relation entre infrastructure et superstructure. Oui, les rapports des hommes entre eux – et avec la nature (Godelier 1973 b, 1984 : 1ère partie) – s'engendrent et se transforment pour une part en raison de propriétés, de mécanismes non intentionnels. Mais existent-ils « moins réellement » – d'autre part – *dans* la pensée ? Voilà la question.

Une question qui sous-tend la définition, par découpage fonctionnel, du champ de l'« idéologique », où se conjuguent effets du réel objectif *dans* la conscience et effets *de* la conscience sur ce réel. Fonctions de représentation et fonctions de légitimation de l'idéologie sont toujours là. Mais pas toutes seules ; combinées avec les conditions de naissance et de reproduction des rapports sociaux, formant donc une partie de leur « substance » : car tels s'avèrent les aspects de ces rapports qui « ... existent dans la pensée et *sont* de la pensée ». Cette dernière constitue leur « schème organisateur », leur « armature » (Godelier 1984 : 2). Il s'ensuit tout particulièrement que dans l'endogénèse des rapports de domination et d'oppression, les idées agissent comme une composante interne – et pas seulement

4. Sur le passage susdit du formel au réel : Godelier (1987) « L'analyse des processus de transition », *Information sur les sciences sociales*, 26 (2) ; dans le même numéro, suivent trois articles d'auteurs différents, autant d'études de cas qui appliquent cette problématique d'un Marx revu par Godelier ; on lira aussi dans ce périodique et sous une perspective proche un article antérieur de Philippe Descola (1982). Plus récemment et complètement, sur ces « transitions » : Godelier, éd., 1991.

en tant qu'illusion venant après coup justifier l'ordre social. C'est pourquoi, dans les modèles expliquant pareille endogénèse, il faut désormais intégrer aux causalités matérielles le principe de coémergence des inégalités sociales (de sexe, de classe, etc.) et de représentations qui, étant communément partagées, légitiment pour les dominants comme pour les dominés le pouvoir des premiers sur les seconds. « Paradigme de légitimité », écrit René Thom ; et bien mieux, Tocqueville : « Il n'y a rien de plus familier à l'homme que de reconnaître une sagesse supérieure dans celui qui l'opprime. »

Conclusion ? Disons, au risque de forcer la note mais toujours sur le même registre, que la dynamique de la réflexion sommairement interprétée ci-dessus apparaît stimulée par un puissant effort : « sauver les phénomènes » au profit de deux théories différentes. A savoir, élaborer de nouvelles hypothèses de travail pour que les faits (ou même des régions du réel) qui échappent à l'une ou à l'autre soient un jour embrassés par une démarche capable de les rendre toutes deux complémentaires. En témoigneraient peut-être – mais le temps nous manque pour le montrer – des indices repérables parmi certains des derniers résultats publiés du travail de terrain que Maurice Godelier poursuit en Nouvelle-Guinée, outre quelques éléments de la réflexion de Marc Augé (Godelier 1982 a : 271, 276 et 285-286, surtout ; Augé 1979, et dans Lévi-Strauss & col. 1975 : 186 : « Je me demande – Augé s'adresse à Godelier – si, au terme de cet itinéraire, le langage en termes d'instances [infrastructure, superstructure] n'est pas une gêne en même temps qu'une sorte de fidélité théorique qui t'encombre plus qu'elle ne te sert »).

En ce sens, Godelier poursuit ouvertement le débat avec le structuralisme lévi-straussien : « [nous reprenons] pour notre compte la méthode structurale lorsqu'il faut avancer dans des domaines que n'a pas abordés Lévi-Strauss » (1984 : 35). Son programme *est* en quelque sorte tout ce dialogue entre marxisme et structuralisme, continué sur tous les terrains possibles par l'incorporation de nouveaux thèmes de réflexion. Processus d'où surgissent et qui rencontre sans cesse des lignes de recherche diverses – par exemple sur la catégorie de travail ou les sources de la domination masculine ou encore, ces temps-ci, sur l'inceste et sa prohibition (Godelier 1989) –, croisant parfois celles que tracent d'autres anthropologues d'inspiration marxiste dont les travaux sont plus circonscrits.

Reste bien sûr le problème : les statuts du hasard et de la nécessité dans l'histoire en tant que dimension de toute société comme de toute réalité (« catégorie... *qu'on explique* ») ; et les contre-épreuves imaginables pour les schémas d'explication avancés. La question du changement est certes posée autrement. Mais comment faire parler les faits avec quelque crédit ? Pour le moment, ils répondent surtout dans le langage de la reproduction... Sauf « événement » exogène (voyez par exemple Godelier 1982 a, *in fine*).

Tout différents sont les programmes de solution dont il faut maintenant parler : ceux qui se sont développés à partir des principes du matérialisme historique sans jamais accuser les effets du paradigme structuraliste (sinon peut-être à rebours) ; et enfin, quelques orientations de la réflexion de Claude Lévi-Strauss lui-même, qui, il n'y a pas si longtemps, a pu sembler s'évader un moment du cadre méthodologique où nous le voyions placé de longue date – ou en repenser les limites.

Sous le premier chef, se trouvent de la sorte assemblés, entre autres écrits moins exemplaires de la catégorie, les travaux de Claude Meillassoux et de Pierre-Philippe Rey. Entre ces chercheurs, des désaccords ont existé sur l'interprétation de certaines caractéristiques propres à différentes sociétés africaines, objets premiers de leurs investigations. Mais tous deux s'apparentent par leur position dure, persistante, à l'égard des évolutions structuralistes – et pas seulement lévi-straussiennes – de l'anthropologie, ce qui leur a valu, dans le feu des débats, le qualificatif d'archéo-marxiste.

Rey se distingue au surplus par une conception rigoriste mais argumentée du champ d'application des catégories forgées par le matérialisme historique : « ... les domaines de validité des différents concepts marxistes sont coextensifs : on ne peut parler de rapports de production et de modes de production que lorsqu'on peut parler aussi de classes sociales et d'exploitation, et *vice-versa...* » (Rey 1977 : 116 ; voir aussi Rey 1978). Ils sont du même coup coextensifs de toute analyse matérialiste des sociétés authentiquement lignagères de l'Afrique (au moins) et de leurs articulations coloniales ou néocoloniales à l'Occident capitaliste (Rey 1971, 1973, 1975).

C'est qu'en effet, semblable analyse implique celle du « mode de production lignager », où les rapports de parenté masquent des rapports de classes et donc, d'exploitation, en la circonstance, des *cadets* ou des groupes locaux par les *aînés* de lignage (qui contrôlent la circulation des hommes et des femmes, c'est-à-dire, dans ce contexte, la reproduction démographique et sociale de la force de travail). La parenté s'avère *ipso facto* un « langage » qui exprime, en les dissimulant, les rapports de production déterminés par le rapport d'exploitation. Qu'est-ce alors que le changement dans de pareilles sociétés ? Comme toutes celles qui sont justiciables du même traitement, leur loi de formation et de transformation passe par la lutte des classes : celles qui deviennent dominantes assurent progressivement la soumission d'abord *formelle*, puis *réelle*, des procès de travail et des forces productives au rapport d'exploitation.

Ce dernier et sa dynamique – les contradictions de classes, surtout – constituent en somme le ressort caché de tout phénomène social. Ainsi la parenté se révèle-t-elle au grand jour instance politique et juridique qui obscurcissait les profondeurs du réel : « Après [qu'elle] ait mystifié les populations étudiées, [son] analyse apparaît [à notre auteur] comme une mystification de la théorie anthropologique elle-même » – remarque Pierre Bonte (1977 a : 109) –, théorie dont les variantes tant fonctionnalistes que structuralistes sont par suite inadéquates ; tout comme, à l'autre extrême, le sont les déterminismes technicistes et écologistes. Car au moins dans le cadre – seul pertinent – d'*un* mode de production, le « développement des forces productives » n'est rien d'autre que « leur adaptation toujours plus grande aux rapports de production dominants ». Autrement dit, rien d'autre encore que le procès de soumission réelle du travail et de l'univers technique aux exigences du rapport d'exploitation – c'est là le pivot théorique des travaux que, dans le droit fil de ses recherches antérieures, Rey a consacrés au thème « Innovation technique et luttes de classes » au Congo et dans le Nord-Togo[5].

Comment négocier ? Les faits les plus têtus doivent s'incliner devant la force de la démonstration, là encore amputée du détail de ses impeccables développements par notre schématisme obligé... Comme Lévi-Strauss s'incline devant l'histoire, et Rey lui-même devant l'absolue coextension des champs opératoires respectifs des concepts marxistes : c'est la condition première de la rigueur recherchée. *Dès lors, une part non négligeable des sociétés offertes à la spéculation anthropologique demeure hors de la juridiction de ces concepts*. Il est vrai toutefois qu'on peut imaginer des contradictions ou de l'exploitation autres qu'entre classes, par exemple entre hommes et femmes ; serait-ce suffisant ? C'est une autre histoire... où Alain Testart, lui aussi en marxiste, a au moins la hardiesse, rarissime de nos jours, de se lancer à corps perdu et avec des données par brassées, en distinguant divers rapports de « non-exploitation » (cf. Testart 1985 et 1988). Quoi qu'il en soit, chez Pierre-Philippe Rey, la perte est compensée sur un autre tableau, sûrement plus important à ses yeux et pour certains des premiers intéressés à ce

5. L'innovation étant en ce sens un enjeu de la lutte des classes, ses modalités radicales, subversives – à l'inverse du « progrès technique » garant de l'ordre social – ont toutes chances de survenir à la périphérie du système capitaliste : ainsi, dans les marges où il rencontre les éléments décomposés du système lignager et de son univers technique propre (cf. Rey 1983).

titre : la théorie et la pratique des luttes politiques d'aujourd'hui (ou d'hier soir) dans les sociétés du Tiers-monde. Mais passons à d'autres conceptions de l'anthropologie marxiste.

> « A la différence des rapports d'exploitation qui s'établissent dans la société capitaliste entre classes directement affrontées, l'exploitation coloniale s'établit d'abord par le contact entre "sociétés" distinctes, l'une dominant l'autre et la façonnant éventuellement [...] à sa propre image [...]. Ce faisant, les structures de production et de reproduction se transforment jusqu'à changer de nature. Pour comprendre la portée de ces transformations, il faut se donner des points de repère à partir de la dialectique inhérente aux systèmes considérés et de celle qui naît de leurs relations. C'est cette démarche [que j'ai] élaborée à travers terrains et théories... » (Meillassoux 1977 a : 9).

Du programme de recherche ainsi explicité par Claude Meillassoux, ressort jusqu'ici une communauté plutôt qu'une divergence de vues avec Pierre-Philippe Rey, en tout cas pour ce qui est du domaine d'investigation et des bases théoriques. Il y aurait bien d'autres auteurs à citer dans le même esprit. Rien d'étonnant à cela. Dès la fin des années cinquante, une double influence infléchit en France le mouvement de l'ethnologie alors que de son côté le structuralisme prenait son essor. D'une part, la transition néocoloniale altérait derechef, notamment en Afrique francophone, des sociétés déjà transformées depuis longtemps sous la poussée de l'Occident, et aiguisait la sensibilité à ces problèmes chez nombre d'intellectuels français que le *Zeitgeist* conviait aux engagements. Mais aussi – et de ce fait –, la sociologie de l'Afrique Noire telle qu'elle fut nourrie par l'approche « dynamiste » globalisante de Georges Balandier (1955) faisait école et rencontrait bientôt l'acquis de l'anthropologie économique marxiste à ses débuts, dont Meillassoux est le pionnier[6].

L'une et l'autre démarche – à mille lieux déjà du structuralisme pour plus d'une raison – suscitèrent dans les années qui suivirent bien des vocations africanistes et des problématiques liées à la question des mutations sociales dans le « développement du sous-développement ». De là, des voies de recherche qui furent parcourues jusqu'à nos jours au fil d'itinéraires variés : même si comptent d'autres facteurs et des traditions moins récentes avec leurs grandes

6. Voir notamment, au nombre des travaux publiés à partir de ses premiers séjours sur le terrain en Afrique de l'Ouest, Meillassoux 1960, 1962, et sa monographie novatrice, *Anthropologie économique des Gouro de Côte d'Ivoire* (1964).

figures – tel Marcel Griaule (1948, 1965) –, ces mouvements contribuent à imprimer sa marque particulière à l'ethno-sociologie africaniste en France et à la doter d'un poids spécifique. (Sur le début de la période en question, on peut se référer au travail minutieux de Gérald Gaillard – 1988.)

Cela rappelé, il reste que les nombreux travaux de Claude Meillassoux ont acquis à mesure de leur avancée un statut singulier au sein de l'anthropologie française, y compris africaniste, et même marxiste. Une place à part ? Impossible de porter la discussion sur tous les terrains où s'aventure Meillassoux[7]... ou sur les flux et reflux de modes à quoi peu d'ethnologues français restent insensibles. Voyons seulement ce qui pour nous est décisif.

En premier lieu, sa démarche a été et demeure animée par un seul mobile, établir une théorie unitaire – esquissée, sans plus, par Marx et Engels – de la production des moyens d'existence comme de la reproduction des êtres humains et de leur énergie ; et ce, non seulement pour dévoiler les fondements de l'exploitation (néo-)coloniale (1975, 2ème partie), mais en fin de compte pour élucider le fonctionnement de toutes les sociétés humaines ou du moins leur premier moteur (« toutes » : à la différence de Rey, et comme Godelier bien que par des procédés distincts). Car en second lieu, ce projet a pris corps dans la construction de modèles au sens général, des modèles à visée explicative. Or ceux-ci, d'un même ensemble de causes critiques données : les impératifs conjoints de « la production et de la reproduction de la vie immédiate », *déduisent* toutes les autres propriétés de chaque système social, cette déduction n'étant validée qu'au prix d'une comparaison avec d'autres systèmes pareillement reconstruits, mais à partir d'une différence dans les causes critiques.

Des modèles, donc ; et des modèles généralisants, absolument hypothético-déductifs selon toute apparence (quoique, peut-être à l'insu de leur auteur, une abstraction spécifiante y fasse çà ou là résonner des échos proprement africains) : *hic jacet lepus*... Meillassoux subordonne, à la vigueur et à la cohérence de son argumentation déductive, le crédit incertain de concepts marxistes légués par une théorie en partie défectueuse et devenue par trop canonique ; ainsi, celui de mode de production dont il remet en cause la pertinence (1975 : 146). D'où sans doute quelques réticences de théoriciens plus sourcilleux. Mais le problème est plus généralement

7. Voir par exemple, en dehors des publications purement ethnographiques ou relevant en propre de l'anthropologie économique africaniste, Meillassoux 1967, 1968, 1973, 1980, 1985...

le suivant. Les modèles en question dessinent des organisations sociales « abstraites » qui ne peuvent bien sûr coïncider parfaitement avec aucune « société concrète » (en va-t-il autrement néanmoins de certains modèles parentalistes qui ont fait date ?). Ce qui cette fois vaut à Meillassoux blâmes et critiques, tant d'anthropologues invoquant les mêmes pères fondateurs, que de quelques autres. On sait la controverse typique qui opposa notre auteur (1977 b) aux deux points de vue, très différents l'un de l'autre, d'Alfred Adler (1976) et de Pierre Bonte (1976) à propos de son livre *Femmes, greniers et capitaux* (1975). Pour la plupart des spécialistes, apparaîtraient incompatibles avec ses déductions non seulement les données d'observation, mais bon nombre, sinon l'ensemble, de leurs cadres d'interprétation – dont ceux que l'« archéo-marxisme » renvoie au « protomarxisme structuraliste », et celui de Lévi-Strauss, contempteur de « l'empirisme rampant qui est la maladie sénile du néo-marxisme » (Lévi-Strauss 1983 a : 174). Ses déductions, en voici, très sommairement rappelé, l'exemple le plus discuté.

> Modèles : dans l'économie de chasse-cueillette, « la terre » (c'est-à-dire la nature) est *objet de travail* ; son rendement est « instantané » – sans investissement préalable. En revanche, la « communauté domestique » (pratiquant la céréaliculture d'auto-subsistance : pas encore de marché, ni d'Etat) a pour assise une économie où la terre est *moyen de travail* : l'énergie humaine y est investie à terme, son rendement est donc différé et son produit, stocké (car saisonnier : cyclique). *Par voie de conséquences différentielles* : coopération et partage alimentaire « immédiats » déliant les producteurs de toute obligation ultérieure dans le premier cas, contre, dans le second, coopération durable et redistribution indispensable, etc., en raison de ces distinctions, donc, aux rapports de production distincts sont nécessairement associés des *rapports de reproduction* dissemblables – rapports d'*adhésion* éventuellement provisoire dans la « horde » de chasseurs-cueilleurs ; rapports de *filiation* viagère et institutionnalisée dans l'autre cas (cf. Meillassoux 1975, 1ère partie). C'est que la céréaliculture « domestique » implique la gestion, conjointement, des greniers et de la répartition des femmes – entre communautés homologues – par les *aînés*, à cause de l'antériorité de ces derniers dans le cycle d'avances des semences aux cadets nubiles, puis de restitution des vivres aux bailleurs, cycle constitutif de cette économie. Cela parce qu'est devenue décisive la répartition des « reproductrices » entre les diverses cellules productives (où doit être maintenu un *ratio* stable d'individus actifs). D'où la « gynécomobilité » (ce sont les femmes qui au mariage quittent leur famille) et la patrilocalité, symétriques inverses, ou presque, des traits procédant d'une économie de plantage-bouturage – d'horticulture de tubercules – plus instable, il est vrai, et plus dépendante de l'apport de la chasse-cueillette... De là aussi, par suite, la *(patri-)filiation* qui institutionnalise, tout en la réglant politiquement, la destination, en

l'occurrence au groupe familial du mari, de la progéniture des femmes conformément aux exigences respectives, ici parfaitement homogènes, de la « production » des êtres humains et de la production de leur subsistance[8].
Rien de tel dans l'économie intégrale de chasse-cueillette : pareil substrat, comme on l'a vu, est déduit du « négatif » des implications positives dégagées dans le cas précédent. La non-nécessité d'une cohésion organique permanente entre les producteurs explique l'inutilité, pour les géniteurs, de se réserver la capacité de production future de leurs descendants. En découle une mobilité libre des adultes, hommes et femmes, entre les « hordes », où ils sont introduits en fonction de leurs seules capacités productives présentes sans que les enfants suivent forcément leurs géniteurs ou génitrices (dont les unions sont au reste fort précaires et ne se conformeraient pas toujours à une prohibition de l'inceste). Voilà pour les *rapports d'adhésion*, par quoi s'effectue la reproduction sociale des chasseurs-cueilleurs.

Et voici un résultat : « Les rapports de production *et de reproduction* [apparaissent dans la communauté domestique] comme le *substrat* des rapports juridico-idéologiques de la parenté » (Meillassoux 1975 : 77) ; la parenté (la filiation) et l'exogamie contrôlée sont les produits – relativement récents – de l'histoire : elles s'enracinent dans des conditions définies de production et de reproduction, conditions absentes de l'économie de « ponction » des ressources non domestiquées. Pas de parenté chez les chasseurs-cueilleurs ! Qui va s'incliner ici : les « faits » ou le « modèle » ? Avant d'y revenir – la question n'est pas si simple –, préparons le terrain.

Si j'ai insisté sur la démarche de Claude Meillassoux, c'est qu'elle se veut résolument explicative, et toujours davantage – cas rare dans l'anthropologie française, comme l'a noté Michel Panoff :

> « Quiconque s'est habitué au discours circulaire des divers fonctionnalismes, et du structuralisme aussi, ne manquera pas de sursauter : il aura immédiatement pressenti ce qu'une démarche *explicative*, entreprise encore si rare aujourd'hui, peut apporter à l'ethnologie... » (Panoff 1977 a : 137).

Mais surtout, cette démarche est exemplaire pour notre propos.

8. Après avoir pris connaissance de cette synthèse – trop compacte – d'un de ses modèles, que je présentai dans un autre contexte, Claude Meillassoux me fait les remarques suivantes (et je l'en remercie) : « Le stockage n'est pas déterminant dans la société domestique, c'est le cycle d'avance et de restitution lié à la production agricole différée, qui est "structurant". D'autre part, même si le stockage favorise une hiérarchie sociale dans des sociétés de chasseurs [voir plus bas – JLJ], il s'agit d'une hiérarchie individuelle et non institutionnelle, donc d'un autre ordre » (CM, correspondance personnelle).

Elle illustre d'autant mieux les grands programmes toujours non commensurables avec le structuralisme lévi-straussien qu'elle se rapproche de celui-ci, en amont de toutes les différences, par un trait singulier : *l'extrême déductivisme*, et la prédilection pour les « modèles sans frottement ». Que Lévi-Strauss ait porté au plus haut point le raisonnement déductif, cela a frappé beaucoup de bons esprits. Ainsi Jean Piaget (1974 : 90) :

> « Son structuralisme anthropologique présente un caractère exemplaire et constitue le modèle, ni fonctionnel, ni génétique, mais déductif le plus frappant qu'on ait utilisé en une science humaine empirique : c'est à ce titre qu'il mérite un examen particulier. »

Ce procédé déductif, il l'applique au fil d'une démarche que certaines critiques – on vient d'en lire une – ont pu qualifier de circulaire. En fait, mieux vaut dire les choses autrement. L'œuvre de Lévi-Strauss – au moins dans son courant devenu principal avec les *Mythologiques* – fonctionne dans les meilleurs cas comme une immense et passionnante hypothèse de travail. Mais si celle-ci est fausse, où sont les moyens de s'en apercevoir ? Voilà le problème.

Et ce problème reste manifeste, que l'on s'attache à ce que fait Lévi-Strauss, à ce qu'il fait dire, ou à ce qu'il dit faire. Citons derechef ce célèbre passage : « Les mythes signifient l'esprit, qui les élabore au moyen du monde dont il fait lui-même partie. Ainsi peuvent être simultanément engendrés, les mythes eux-mêmes par l'esprit qui les cause, et par les mythes une image du monde *déjà inscrite* dans l'architecture de l'esprit » (1964 : 346, mes italiques). Mais ajoutons maintenant celui-là :

> « ... si le but dernier de l'anthropologie est de contribuer à une meilleure connaissance de la pensée objectivée et de ses mécanismes, cela revient finalement au même que, dans ce livre, la pensée des indigènes sud-américains prenne forme sous l'opération de la mienne, ou la mienne sous l'opération de la leur. Ce qui importe, c'est que l'esprit humain, sans égard pour l'identité de ses messagers occasionnels, y manifeste une structure de mieux en mieux intelligible à mesure que progresse la démarche doublement réflexive de deux pensées agissant l'une sur l'autre et dont ici l'une, là l'autre, peut être la mèche ou l'étincelle du rapprochement desquelles jaillira leur commune illumination » (1964 : 21).

Avec un tel programme, aucun risque de se tromper : voudrait-on réfuter le surréaliste du *Manifeste* qui prétend, par l'écriture automatique, « exprimer... le fonctionnement réel de la pensée » ? Mais à ce compte, peu importe le type d'analyse élu – structuraliste, freudien, aristotélicien, dadaïste ou autre –, peu importe que l'objet soit le mythe...

Le problème de Meillassoux, c'est l'inverse – comme ses hypothèses et ses conclusions, qui parfois prennent à contre-pied celles de Lévi-Strauss, tout en parlant fatalement d'autre chose. Ses explications déductives, d'ambition totalisante elles aussi, creusent autour d'elles comme un océan d'anomalies (la parenté, une révolution « néolithique » ? et les aborigènes australiens ?). Mais tout bien pesé, c'est là le résultat – dans les meilleurs cas, toujours provisoire – de l'ensemble des tentatives qui se veulent étape d'une théorisation pleinement explicative. Par delà leurs insuffisances, les modèles « type Meillassoux » tiennent bel et bien leur vertu critique d'être critiquables par les évidences. Car on peut au moins imaginer que des évidences soient viciées (*de quoi* parle-t-on quand on invoque la parenté chez les chasseurs-cueilleurs australiens ?). L'observation n'est-elle pas toujours *theory-laden*, chargée théoriquement, disait Hanson (1958) – et à propos de sciences autrement « objectives » ? La théorie colle tel un masque au visage de la nature, et bien souvent – écrivait quelqu'un –, les observateurs de l'altérité ne décrivent pas ce qu'ils voient, mais voient ce qu'ils décrivent. D'où, peut-être, l'illusion parentaliste des ethnologues, et au premier chef de ceux qui, confrontés par exemple à certaines sociétés de chasseurs-cueilleurs, auraient injecté une théorie implicite dans un observable institué par là « fait de filiation » mais devenu dès lors obstacle épistémologique récurrent. C'est là sans conteste une hypothèse *ad hoc*. Cependant, pour invérifiable qu'elle soit en profondeur, elle n'en stimule pas moins la réflexion critique : en sollicitant à nouveau l'« expérience de pensée » qu'était déjà la construction des modèles, elle suscite des questions qui de proche en proche pourraient bien instruire une révision des faits tout autant que de ces modèles eux-mêmes.

> Certaines des objections de Marc Augé (1979 : 137-141) selon lesquelles « en refusant l'existence » de rapports de parenté chez les chasseurs-cueilleurs, on irait « contre l'évidence », me semblent porter à faux si l'on entend bien l'heuristique très particulière de la démarche en cause. Problématiser cette existence – « Il ne faut pas se laisser égarer par l'évidence », écrivait Freud et nous enseignent à peu près toutes les sciences –, ce n'est pas forcément « s'interdire de comprendre le caractère pensé et pensable des rapports sociaux » (*ibid.* : 137) : c'est viser une autre cible, pour le moment, que cette compréhension qui elle-même, au moins dans le cadre de la propre réflexion théorique d'Augé et pour reprendre le terme employé, « s'interdit » l'analyse causale des changements autres que manifestement « exogènes » et contingents (voir plus bas, p. 75).

De la sorte seraient en outre levées les ambiguïtés de conceptions dont les catégories, prisonnières d'un langage encore inadéquat, masquent la portée possible (ainsi les effets d'exogamie et la « filiation » relèvent-ils peut-être de causes d'espèces différentes, et non des faits homogènes de « la parenté » ?). On s'aperçoit avant tout que, croyant établir *in abstracto* les contraintes d'organisation respectives des sociétés « cynégétique » (de chasse-cueillette) et agricole « domestique », Meillassoux contribuait à l'élaboration, en surplomb de ces catégories, d'une abstraction plus générale encore. A savoir, pour le dire schématiquement, les modèles incorporant bien les deux modalités de rendement (immédiat, différé) des produits de la nature, et où celles-ci toutefois ne recouvrent plus lesdites catégories – dont la consistance devient ainsi problématique – mais les recoupent, comme dans un tableau à double entrée. Inégalités accusées, pouvoirs lignagers existèrent dans des sociétés – qu'aujourd'hui on sait nombreuses – sans agriculture ni élevage, plutôt sédentaires, distinctes en tout cela des « hordes » ou « bandes » plutôt nomades avec leurs supposés « rapports d'adhésion », inférables de leur économie pourtant elle aussi « prédatrice » : parce que de forts contrastes saisonniers et la mise au point de techniques idoines impliquaient chez les premières la conservation, donc la gestion, de réserves alimentaires et leur redistribution différée.

De pareils systèmes socio-économiques furent beaucoup plus fréquents dans la préhistoire et l'histoire que ne le laissaient croire l'archéologie ou l'ethnologie classiques, comme l'ont suggéré, entre autres, les hypothèses de W. Suttles (1968) et comme le confirme une synthèse très informée d'Alain Testart (1982 a).

On le voit à nouveau, une fois les modèles contestés ou relativisés par des évidences défavorables, il faut élever la théorie à un autre niveau de généralité, et dans ce but, la pourvoir de nouvelles hypothèses autant que possible vulnérables aux contre-épreuves. *Quid* des rapports de reproduction, de leur contrôle, du pouvoir et de la parenté comme pratique ou représentation chez ces « cueilleurs-chasseurs-pêcheurs » qui stockent, mais aussi dans des sociétés où prévaut la culture des tubercules, sans semences et supposée sans stockage conséquent en regard de l'économie céréalière ? La discussion progresse, au carrefour de problématiques diverses – économiques, techno-écologiques, politiques, proprement historiques –, nourries par les données procédant des terrains les plus variés[9].

---

9. Ainsi de pareilles questions sont-elles illustrées dans les actes de la Table ronde *« Fonctions d'autorité et rapports de production chez les cultivateurs de tubercules »*, organisée sous la responsabilité de Michel Panoff lors du Premier colloque international de l'Association Française des Anthropologues (cf. Panoff, éd., 1982).

Il convenait d'illustrer, moins que les forces et les faiblesses du déductivisme en soi, commun à certaine anthropologie marxiste et au structuralisme de Lévi-Strauss, la démarcation toujours plus tranchée de leurs heuristiques respectives. Chacun à sa mode brigue encore une forme de scientificité. De là, soit dit en passant, mes quelques allusions à des problèmes qui je crois se posent à toute science, donc pourquoi pas – et même *a fortiori* – à l'anthropologie d'ambition théorique. Impossible, pour le structuralisme anthropologique, de formuler des hypothèses « falsifiables » (réfutables au sens de Popper), argumente Lévi-Strauss, agacé d'ailleurs qu'on puisse faire un pareil reproche aux sciences humaines en général, dont c'est selon lui une impuissance congénitale... mais qui malgré tout doivent « se tourner vers les sciences exactes et naturelles » – souvent infirmables pour leur part –, comme des disciples regardent vers leur maître.

Ce sont là des vues développées par le maître structuraliste dans un livre de Bellour & Clément (éd., 1979 : 165 et 184-185), à quoi s'ajoute ce qu'il écrivait sur ces questions dans *Anthropologie structurale deux* (1973 : 361-362 notamment) et ce qu'il prônait lors de sa « Conférence Marc Bloch » (1983 b : 1230, voir ici même, p. 39, la citation référencée). A propos cependant de sciences falsifiables et si l'on suit Dan Sperber (1974 : 75-78), les données empiriques peuvent à certaines conditions arbitrer la confrontation de plusieurs descriptions structurales d'éléments symboliques, en corroborant les unes et réfutant les autres, bien que les principes généraux du structuralisme ne soient pas, eux, falsifiables. Tellement rares sont aujourd'hui les théoriciens, historiens ou épistémologues des sciences dures qui dénient à celles-ci une supériorité qualitative sur les sciences humaines aux plans de la rationalité mais aussi de la réfutabilité, que l'exception de Larry Laudan (1987) vaut d'être rappelée ici encore.

Tout cela est bien beau. La recherche structurale découvre bien des lois d'ordre, sous l'univers des règles et le discours du mythe, par une impressionnante et continuelle accumulation de faits de structure – tout ce qui dans un changement ne change pas –, dont la généralité qui procède de transformations adéquates agrandit à coup sûr l'inventaire de la pertinence et dégage le réel de sa gangue d'apparences confuses... sans infirmation possible. Et ce, même si, ou parce que, sont construits à cette fin certains arrangements d'éléments, parmi d'autres également imaginables : en toute rigueur structuraliste, l'important est qu'ils fassent système. Mais là encore ce ne sont que reflets ; des ombres aux murs de la caverne, rappellerai-je :

> « C'est au moment où [les sciences humaines] tendent à se rapprocher de l'idéal du savoir scientifique qu'on comprend le mieux qu'elles préfigurent seulement, sur les parois de la caverne, des opérations qu'il appartiendra à d'autres sciences de valider plus tard, quand elles auront enfin saisi les véritables objets dont nous scrutons les reflets » (Lévi-Strauss 1971 a : 575).

Alors tout compte fait, par postulat, transfert de charge et principe d'espérance, c'est bel et bien aux « vraies » sciences, de la vie et du monde physique (du cerveau, du corps, des choses), qu'incomberait une tâche problématique et toujours différée : établir l'explication de ces faits, enfin vulnérable, elle, aux sanctions de l'expérience. Toutes les remarques de Lévi-Strauss sur cette vaste question iront dans le sens de ce qu'il affirmait déjà lorsque la « mort de l'homme » menaçait paraît-il l'humanisme existentialiste ou phénoménologique :

> « ... le but dernier des sciences humaines n'est pas de constituer l'homme, mais de le dissoudre. La valeur éminente de l'ethnologie est de correspondre à la première étape d'une démarche qui en comporte d'autres, [celles-ci revenant] aux sciences exactes et naturelles : réintégrer la culture dans la nature, et finalement, la vie dans l'ensemble de ses conditions physico-chimiques » (Lévi-Strauss 1962 b : 326-327 ; « le verbe "dissoudre" – est-il ensuite précisé – exclut la destruction des parties constitutives d'un corps soumis à un autre corps » : *loc. cit.*).

Est-ce à dire que, singulier apanage dans le camp des sciences humaines, les hypothèses de l'anthropologie néomarxiste satisfaisaient déjà rigoureusement aux exigences de la réfutabilité, au moins en droit, par des faits qui soient de son ressort ? Loin de là. Un marxisme « poppérien », ce serait inattendu ! Du reste, et ceci vaut également pour le structuralisme, « la science » – même la plus « dure » – n'est pas seulement fille de ces procédures normatives que glosaient Pascal ou Claude Bernard bien avant Popper et qu'au demeurant, la formulation d'énoncés réfutables (« falsifiables ») ne saurait suffire à respecter.

> « Un des problèmes que pose le point de vue de Popper, c'est qu'il est impossible de tester toutes les théories fortement falsifiables. Par exemple, la théorie selon laquelle, si je me mets un sac de farine sur la tête et si je frappe quatre-vingt-dix-neuf fois sur la table, un diable apparaîtra est fortement falsifiable, mais je ne vais certainement pas me donner la peine de la tester. [...] je pourrais imaginer 10^{100} théories du même type, et [...] toute la vie de l'humanité ne suffirait pas à les tester toutes. [...] il est donc nécessaire de sélectionner, sur des critères méthodologiques, un tout

petit nombre de théories que nous nous donnerons la peine de tester, et ceci implique que quelque chose qui ressemble à une sélection préalable est implicite dans la théorie poppérienne » (Putnam 1984 : 182).

Il convient cependant de remarquer ce qui suit. Certaines explications proposées en anthropologie admettent les contre-épreuves et les arbitrages que rend après coup leur confrontation avec les résultats de travaux reconnaissant des faits de même espèce ; mais cela n'est possible que quand le dispositif théorique en cause n'est pas, de par sa construction même, garanti à vie contre tout démenti empirique.

Dans le seul cadre de nos « grandes théories », par delà l'irréductible divergence de leurs paris sur le réel pertinent, sont donc discernables deux rapports distincts (pour le moins, et tacites ou manifestes) aux idéaux toujours prégnants de la scientificité. Il est d'ailleurs possible de retrouver de semblables distinctions, on le verra plus loin, au fondement des différences séparant d'autres courants de la recherche anthropologique – outre les choix de « l'interprétation » assumée comme telle ou du holisme « compréhensif » ; en cherchant dans le détail, tout cela sera même repérable au sein de certaines démarches individuelles oscillant entre ces divers pôles de référence... ce qui ne nous facilitera pas la tâche.

Mais le changement, et l'histoire ? Ce qui semble un long détour ne nous égare pas bien loin. Au contraire : les modèles marxistes déductifs et leurs avatars situent le problème dans une perspective où se relient comparatisme, évolutionnisme et histoire, puis ramènent à la question du descriptible et de l'explicable. De la dialectique structure-événement à la mutation fonctionnelle des institutions chez les uns, de l'exploitation d'autrui à l'innovation technique, ou aux rapports entre production matérielle et reproduction physique ou sociale chez les autres, on reste au cœur d'une problématique transformiste. Le dernier exemple proposé à notre réflexion, celui de Meillassoux, illustre de surcroît une démarche qui renoue plus directement avec un évolutionnisme théorique – où s'inscrivent aussi, quoique d'une tout autre façon, les travaux d'Alain Testart – orientant des recherches dont les prolongements devraient préciser le champ d'application : local, ou *weltgeschichtlich*, « relatif à l'histoire du monde » ?

La « parenté » est historique ; elle résulte du contrôle, par les hommes et à leur profit, de la capacité reproductive des femmes – capacité dont l'esclavage premier est selon ces vues une manière de substitut masculin, créant sans épouses ni affins une progéniture fictive et donc un cercle de dépendance élargi (cf. Meillassoux, « Introduction », *in* Meillassoux, éd., 1975 ; Meillassoux 1980 et 1986). Sur l'économie domestique, se sont bâties toutes les autres, et ses rapports de reproduction perdurent – au sein des *familles* – dans les sociétés de classes, esclavagistes, féodales, capitalistes, mais dissociés des rapports de production. C'est principalement à travers une telle dissociation que se manifeste la dialectique des transformations épigénétiques de la « communauté domestique », où ces rapports sont « organiquement confondus » – fait unique dans la succession des systèmes sociaux –, et dont les propriétés informent par ailleurs l'analyse des logiques contemporaines de l'exploitation, (néo-)colonialiste ou interne à la société capitaliste (cf. Meillassoux 1975 et 1985).

La question que doit ainsi résoudre l'analyse synchronique des systèmes sociaux, à partir de l'observable, est donc toujours celle de l'engendrement des uns par les autres dans le réel historique, à des échelles variables selon les programmes de recherche. Apporter une réponse, et tenter de la corroborer, c'est – puisque les processus doivent être *reconstruits* – mettre en série chronologique des faits obtenus par la comparaison d'états successifs d'un même système... Etapes de transformation dont souvent, quand l'Histoire fait défaut, sont vues comme autant d'images plusieurs sociétés distinctes, bien que supposées « proches ». D'où le comparatisme raisonné – bon an, mal an –, projection hypothétique de l'histoire. Celle-ci pour sa part dispense dans les meilleurs cas une information parcimonieuse où d'ordinaire prédominent les données de bouleversements consécutifs aux rencontres entre populations étrangères. En découle, cette fois, l'effort pour réduire la contingence par l'imputation du changement exogène à ses opérateurs internes : de « la dialectique qui naît de la relation » des sociétés, à celles « qui leur sont inhérentes ». Nous retrouverons ces problèmes de méthode en parlant, dans le dernier chapitre, de l'« histoire structurale ».

Les problèmes ainsi posés à la réflexion critique sont d'autant plus vifs que, chaque jour davantage, le mouvement général de connaissance ou de construction du réel semble se développer suivant la perspective rappelée en peu de mots par Stanley Diamond (1981 : 332) : « Everything that happens in nature or society, happens as history » ; remarque à comparer avec ceci :

> « C'est un fait que désormais la flèche du temps est présente dans tous les systèmes non élémentaires pourvus d'une certaine forme d'organisation, structurale ou non [...]. De même que le concept d'évolution s'est étendu de l'organisation des êtres vivants de la terre à la totalité du Cosmos, celui d'histoire, entraîné par le précédent, s'est émancipé du domaine encore plus restreint où il est né, celui des seules affaires humaines » (Scheurer 1979 : 308).

« Il est malheureusement certain que l'histoire existe, et que l'ordre synchronique en porte les flétrissures », paraît en écho déplorer Lévi-Strauss (1984 : 153). Que l'analyse structurale ait voulu se fixer dans la synchronie – ou l'achronie –, on ne saurait lui en tenir rigueur et en rester là : pourquoi alors ne pas souscrire aussi au curieux reproche, exprimé naguère à son endroit, d'ignorer le « vécu », de se refuser à la « compréhension totalisante » ? Ce serait dans les deux cas faire grief à la théorie de ne connaître – comme toute théorie – que les objets qu'elle se donne ou qu'elle construit (au choix). Autre controverse par conséquent et qui parcourt, toujours reformulée, les sciences humaines, depuis qu'existe leur notion même.

Quelques mots au passage sur le thème « structures et achronisme » : même quand un Marc Augé voulait prendre en compte la « totalité organisée du donné social » et, de ce fait, les rapports de domination, il restait finalement, logiquement et délibérément sur le mode d'une appréhension « en synchronie », car en dernier ressort monostructurale : *syntaxique* en l'occurrence. L'articulation des différents ordres de représentation-organisation – l'une et l'autre étant toujours « données ensemble », sans privilège de réalité ni priorité causative – doit être comprise comme connexion syntaxique faite de règles d'accord, de compatibilité ou d'exclusion entre ces ordres : l'*idéo-logique*, matrice, spécifique à chaque société ou « moment », de tout discours et de toute pratique concevable – non sans rapport me semble-t-il avec les *épistémès* de Foucault (1966). Or, si c'est à l'anthropologie qu'échoit l'étude des rapports de pouvoir (clés de l'idéo-logique qui impose à tous le « langage » et le « pensable » de quelques privilégiés), en revanche l'examen des « rapports de force », *deus ex machina* dont les premiers « dépendent », est du ressort de « l'histoire ou de l'économie », comme l'analyse des infrastructures pour Lévi-Strauss : « L'effet de révolution ou de subversion du pouvoir est un effet de rupture ; mais la souplesse syntaxique de l'idéo-logique lui permet de "tenir" en attendant la rupture » (voir sur ces points Augé 1975, 1977, 1978 et 1979). Quant à Jean Pouillon (1975, chap. 1 et 2, 1ère éd. 1965-66), il s'est de longue date employé avec grand brio et finesse d'analyse à souligner ce que pourraient être, en toute logique, les connexions entre analyse structurale *stricto sensu* et *diachronie*... Reste ce que le structuralisme, depuis, a fait dire et faire aux anthropologues dans leurs pratiques de recherche, et au premier chef, à Lévi-Strauss, en matière d'*histoire*, encore qu'il n'ait peut-être pas dit son dernier mot sur le problème.

L'important est aussi que les théories meurent parfois de ce dont elles n'ont pas parlé, comme je crois l'a dit quelqu'un. Et l'on pressent que Lévi-Strauss, pour réduire le désordre, pour gagner sur la contingence, envisage des solutions bien différentes de celles des diverses anthropologies marxistes – « structurales » ou non. Mais comme, ce faisant, sa recherche me semble parcourir des chemins de traverse qui ne la circonscrivent plus – ou pas encore – dans le cadre de la grande théorie exposée en synthèse, il est temps de franchir un seuil.

3

Ethnologie, histoire : la dérive des continents

Derrière nos arbres il y a la forêt des anthropologies diversifiées. Nous voici à son orée. Lévi-Strauss, tout prêt à s'incliner devant l'histoire – « malheureusement », elle « existe » –, ne renonce pas à lui assigner ses frontières, mais doit, pour ce faire, les négocier dans de nouveaux territoires : partout où l'ordre synchronique semble plier devant la contingence. Interprétons dans cet esprit ce qu'on peut apercevoir du parcours, à travers l'œuvre mise en forme.

Le mythe, « structure stationnaire », et l'histoire réelle, « devenir ouvert », tirent dans des sens opposés. Ce bras de fer n'interdit pas – au contraire – de déceler les figures d'une histoire à qui l'on demande d'être « en prise directe sur le mythe » (cf. Lévi-Strauss 1984, chap. VIII, « Ordre et désordre dans la tradition orale » : 155 et 157). De là un effort d'analyse bien révélateur. Qu'arrive-t-il aux mythes lorsqu'ils sont « appropriés » par des corps intermédiaires qui, dans telle ou telle société, s'opposent, rivalisent et cherchent de la sorte à « rehausser leur prestige » ? (Voir *ibid.* et Lévi-Strauss 1983 a, chap. XI.) Des corps intermédiaires : lignages, clans... ou ici, des *maisons* – au sens ou l'on parle de « maisons nobles ». Nous sommes à la jonction d'autres lignes de la recherche qu'ouvrent pareilles prémices.

Dans certaines sociétés dites primitives, il apparaît – sous l'éclairage de notre auteur – des institutions rétives à ces carcans de l'anthropologie classique que sont devenus les groupes d'unifiliation, de descendance, de résidence, les parentèles, l'exogamie contre l'endogamie... Le montre un nouvel examen de nombreux « faits » ethnologiques de provenances très diverses, qui aborde au surplus quelques données de l'histoire européenne ou, notamment, japonaise. En renaît, avec un champ d'application agrandi ou revenu de loin, la notion de « maison »

(Lévi-Strauss 1979 : 164-192, 1983 a, chap. V et VI, 1983 b et 1984, 5ème partie). Que recouvre-t-elle, quels sont les enjeux et les moyens de sa reconstruction ?

En quelques lieux ou temps, des sociétés s'ouvrent à la contingence en se donnant les conditions d'un devenir calculé. Ce changement s'inscrit dans le jeu de mécanismes dont la force efficiente est imputable, non à l'initiative individuelle ou à la société comme sujet collectif, mais bien aux stratégies concurrentes d'autres composantes du tout social : des corps intermédiaires, donc ; en l'occurrence, autant de « maisons ». Car ces dernières, et les mécanismes ou stratégies que j'évoque, comme la « subversion » graduelle du « langage » de la parenté par des intérêts politiques et économiques devenant antagoniques, mais aussi le cognatisme *de facto* corrélatif de la propension aux configurations d'alliance matrimoniale du type « complexe », sont coémergents dans le dispositif d'analyse, coextensifs de la démarche définitoire. Et la problématique sous-jacente demeure celle de la relation entre donneurs et preneurs de femmes : partout où la catégorie de maison semble désormais obvie, cette relation se montre tendue ou instable.

C'est que ces respectives maisons rivales, personnes morales détentrices de biens (matériels ou non), se révèlent projection d'un « rapport de reproducteurs » – sinon de reproduction, comme l'écrirait, disons, Meillassoux – entre différents groupes. (Lévi-Strauss 1984 : 195 ; l'expression citée figure dans un passage où l'auteur s'essaie à « transposer à la "maison" la notion de fétichisme, telle que Marx l'applique à la marchandise ».)

Chacun de ces groupes utilise en effet, pour renforcer sa position et selon les opportunités, soit ses hommes (en tant que « preneur »), soit ses femmes (comme « donneur »). D'où le cognatisme. Dès lors, alliance vaut filiation pour perpétuer l'institution. Sous cet angle de vue, l'endogamie (ainsi, les mariages de cousins) assure le retour régulier des patrimoines, etc., partant, certaine stabilité ; mais l'exogamie (qui permet des coalitions inédites dégagées des contraintes prescriptives propres au modèle d'alliance « élémentaire ») introduit le changement aléatoire, avec ses risques et profits possibles. De là, l'ouverture vers les structures « complexes » de l'alliance matrimoniale *ainsi – cause et effet – que l'intériorisation d'une histoire dont, en de semblables contextes, la contingence peut dorénavant être délibérément exploitée.*

Du mythe historisé à la réinvention de la notion de maison (Sartre : « lorsqu'un objet est caché à tous les yeux, il faut l'inventer de toutes pièces pour pouvoir le découvrir »), voilà donc comment Lévi-Strauss, au sortir des *Mythologiques*, a renoué pour un temps avec un courant de réflexion dont une des sources est celle des *Structures élémentaires*. En son aval, se profile l'étude approfondie des « structures complexes » de la parenté, déjà éclairées par les hypothèses de Françoise Héritier-Augé, issues des résultats multiformes de ses travaux maintenant bien connus sur les systèmes dits semi-complexes. Sur ces dernières recherches, je pense surtout à *L'Exercice de la parenté* (Héritier 1981). Mais remarquons ceci :

dans le chapitre III de cet ouvrage, « Le passage aux structures complexes », l'auteur précise bien (p. 137) qu'« Il ne faut [...] pas entendre le terme passage dans une acception historique ou évolutionniste [...], mais dans un sens purement structural... »[1].

Le mouvement, donc, qui animait il y a peu la démarche lévi-straussienne pourrait bien conduire – la plus récente et jalouse *Potière* (1985) et l'ouvrage suivant (1991) relèvent d'un autre cours – là où « la turbulence des initiatives individuelles » (1984 : 223) coïncide avec les opérateurs du devenir historique : tout cela semble promis à un traitement commun en une même étape de la prospection des niveaux d'ordre, « mission toujours inachevée de l'ethnologie » (1983 b : 1231).

On notera au passage que *La Potière jalouse* (1985, tout comme *Histoire de Lynx*, 1991) est une sorte de supplément aux voyages du Lévi-Strauss des *Mythologiques* ; un célèbre psychanalyste y a discerné, sans doute par boutade (facétie bien sûr lourde de sens), la marque d'une « jalousie » de l'auteur envers les succès des conceptions freudiennes dans l'intelligentsia française (communication orale). Quel que soit le partage des jalousies, Lévi-Strauss, comme bien d'autres, me semble parfois rejoindre Freud au moins sur un point qui – malgré l'aval de certaine tradition philosophique et d'un apparent bon sens – ne fait pas l'unanimité : l'intelligibilité scientifique serait garantie par l'adéquation ou l'homologie de l'esprit connaissant et du monde à connaître, puisque le second inclut le premier comme une de ses parties (voir notamment « Structuralisme et écologie », *in* Lévi-Strauss 1983 a, et Freud 1987 [1927] : 79-80).

Ce traitement, dès lors qu'est suggéré l'horizon de la démarche (surtout dans Lévi-Strauss 1983 b), nous sommes tentés d'en deviner les principes. Ceux-ci conjureraient – on a vu comment, et aussi bien c'est l'évidence – le retour en force de l'individualisme méthodologique, sensible dans certaine sociologie française en mal de pères adoptifs venus ou revenus d'ailleurs, autant qu'ils récuseraient derechef, peut-être, tout sociologisme. Car ils porteraient à invoquer de nouveau l'efficace de certains invariants (comme, dès maintenant, la primauté réaffirmée du rapport d'échange matrimonial) ; de mécanismes « élémentaires » partout discernables ne

1. Je renvoie aussi, sur la question assez compliquée du semi-complexe, au traitement détaillé des données de première main relatives au mariage chez les Samo du Burkina Faso – par des procédés d'analyse automatique requérant l'aide technique de l'informaticienne Marion Selz – qu'expose la même anthropologue dans plusieurs publications (Héritier 1975, 1976...), et aux recherches d'Elisabeth Copet-Rougier (1980 par exemple) sur les Mkako du Cameroun (cf. également les travaux figurant dans Héritier-Augé & Copet-Rougier, éd., 1990).

serait-ce qu'à l'état latent (persistance ou résurgences sporadiques d'un « fonds commun à toutes les sociétés ») : à savoir, de « structures profondes ». Surtout celles, désormais, dont un modèle « complexe » serait susceptible de rendre compte à un niveau d'ordre caché sous le désordre apparent des conduites indûment perçues comme applications de choix individuels qui créent l'imprévisible, l'aléatoire : le « nouveau », donc le changement et l'événement irréductible. Par suite, le devenir ne saurait se réduire à la simple résultante empirique de pareils choix, pas davantage qu'à une quelconque nécessité historique. Mais encore une fois, où s'enracinerait cet ordre ? Et ses contraintes, par quoi seraient-elles structurées ? Ou par qui, par quel analyste donc par quelle méthode ; toujours cette question des rapports, problématiques et changeants, entre le modèle et le réel, entre universaux de forme et de substance.

Sur la dernière formule, voici quelques aperçus, qui concernent encore le problème évoqué ici au sujet d'un espoir commun à Freud et Lévi-Strauss, entre autres. Prenons l'exemple de la linguistique : « Les universaux de forme sont en réalité non des universaux des langues [universaux de substance], mais des conditions générales de cohérence de la linguistique, des exigences d'ordre épistémologique [...]. Ce n'est pas parce qu'une théorie linguistique requiert certaines démarches méthodologiques que l'on doit considérer ces dernières, *en confondant la procédure avec l'objet* auquel elle s'applique, comme inhérentes aux langues » (Hagège 1985 : 53, mes italiques). Autre exemple, la remarque d'un jeune physicien contemporain : « Il est étonnant que peu de voix s'élèvent contre une forme de pensée profondément malhonnête, qui confond certaines règles que se donne la théorie et réalité propre du monde » (Magnan 1988 : 210). L'auteur cité s'insurge là contre cette attitude largement répandue, parfois ouvertement défendue, arguments philosophiques à l'appui, et que J. L. Synge appelait « le syndrome de Pygmalion » : prendre le modèle pour le réel. Or, voici :

> « "Le système mythologique, dit Lévi-Strauss, possède une autonomie relative par rapport aux autres manifestations de la vie et de la pensée du groupe, [...] il peut en quelque sorte dialoguer avec lui-même et s'approfondir dialectiquement", se "commenter" lui-même [Lévi-Strauss, 1964 : 346] ; n'est-on pas ainsi victime de cette fréquente illusion qui consiste à prendre pour la nature même de l'objet les conditions d'exercice de la méthode qu'on lui applique ? » (Bazin & Bensa 1979 : 20).

Que l'on se réfère aussi à ce qui est dit, dans le précédent chapitre, du « réalisme structural intégral » propre au « second » Lévi-Strauss (pp. 48-50). Il ne s'agit pas de prêcher le formalisme ou le positivisme contre tout réalisme – ni d'en appeler vainement à l'irréductibilité d'un réel métaphysique donc inconnaissable pour la science –, mais de prévenir les dangers tenant aux formes simplistes du réalisme.

Revenons à notre ordre caché et à ses contraintes. Celles-ci ne feraient-elles, comme peut-être les règles du mariage prescriptif, que « répercuter dans l'esprit des hommes certaines nécessités de la vie sociale objectivées dans les institutions » (Lévi-Strauss 1964 : 18) ? A moins qu'elles ne prennent place parmi les traces, encore à inventorier, des « enceintes mentales » *(loc. cit.)*, dont témoignerait, entre autres indices, le ressac de l'« élémentaire » même au plus fort du « complexe »... Ou bien franchiront-elles au contraire le seuil au delà de quoi ces *limes* de l'esprit, perceptibles dans ses œuvres « sauvages », deviennent, pour l'anthropologue structuraliste – ce psychologue –, brouillés sans rémission par de telles nécessités objectivées ? Si au moins, à nouveau, une de ces surprenantes synthèses théoriques[2] qui ont fait la notoriété de Lévi-Strauss pouvait fournir des réponses ou des moyens de dépasser les questions ! Du même coup comprendrait-on peut-être la fonction réelle assignée, en l'occurrence, aux paradigmes chaologiques de « l'ordre par le désordre » (cf. ici-même, pp. 39-40) : parrainage de circonstance, source d'inspiration « thématique » ou nouvelles sciences rectrices, à usage régulateur, comme l'a été et le demeure pour d'aucuns la phonologie ?

L'influence de ces sciences à vocation « rectrice » se fait sentir un peu partout (voyez-la par exemple s'affirmer encore dans les dernières sommes d'Edgar Morin) ; elle fulgure dans un récent essai anthropologique, épistémologique et éthique de Georges Balandier (1988). Quant à l'empire exercé, dès les années soixante, par le modèle phonologique sur certaines sciences humaines, Thomas Pavel vient d'en publier une évaluation critique dans un ouvrage plus généralement consacré au « mirage linguistique » : « Deuxième erreur [du structuralisme scientiste né dans l'anthropologie], la technologie choisie – la phonologie structurale – était d'une qualité

---

2. L'implacable Sperber corrigerait : pré-théoriques. « Il est exceptionnel que le discours anthropologique passe de l'a-théorique au pré-théorique, c'est-à-dire à des hypothèses générales qui ne soient ni triviales, ni absurdes, et dont la portée empirique ne soit pas totalement indiscernable. Lévi-Strauss atteint au pré-théorique lorsqu'il ne se contente pas de rendre intuitivement perceptibles certaines propriétés des phénomènes culturels, mais qu'il s'interroge aussi sur les fondements psychologiques de ces intuitions » (Sperber 1982, chap. III, « Claude Lévi-Strauss aujourd'hui » : 127). Dont acte.

inférieure et déjà périmée dans son domaine d'origine » (Pavel 1988 : 199). Une des thèses principales du livre repose en effet sur ce décalage entre les mouvements respectifs des sciences du langage et de l'importation de leurs modèles – au moment où pour celles-ci ils deviennent paraît-il obsolètes – par d'autres disciplines. Mais je prétends que l'éventuelle réalité du phénomène, puisqu'il est sans doute fréquent et parfois fructueux (l'emprunt peut notamment transformer son objet) dans les voyages de concepts entre sciences différentes, ne saurait par elle-même disqualifier l'entreprise structuraliste en anthropologie.

Pour le moment, reste un constat, en tout cas à mes yeux. L'auteur de l'*Anthropologie structurale* a travaillé pour un temps, il y a peu, sur des hypothèses intermédiaires. Des *middle range hypothesis*, profèrent des Anglo-Saxons épris d'épistémologie procédurière ; disons-les donc « de moyenne portée » – pas encore systématiquement reliées à celles de la grande théorie – qui sont formulées, et cela paraît assez nouveau chez lui, en termes manifestes de stratégies (ou même de praxéologie au sens large), de politiques, de changement historique. Ce qui appelle quelques remarques.

Il serait en premier lieu pour le moins hâtif d'en conclure qu'au sens de Lévi-Strauss, l'ethnologie n'est plus « d'abord une psychologie... » : une fois encore, tout dépend de ce que, souhaitons-le, il nous réserve. Quant à l'histoire et au changement, je ne vois pas que l'essentiel de ses conceptions en la matière soit par là remis en question. Spécifier les états structuraux qui conditionnent et à la fois révèlent, ici ou là, la possible assomption de leur histoire et de leur devenir, fût-ce en une forme falsifiée, manipulée, par certaines sociétés et certains collectifs ou individus au sein de quelques autres, ce n'est pas forcément expliquer *sociologiquement* cette histoire et ses déterminants : où résident les « structures profondes » ? dans l'esprit, dans le monde ? l'un est l'autre ? on y revient. Ni, encore moins, triompher de sa contingence. Passage structural – serait-ce même d'une société « froide » à une société « chaude » – et passage historique ne se confondent pas, comme le rappelle le cas du cladisme, longuement invoqué sur ce pied-là par notre auteur, puis la définition subséquente des rapports entre histoire et ethnologie (Lévi-Strauss 1983 b : 1231).

> La méthode érigée en exemple fournit au structuraliste des analogies pleines d'attrait mais dont il faut bien voir les limites. Le cladisme, cette relativement nouvelle systématique des espèces vivantes due à Willi Hennig (1966), constitue selon ses utilisateurs une véritable science, de par sa capacité à formuler des hypothèses falsifiables (cf. chap. 1) : non réfractaires à l'épreuve empirique ou à la concurrence de modèles plus

« économiques ». Les critères retenus par les cladistes ne sont ni les caractères primitifs des organismes considérés ou certaines coupures associées à des stades évolutifs, ni des coefficients de ressemblance globale, comme c'est le cas pour d'autres écoles taxinomiques. Le principe qui les gouverne est en effet le regroupement des espèces sur la seule base des caractères *évolués* qu'elles partagent deux à deux (« synapomorphies »). Il en découle une classification formelle qui dispose toutes ses unités – groupes observables, actuels et fossiles parfois confondus – dans des rapports de fraternité ou de cousinage et non, *a priori*, d'ancêtres à descendants. La proche parenté collatérale de ces « espèces sœurs » ou « groupes frères », indiquée par leur commun monopole de certains traits évolués, tient à ce que, par construction, de telles similitudes ont pour seule cause la filiation envers un même ascendant immédiat et exclusif (convergences et réversions seraient des hypothèses *ad hoc*, peu « économiques »). Le groupe « parent », l'espèce ancestrale des espèces sœurs, est donc au départ hypothétique – fruit d'une déduction. Mais, dans les « cladogrammes », arbres rigoureusement phylogénétiques ainsi construits en dichotomies hiérarchisées, si la dimension chronologique réelle peut rester implicite, c'est bien l'information concernant l'ancienneté relative des ancêtres respectifs des groupes « collatéraux » successivement emboîtés qui est lisible. Un peu comme dans le diagramme de parenté conjectural d'un ethnologue qui reconstituerait une généalogie à partir du seul repérage – fondé sur des critères particuliers de ressemblance – de fratries et de leurs cousinages, rabattus sur un même rang. Selon les critères retenus pour définir ces groupes, plusieurs généalogies seront déduites ; et pour le cladiste, plusieurs séries de caractères évolués sont parfois envisageables, d'où découleront des arbres éventuellement concurrents – le « meilleur » étant alors le plus économique et le mieux vérifié.
Une des lectures du cladogramme, qui transcrit donc la structure des relations de parenté *possibles* entre des espèces vivantes, n'est pas sans rapports avec l'« histoire structurale » dont nous parlerons pour finir (chap. 6). Lévi-Strauss peut ainsi rapprocher, comme on l'a vu en partie, certains aspects des procédés du cladisme et l'analyse structurale, qui soumet à l'histoire « une liste de cheminements concevables, entre lesquels [elle seule] pourra déterminer celui ou ceux effectivement suivis » (1983 b : 1229). Mais, outre des différences signalées ailleurs dans le texte cité après d'autres analogies, il reste que la méthode cladistique vise à donner plus de rigueur à une représentation de l'*évolution* générale des espèces ; elle « ... s'inscrit au départ dans l'approche évolutionniste de la systématique et reprend à son compte la prédiction de Darwin : nos classifications deviendront des généalogies » (Tassy 1991 : 138). *Toute* ressemblance pertinente est conçue de la sorte en termes de filiation, de descendance avec modification (« darwinisme minimal »), ce que ne peut faire le structuralisme anthropologique. Même si la pratique du cladisme dissocie structure et processus – la structure de la diversité des espèces étant la hiérarchie révélée par l'emboîtement des groupes frères –, elle exprime strictement, dans le langage de la taxinomie, l'histoire du développement des êtres vivants : la phylogénie. (Voir entre autres Janvier & col. 1980, et surtout Tassy 1991 ; sur la problématique englobante de l'opposition complémentaire

classification / évolution, et leur nécessaire dominance alternée, dans l'histoire des idées : Patrick Tort – 1989 surtout –, chercheur fécond que bien des auteurs pourtant concernés s'obstinent à ne pas citer, mais en vain.)

Que la collaboration de l'histoire et de l'ethnologie « devienne... toujours plus étroite » n'impliquerait nullement, c'est même tout le contraire, l'abolition de leurs distinctions. A ce propos, le précédent chapitre évoque les positions diverses, mais inverses de celle-là, d'un Godelier ou d'un Meillassoux, entre autres marxistes (quant à celle de Terray, on y reviendra).

En dernier lieu cependant, cette approche des mythes historisés ou de l'histoire mythifiée, des stratégies transformatrices et de la « parenté comme politique » – parfois dans des sociocultures ayant laissé des archives écrites et y compris dans le contexte européen – prête également à d'autres interprétations. Pour s'y employer, Lévi-Strauss a-t-il vraiment, ou constamment, l'usage de la méthode structuraliste ? Autre chose est de parfois faire fond sur certains de ses présupposés ou de ses résultats anciennement acquis. Les ethnologues ou historiens de nationalités diverses sont légion dont assurément, il traite en procédant ainsi les données et discute les interprétations sous son propre biais, d'où ces amples perspectives. Mais il inscrit en fait sa démarche dans une des tendances de l'anthropologie française – ou l'en rapproche –, quitte à s'en redifférencier quand il le faut. Courants dont ce n'est pas oublier ses devoirs d'ethnologue, d'érudit d'une socioculture ou d'une classe de faits, que de vouloir à présent discerner (rappeler bien souvent) les remous et les amonts dans quelques secteurs de la recherche, comme les abouchements possibles avec d'autres lignes de force. Nous y viendrons progressivement.

Mais cela requiert un changement d'échelle maintenant radical, donc un autre registre. C'est à dessein qu'ont été d'abord placées sous la loupe grossissante (à faible puissance il est vrai) les théories ethnologiques lévi-straussienne et marxistes à la française, vues en ce qui les oppose et à travers quelques programmes de solution compris comme exemplaires des attendus d'un débat bien problématique. Ce parti-pris est dicté à la fois par le tracé d'une réflexion personnelle et par le souci de dispenser au lecteur, au non-spécialiste en tout cas, quelques moyens de définir la sienne ; y compris pour critiquer la critique – puisque celle-ci est une tâche par définition inévitable du chercheur – à partir d'un cadre précis de références et de raisonnements. Il implique en contrepartie que soit désormais contrastée la mise au point : c'est d'un survol, exploratoire mais toujours orienté, qu'il va s'agir.

Les conceptions scientifiques, est-il besoin de le rappeler, se transforment sous la conjonction de multiples facteurs. Selon un modèle darwinien et « internaliste », elles « évoluent » par une sorte de sélection consécutive à leur confrontation avec des faits nouveaux, repérés, construits ou réévalués : « inventés » sous l'éclairage inédit de la pensée de rares novateurs, quelque chose comme l'abduction selon Peirce.

Mais voyez plus haut : quels « faits » pourraient encore, par une sélection de cette nature, modifier le structuralisme ? N'y revenons pas, Lévi-Strauss se suffirait du « principe de correspondance », suivant lequel une théorie est au moins « contenue », comme cas particulier, dans celle qui la remplace : il l'a déjà fait en d'autres termes[3].

Suivant des vues cette fois « externalistes », elles naissent aussi, ces théories, et changent, comme changent historiquement, ancrés dans le social, les grands courants d'idées à quoi elles se relient. Cette seconde détermination – macro-sociologique – que parfois cache la première agit bien sûr de manière infiniment complexe : nombre de dents s'y sont cassées ; car elle est de surcroît relayée, à l'échelon micro-sociologique, par les stratégies, les concurrences et les résistances propres à la cité savante. Comme on le sait, leurs enjeux occultés s'avèrent sous bien des aspects plus actifs que leurs critères exprès. Or, sa force est plus facilement reconnue colossale dans l'ensemble – où pour comble s'accrochent si vite les oripeaux de la mode – que forment les disciplines juxtaposées sous l'estampille des Sciences de l'Homme et de la Société.

Reflux du scientisme et « sciences clientes »

Ainsi, dans l'anthropologie française semblent se réfracter par endroits, surtout depuis une décennie, deux tendances contraires à première vue : le refus d'un « scientisme totalitaire » âprement vilipendé, et certaines fascinations face au développement des « anthropologies scientifiques » – scientifiques de par leur collaboration avec des disciplines créditées, elles, du statut de science à part entière.

Restons schématiques. La première tendance a embrayé plus

3. Cf. R. Bellour, « Entretien avec Claude Lévi-Strauss » *in* Bellour & Clément, éd., 1979 : 164.

directement, chez les clercs de la recherche, sur le recul des modes structuraliste et marxiste françaises dans l'ensemble de l'intelligentsia. Par cette entremise, s'est transposée une crise générale, politique et, l'a-t-on assez dit, idéologique – spécialement du marxisme, bien sûr –, avec certains de ses effets locaux : entre autres, un anti-théoricisme à large spectre dont le structuralisme fait aussi çà et là les frais.

A cette obsolescence idéologique, l'histoire immédiate des idées donne quelques concomitants remis en perspective[4]. Même si ledit déclin s'est précipité depuis peu dans l'environnement de l'anthropologie, il pourrait bien, au sein de celle-ci, s'avérer en fin de compte bénéfique pour les démarches respectives qu'inspirèrent le marxisme et le structuralisme, leurs moyens de redéfinition autocritique s'en trouvant renforcés, si j'ose dire, par décantation.

S'ensuit la quête d'un nouvel humanisme, jugée inconciliable avec les fins des théories objectivistes, et qui interfère parfois avec les échos prolongés du libertarisme soixante-huitard, lequel déboucha pour d'aucuns sur une contestation radicale de l'ethnologie, discipline « ethnocidaire ». C'est le cas, bien connu, de Robert Jaulin et de ses émules, dont les dénonciations de tous les ethnocides, estimables et nécessaires mais marquées d'idyllisme ou d'amalgames sommaires, me semblent souvent se tromper tant d'adversaires que de solutions (cf. Jaulin 1977 ; Jaulin, éd., 1974 a et 1974 b...).

> Plus tardivement et sur un registre moins aigu mais encore contre certains totalitarismes – scientifiques entre autres –, ces sociologues orphelins déjà évoqués célèbrent un individualisme méthodologique qu'ils réputent rajeuni : sur ce point, parlent les informations et les perspectives critiques figurant dans « *Au cœur des sciences sociales...* » 1987, et sur un registre encore différent, deux autres « numéros spéciaux » : « *Je et Moi, les Emois du je. Questions sur l'individualisme* » 1988, et « *L'individualisme. Le grand retour* » 1989. Quant aux livres, ils ne manquent pas (cf. par exemple Birnbaum & Leca, éd., 1986) ; mais l'esprit critique devant, pour rester digne du nom, veiller dans tous les azimuts, il n'est que juste de prendre en compte certaines des objections que parfois, l'individualisme méthodologique sophistiqué adresse à l'heuristique de quelques opposants, ainsi par les voix de Jon Elster ou encore de Raymond Boudon dans leurs nombreux ouvrages, entre autres Boudon 1984, Elster 1986... ; il faut toutefois noter en vis-à-vis les

4. Cf. Dosse 1991-1992 et « *Notre histoire...* » 1988, spécialement, dans cette publication, M. Gauchet, « Changement de paradigme dans les sciences sociales ? », qui subsume sous le « paradigme critique » les configurations que présentaient les sciences sociales quand y régnaient dans leur pleine influence, au début des années soixante-dix, le modèle linguistique et les théories marxiste et freudienne : pp. 165-166.

apories de la TAR – théorie de l'action rationnelle – dont aujourd'hui les variantes s'associent à tout individualisme méthodologique.

Parallèlement, s'expriment les positions d'ethnologues que l'expérience du terrain comme la mise en question politique, éthique et philosophique de leur situation d'observateur conduisent à dénoncer, dans la grande théorie, le « terrorisme positiviste » autant que les évolutions scientistes de l'ethnologie marxiste française... A quoi se relie peut-être – sans s'y confondre – le constat désabusé mais très raisonné de quelques chercheurs qui, par exemple, ont dressé il y a déjà plusieurs années, en tant qu'héritiers du marxisme, soit un bilan « globalement médiocre » (quoique non désespéré car, qui sait, provisoire), de cette école de pensée en matière d'anthropologie, surtout sous le chef des résultats « scientifiques » et de leur vertu critique : toute ethnologie reste à ce jour « pré-galiléenne » (je cite) en dépit des ambitions premières de l'école (E. Terray) ; soit encore l'inventaire des raisons pour lesquelles, le discours sur les sociétés ne pouvant en aucun cas prétendre, comme il l'a fait trop longtemps, à la scientificité du discours sur la nature, il doit nous restituer des pratiques historiques – aux « lois transitoires » *(sic)* créées par la vie sociale – et pour ce faire en bonne et due forme prendre celle du récit[5].

Sur le « terrorisme positiviste », l'ethnologue Jean-Louis Siran s'est exprimé de manière typique : « Il est sans doute temps que l'anthropologie se décide à en finir avec le terrorisme impuni – non pas des sciences exactes, mais de cette idéologie positiviste qui prétend parler en leur nom, et qui se voile de sa transparence même pour éviter que puisse seulement émerger la question de savoir si ce que nous faisons a un sens, et quel il pourrait être » (Siran 1980 : 53). Il faut dans cet esprit, selon l'auteur cité, contribuer à élaborer « la phénoménologie de ce jeu subtil du Même et de l'Autre qu'il est convenu d'appeler le terrain » *(loc. cit.)*. Quant à l'anthropologie marxiste, si l'on en croit Emmanuel Terray qui en fut l'un des ténors (cf. ici même, pp. 56-57) et la jugeait au milieu des années quatre-vingts, « Le bilan [de son projet en France] est [...] globalement médiocre. Le terme de science n'a [...] plus à nos yeux le prestige qui était le sien il y a vingt ans » ; « Notre effort [d'innovation scientifique] a été comme rongé du dedans par la pression des tendances dominantes de l'anthropologie établie – fonctionnalisme, structuralisme – [...] Si l'entreprise doit un jour être reprise, ce sera sous la condition d'une rénovation totale des concepts et des méthodes de l'anthropologie classique [et] d'une remise en question de l'existence

---

5. Position de Daniel Bertaux (1979) dans « Ecrire la sociologie », article assez ancien mais qui illustre toujours excellemment un point de vue anti-scientiste dépassant la seule sociologie au sens restreint.

même de la discipline en tant que secteur séparé et autonome de la recherche » (Terray 1984 b : 85, 87 et 90). Et en amont des appartenances, citons sur ces problèmes, car ils y transparaissent, l'exemple d'un beau livre de J.-M. Gibbal (1982) qui présente son travail ethnologique sous la double forme, alternée, de son expérience vécue « en compréhension », retransmise par la voie dite littéraire, et d'un exposé systématique, objectivé, de l'analyse des données (voir aussi, dans le même esprit, Gibbal 1988).

Quelles que soient les issues anti-scientistes, non scientistes en tout cas, « compréhensives », ouvertement empathiques – et souvent militantes – que restaure cette tendance, légataire parfois et parfois ignorée de l'*ethnomethodology* étasunienne [6], elles font du terrain et de sa phénoménologie, comme des pratiques sociales saisies en direct, les moyens-objets privilégiés par la démarche anthropologique.

Cela traduit en somme une avance de l'ethnologie d'implication sur l'ethnologie d'explication, progression fort appréciée du public amateur d'ouvrages anthropologiques : on doit s'en réjouir, mais ce n'est pas sans présenter quelques dangers. Il en résulte de fait une attention soutenue, une sensibilité partagée au vécu souvent douloureux du changement éprouvé comme tel et de ses temporalités propres : « tradition » contre « modernité », l'Autre devenant Même, etc., puisque toutes les réalités sociales aujourd'hui accessibles par de telles voies en fournissent incontinent l'évidence la plus criante. D'où la possibilité d'alimenter, par ces expériences comparées des multiples mouvements du social contemporain, quelques problématiques et des hypothèses de portée raisonnable relatives à « l'histoire du présent », tout en y fondant une réflexion sur ses interactions avec la pratique du métier d'anthropologue. Comment par exemple faire partie du paysage et en avoir la vue ? Vieille question. Réponses nouvelles ? Ces interrogations-là s'imposent aussi, mais autrement, on le verra, quand on aborde certaines démarches, qui se voient aux avant-postes de l'anthropologie, cette fois considérée derechef comme une science de l'esprit ou comme l'ethnologie de tous les mondes, y compris celui des sciences (cf. seconde partie).

Venons-en, justement, à la seconde de nos tendances contrastées,

---

6. A propos des Etasuniens (vocable figurant dans *Le Petit Robert*, éd. de 1977) : ceux-ci n'étant ni plus ni moins strictement américains que, pris dans leur ensemble, les Mexicains, les Brésiliens ou les Canadiens par exemple, c'est à bon droit qu'on devrait depuis 1992 réserver le terme « américain » aux seuls « Indiens » (et Inuit, « Esquimaux ») du Nouveau Monde.

celle qui entend conjoindre l'approche ethnologique et certaines sciences de la nature dans leurs présentes avancées. Là aussi, la « grande théorie » anthropologique, scientiste ou non, holiste ou réductionniste, n'est plus – ou pas encore – à l'ordre du jour. En ce sens, on s'y pose des questions limitées, qu'irriguent des problématiques « régionales » comme les ontologies du même nom, mais en se flattant d'une scientificité bien tempérée, recouvrée par le biais des disciplines que l'on y fait collaborer, plus ou moins étroitement, avec les ethnologues ou leur démarche. Rien d'inédit dans le principe – n'étaient les prudentes démarcations des problèmes traités et des résultats retenus, nonobstant les progrès des spécialités sollicitées – quand on songe à ces quelques hardis pionniers qui, au siècle dernier, inaugurèrent le procédé, dans l'esprit cependant d'un scientisme triomphaliste et sans craindre les conclusions démesurées. Dans la période récente, les « anthropologies scientifiques » sont homologues d'une partie de l'ethnoscience déjà classique aux Etats-Unis et de la *medical anthropology* anglophone qui les influencèrent. Leur mouvement s'est en France manifesté surtout par le développement et le crédit institutionnel – non sans rapport avec certaines préférences qu'exprimèrent en haut lieu dès 1981/82 quelques nouveaux responsables politiques – de recherches visant les interactions fortes du social ou du culturel et du biologique. Je pense plus spécialement à ces disciplines composites : « anthropologie médicale », « ethnomédecine » (parfois articulée à l'ethnoscience), celles-ci paraissant bien différenciées pour Marc Augé de son « anthropologie de la maladie » qu'il intègre au *fons et origo* de l'Anthropologie, la seule, dont seuls sont distincts tel ou tel objet empiriques[7]. Mais c'est aussi le cas de l'« anthropologie de l'alimentation » et des liaisons – dangereuses selon certains – entre ethnologie et génétique ou épidémiologie. Quant à la question « cognitiviste » et sa relation avec l'ethnoscience ou la psychologie, gros morceau et beau problème, nous la retrouverons plus tard (chap. 4).

A vrai dire, ces approches composites sont parfois repensées en une visée unitaire dont l'ambition est de fonder « l'objet bio-culturel » (perspective de Jean Benoist – 1983 –, pour qui « une autre voie, fût-elle interdisciplinaire, ne pourrait que disloquer ce qu'il s'agit de construire », p. 68). En général cependant, c'est dans la pluridisciplinarité et

7. Augé 1986 ; des variantes de ce point de vue sont illustrées dans un numéro spécial de *L'Ethnographie* : *« Causes, origines et agents de la maladie... »* 1985 ; voir surtout Augé & Herzlich, éd., 1984 (cf. également, sur la situation locale de la spécialité il y a dix ans, *Une anthropologie médicale en France ?* 1983).

sa difficile distribution des rôles que s'établissent les « anthropologies scientifiques ». Elles proposent certes des thèmes d'analyse recoupant la « culturologie » : les représentations et pratiques à travers lesquelles se discernent les catégories indigènes de « faits de pathologie », par exemple. Mais dans certains de leurs courants, s'exprime la priorité des préoccupations pratiques : santé publique, épidémiologie, notamment dans les contrées subissant des transformations précipitées... Urgences indiscutables qui plus d'une fois néanmoins, et c'est fâcheux, induisent à reléguer au second plan, voire sous le boisseau – délibérément ou non – les complexes causalités imputables aux systèmes de pensée vernaculaires ; de là, sans doute, et parmi d'autres causes, quelques faillites de ces « recherches appliquées ». Quant aux travaux associant généticiens ou hémotypologistes à l'ethnologie, ils produisent de nouveaux moyens d'édifier la théorie, encore en gésine, de l'interaction bio-sociale, outils qui du même coup font déjà fonction d'indicateurs pour l'histoire des populations humaines : chronologie de leurs déplacements, de leur diffusion (cf. par exemple Jacquard, éd., 1976 et 1984 ; Chaventré 1984 ; Bernard 1983 – synthèse de vulgarisation ; la mise au point de Morange 1986...).

Voilà donc, jouxtant l'anthropologie sociale, les marches et les émissaires de l'« anthropologie biologique », discipline qui, en France et en français, ne se confond ou ne s'accorde que très rarement avec la grande théorie « sociobiologique » totalitaire – de l'insecte à l'inceste – d'un Wilson (1975) ou de ses émules. Il est infiniment plus fréquent ici qu'on s'en démarque, mais sa critique rigoureuse, bien ajustée – établie par de solides arguments sociologiques, psychologiques ou éthologiques et biogénétiques – reste à travailler, l'épistémologie au sens large ayant bien sûr son mot à dire, même si un grand pas a été fait sur ces friches dans un stimulant ouvrage collectif (Tort & col. 1985). Celui-ci constitue une fructueuse expérience de critique pluridisciplinaire. Il met sérieusement à mal les thèses sociobiologiques préfigurées dans leur forme moderne par R. Ardrey (1961) puis soigneusement échafaudées par E. O. Wilson (1975), qui a fait école, aux Etats-Unis surtout, y compris chez certains anthropologues, encore aujourd'hui. En France, la « Nouvelle droite » s'en lécha les doigts : ainsi Y. Christen (1979).

Il y a là toutes les conditions requises pour saisir, moyennant l'étude des terrains les plus divers, certaines évolutions lourdes et des changements socioculturels particuliers, sur plusieurs échelles de temps mais toujours en fonction de certains facteurs mésologiques « internes » dans leur rapport avec l'environnement. Pour réévaluer, autrement dit, et en diachronie, la connexité déjà postulée de longue date – avec quelle charge idéologique ! – des faits sociaux ou psychiques et du « milieu intérieur » humain, le règne biogénétique. Nous sommes bien près de l'épineuse question « inné contre acquis », qui a fait couler beaucoup d'encre et pas mal de sang, mais n'en est pas résolue pour autant, quoi qu'en disent certains.

Cette seconde tendance s'oppose assurément à la première de par ses motivations et finalités. Mais c'est bien parce qu'elle propose l'autre choix possible, vu cette fois comme « scientifique » et « opérationnel » – y compris peut-être par les bailleurs de programmes et de fonds –, d'un même dilemme. Alternative où l'on se prend en raison de l'essoufflement au moins apparent des grandes théories établies concernant « l'homme et la société », de paradigmes saturés dont c'est le rendement empirique marginal qui semble ici révoqué en doute – dans l'implicite sinon ouvertement. Mais par surcroît, de telles démarches s'associent aux développements d'un champ d'investigation virtuellement immense, plus anciennement défriché, bien que justiciable en partie des mêmes remarques : celui qui circonscrit les rapports, et leurs vecteurs techniques, des sociétés avec l'environnement naturel, données mésologiques « externes »...

Milieux, techniques, sociétés

... Car les recherches évoquées ci-dessus chevauchent maintes fois la frontière qui vient d'être tracée, leur phénoménologie ne pouvant, dans les meilleurs cas, se couper de l'écologique et, partant, du technique.

Ceci en préalable. Que l'on voie ces choses depuis l'idéel – les « représentations » – ou le sémantique, et l'on se retrouve vite pour l'essentiel du côté de l'ethnoscience, ou plus, de ses fusions (assez récentes en France) dans la matrice disciplinaire cognitiviste. On entend dès lors reconstruire, et comprendre comment s'engendrent, les catégories conceptuelles, donc sémiotiques mais aussi symboliques, qui « codent », suivant les cultures, les perceptions de la nature – car chaque culture a sa nature comme sa surnature. D'où l'éminent concours de l'ethnolinguistique et le problème (méthodo)logique du « symbolisme en général » (cf. Sperber 1974). En quoi cependant la variabilité de pareilles catégories est-elle réductible aux contraintes générales de la structure de l'esprit : les « enceintes mentales » ? Et quand on quitte ce paysage – mais non l'esprit de l'observateur –, en quoi peut-on y voir l'effet, exogène au regard du psychisme *a priori*, des multiples unions entre systèmes sociaux et écosystèmes ?

A ces questions, rappelons-le, Claude Lévi-Strauss, voulant sans doute faire litière des jugements d'ailleurs captieux qui le taxent d'idéalisme, a proposé, notamment dans « Structuralisme et écologie » (*in* Lévi-Strauss 1983 b), sa réponse singulière, que je me risque non sans scrupule à nommer structuralisme ontologique ou réalisme structural intégral (voir le chapitre précédent). Si je m'inquiète, c'est qu'il s'affirme également depuis longtemps l'adepte d'une sorte de prudente et purement méthodologique *époché*, bien que toujours dans le cadre du matérialisme transcendantal (« sans sujet transcendantal » comme chacun sait – cf. Ricœur 1963 : 618 et Lévi-Strauss 1963 : 633), mais foin d'étiquettes... J'ose néanmoins remarquer qu'au demeurant, ce « second » structuralisme – le « premier » semblait donc plus instrumental –, par son pari sur le réel caché (structures homologues de l'esprit, du corps, des choses), s'avère sur le fond souvent comparable aux troublantes « sémiophysiques » d'un René Thom ou du thomien Jean Petitot, au moins en fait d'isologies entre la syntaxe, la sémantique (là, le topologiste va plus loin que quiconque) et la nature, renvoyant à l'identité de leur « logos-substrat » : voyez Thom 1988[8]. Mais, comparant, j'interprète ; est-ce bien raisonnable ? Voyons cela sans trop nous attarder. Goethe, mourant, ce pré-thomien : « *Mehr Licht*, De la lumière ! » s'écriait-il. Or, bien des auteurs ont rapproché l'épistémologie morphologiste de René Thom (lui-même l'a fait), comme divers structuralismes, de celle du Goethe naturaliste, pour qui les diverses espèces du règne végétal constituent le déploiement des virtualités formelles de la « plante originaire », *Urpflanze* ; c'est, non de la science « quantitative » – Goethe était un anti-newtonien véhément –, mais de lumineuses images-types qualitatives que doit venir la compréhension de la nature. P. Thuillier (1976 et 1984), par exemple, effectue ce rapprochement dans une perspective critique assez positiviste. Certains chercheurs souvent marginaux, ainsi des biologistes « non conformistes » au regard du darwinisme, ont d'ailleurs puisé aux sources de la « morphologie idéaliste » du grand polygraphe. Et plus récemment, Carlo Severi (1988) retrouve le même Goethe de la *Métamorphose des plantes* et du *Traité des couleurs* dans la généalogie du structuralisme, notamment lévi-straussien[9]...

---

8. Sur le problème de la continuité entre le monde physique, les formes biologiques, celles du langage et celles des outils, lire les singuliers ouvrages que cet auteur a publiés en français depuis 1972, et notamment Thom 1980, chap. IX et X (« Biologie », « Sémantique et linguistique »), ainsi que les « Entretiens sur les catastrophes... » (1978) ; de Jean Petitot, l'anthropologie structuraliste y étant plus particulièrement intéressée, ne citons que sa *Morphogenèse du sens* (1985) et l'« Approche morphodynamique de la formule canonique du mythe » (1988 a).

9. Mircea Eliade – comme Propp – fut aussi marqué par les idées goethéennes : il le rappelait dans *L'Epreuve du labyrinthe...* (1985 [1978]).

Quoi qu'il en soit de ces influences ou de certaines convergences, elles ont marqué très inégalement des pensées dont les principaux aboutissements sont bien sûr différents. Revenons donc à la question des rapports entre société et environnement. Psychologisme ou socio-écologisme, représentations de la nature ou déterminations venues d'ailleurs, ethnoscience ou « écologie », voilà encore, avec l'alternative « enceintes mentales ou relations écosystémiques », un registre où retentit cette opposition des objets et des « réels » respectivement pertinents pour les programmes de recherche ethnologiques. Une opposition déjà contrastée il y a peu dans notre discussion sur structuralisme et marxisme en anthropologie. Et c'est bien sûr au second terme de l'alternative que se rapportent les développements de la perspective dite écologique dans l'anthropologie française – même si des tentatives pour dépasser ce dualisme de méthode se font jour. A ces interrogations sur les niveaux d'explication et de localisation des déterminants pertinents de la variabilité culturelle, tentaient par exemple de répondre, dans la perspective de l'ethnoscience et sous l'ascendant du cognitivisme, les enquêtes présentées sous la direction de Serge Tornay (1978), qui empruntèrent une voie ouverte par B. Berlin et P. Kay (1969).

Le milieu « naturel » et ses transformations agissent, en formant système, sur la société, donc sur l'homme... qui « s'adaptent » ; mais ces patients sont agents : ils se transforment en transformant la nature... qui « rétroagit »...

Une fois cela affirmé, en sommes-nous mieux lotis de théories unifiées et l'*ultima ratio* est-elle jointe ? Certes non. Mais c'est justement parce qu'une semblable formulation en extension de la plate-forme des « anthropologies écologiques » prétend suggérer l'ampleur et le nombre des problèmes de fond qu'elle pose par son projet même. Comment s'étonner à ce compte de la diversité des hypothèses régionales et des cadres d'explication locaux que suscitent ces questions insubmersibles ? Questions du reste sans cesse rénovées – de sorte que tout cela foisonne de plus belle – par d'abondants emprunts à quantité de problématiques, de méthodologies et de phénoménologies elles-mêmes en évolution, qui multiplient les paramètres computables. Pensons par exemple aux avatars de la théorie générale des systèmes et de ses applications en termes écosystémiques des théories de l'information ; aux données renouvelées, et accrues en diachronie, de la démographie, de l'agronomie, de l'analyse nutritionnelle... Sans oublier bien entendu l'écologie au sens naturaliste du terme, qui depuis l'*Ökologie* de Haeckel, et Darwin en personne, connaît sa propre évolution multilinéaire, ni même la « physique écologique » de *l'ecological realism* (cf. par exemple Turvey & Carello 1981), jointive des sciences cognitives et née de leur mariage avec la thermodynamique moderne. Notons qu'en France, ces transferts aboutirent plus d'une fois sur un fonds, tacite ou manifeste, de matérialisme dialectique engelsien.

Et ce n'est pas tout. Posées d'emblée au carrefour des sciences « de la vie » et des « sciences » sociales, pareilles questions forcent maintenant à ouvrir des brèches dans les cloisonnements institutionnels. Celui, d'une part, de ces deux groupes de disciplines, barrière bien établie en France, au moins jusqu'à la période récente ; et d'autre part, ceux qui, consolidés par certaines indifférences réciproques, séparent toujours l'ethnologie – qu'ignorent en outre bien des sociologues, même « écologistes » –, l'archéologie, la préhistoire, toutes sciences hautement concernées par de tels problèmes... bien que les enjeux en soient forcément, pour chacune, dissemblables : car le sont d'abord, évidence qu'on oublie souvent, l'« observable » de ces sciences respectives et leur « caché » à dévoiler, donc les rapports de l'un à l'autre. D'où un dialogue encore malaisé et des malentendus possibles.

De cette conception traditionnelle « séparatiste » témoigne la position affirmée il y a quelque quinze ans dans un important rapport officiel par Jacques Soustelle (1975 : 76 notamment), alors membre de la commission du CNRS dont relevait l'ethnologie – position citée et déplorée par Jacques Barrau (1982 : 46), un des pionniers en France des recherches intégrées en ces domaines.

Veillons, prêchent pourtant les meilleurs, à ce que les « programmes interdisciplinaires » ne viennent échouer ni sur les rivages désolés du chacun pour soi *(et in statu quo ante)*, ni sur les îles coupées du monde empirique où se proclament hâtivement de « nouvelles alliances » évidemment prématurées quand elles ne sont qu'aprioriques.

Sous ce jour, la recherche en France semble avoir longtemps marqué le pas face aux divers mouvements de l'*ethnoecology* américaine, affirmée dès les années vingt – et encore, si l'on s'en tient à l'explicite[10]. Le sentiment de ce décalage vient pour partie d'un effet d'optique – « étiquette » et visibilité institutionnelles – et d'un effet de mode : l'irruption tardive, sur la scène idéologique française, de l'écologisme et d'un nouveau biologisme s'est répercutée par certains truchements dans les milieux éclairés sous les dehors d'une contestation ou d'un dépassement du contraste « na-

10. Par surcroît, on se souvient qu'aux Etats-Unis, vers la même période, naissait déjà la *Chicago School*, groupe de sociologues qui, sous la houlette de R. E. Park et E. W. Burgess surtout (1979 [1925]), voulut, à la lettre, élaborer une écologie des sociétés urbaines.

ture / culture » (Moscovici 1972, Morin 1973, Morin & Piatelli-Palmarini, éd., 1974), opposition dont usa Lévi-Strauss sur plusieurs registres. Ce contraste, véritable « dyade thématique », sous-tend d'ailleurs presque toutes les grandes théories sociales classiques, surtout celles qui fructifièrent sur la terre de Descartes. Certes, le caractère « centripète » de notre anthropologie vue du dehors reste patent. J'emprunte l'expression à Georges Guille-Escuret (1989) ; celui-ci montre, à propos du problème de la pluridisciplinarité (en termes d'identités institutionnelles), que « La fascination de la problématique anthropologique développe une sorte de force centripète qui, d'un point de vue extérieur, donne parfois l'image d'un microcosme replié sur lui-même. Trompeuse ou non, cette image typiquement française détonne [...] avec l'apparence excessivement extravertie de l'anthropologie américaine » (p. 18). Mais cela ne saurait cacher que l'étude des rapports entre sociétés et milieux naturels a puisé ici dans des sources elles aussi anciennes, et bien particulières. Elles lui ont imprimé sa spécificité et concourent à l'explication de ses démarches récentes, dont quelques indices paraissent dénoter une direction générale : de l'approche systémique à l'histoire des systèmes.

Sur les derniers points, voici quelques remarques qui resteraient à développer. L'importante tradition universitaire instaurée au début du siècle avec l'école française de géographie humaine – « tout milieu est humanisé » – reste vivace après l'aventure « possibiliste ». Elle perpétue des rapports privilégiés avec l'histoire, hérités de ses grands devanciers, tout en recourant selon des dosages variables aux raisonnements et aux méthodes de l'écologie humaine ou naturelle[11].

C'est que par confluence, dès l'immédiat avant-guerre puis au cours des années cinquante, l'étude des sociétés « exotiques » s'est enrichie de l'apport d'agronomes ou de naturalistes aux curiosités admirables car insatiables et omnivores. Ils abordèrent évidemment le champ de l'ethnologie sous l'angle de leurs compétences propres : en appliquant l'ethnobotanique, et les données linguistiques attenantes, à l'histoire des populations dans leur rapport, agi et pensé, aux ressources qu'elles produisent ; ou bien – ayant embrassé le panorama naturaliste et sur le fond d'une réflexion écosystémiste encore mal connue des anthropologues trop hexagonaux (trop anthropolo-

---

11. A comparer en ce sens, par exemple, Pierre Gourou (voir son ouvrage de synthèse à large diffusion, 1982) et les publications d'Olivier Dollfus, représentant d'une génération ultérieure de géographes (cf. l'un de ses articles de mise au point, 1975).

gues ?) – par la promotion d'un « environnementalisme » tempéré qui dans son principe récuse la tenace alternative « déterminisme contre possibilisme », mais se fixe pour objet les conditions mésologiques du changement des sociétés. J'évoque ici, d'une part, les écrits bien connus d'André-Georges Haudricourt, agronome, linguiste et technologue, introducteur de l'ethnobotanique en France (dont on trouvera la bibliographie complète dans Haudricourt & Dibie 1987), et d'autre part, ceux de Jacques Barrau (cf. entre autres 1975, 1978 a, 1978 b, 1983...).

Il faudrait adjoindre dans la balance – et ce n'est pas une mince affaire – tout le poids d'une tradition intellectuelle retransmise depuis Durkheim et Mauss. Celle-ci, rompue à l'analyse proprement *socio-logique* érigée en principe de méthode polyvalent, a fait pièce sur certains terrains aux *Anthropogeographen* climatomanes, et du reste est en rapport étroit tant avec la naissance universitaire de l'ethnologie en France[12] qu'avec les traits acquis par l'école géographique française. Enfin, *last but not least*, apparaît important en ce domaine ce qu'ont entrepris quelques anthropologues « d'inspiration marxiste » – c'est maintenant l'expression consacrée : ils tentèrent, au moins depuis vingt ans, d'intégrer les variables privilégiées par l'écologie dans leur réflexion sur la hiérarchie des déterminations du changement social ou des transitions historiques. (Surtout : Godelier 1974, et du même auteur, plus générale et actuelle, la première partie notamment de *L'Idéel et le matériel* 1984.)

Bien peser ces multiples facteurs serait déjà en partie s'expliquer pourquoi, malgré sa nature mélangée et passé l'effet de mode, on perçoit dans notre anthropologie écologique deux tendances, indissolublement liées comme il se doit.

D'un côté et chaque jour davantage, une critique en acte des antécédents comme des prolongements hyperfonctionnalistes – le « matérialisme culturel » – de la *cultural ecology* étasunienne qui à présent court sur son erre mais inspira naguère quelques chercheurs français. Critique, surtout, toujours facilement réinventée, des usages indûment tautologiques de la notion passe-partout d'adaptation, mise à mal de longue date dans ses fiefs d'origine par quelques naturalistes éclairés, détracteurs du « paradigme panglossien »[13].

Sur les abus de l'« adaptationnisme » en écologie culturelle, on

---

12. Voir sur ce point la thèse semble-t-il par trop radicale et normative de Karady (1988), contestée à ce titre par Jean Jamin dans *Gradhiva*, n° 5, 1988.

13. Parmi ces exposés critiques du schéma « panglossien », dont l'exemple-type est l'« hyper-sélectionnisme » aporétique d'un Wallace, selon lequel tout ce qui existe dans le vivant répond forcément à quelque immédiate nécessité adaptative, on pourra lire Gould 1977, 1982 : 60-64 ; Gould & Lewontin 1982...

lira. par exemple *Anthropologie et écologie* (1977). Beaucoup plus récemment, Philippe Descola (1988 a) traque les raisonnements « à la Pangloss » et d'autres travers des explications finalistes en écologie culturelle « conjecturale » ; voir aussi, sur exemples et dans la même veine, sa critique du « Déterminisme famélique » (1988 b) et surtout, par une ethnographie minutieuse (1986) des Achuar amazoniens – Jivaro –, sa réfutation de l'adaptationnisme unilatéral d'un certain écologisme.

Il est vrai que la stratégie d'« explication » de l'écologisme transcendantal ne force pas le respect. « Je préfère un idéaliste conséquent à un matérialiste vulgaire », assurait Lénine qu'on dit orfèvre en la matière. Alors que penser de l'inconséquence du vulgaire qui se voit contraint, en criant son matérialisme véhément, d'en appeler en sous-main – dans un murmure idéaliste – au démiurgique écosystème, dont les sages décisions de divin horloger, monarque cannibale quand il le faut, accordent les meilleurs possibles des mondes culturels et naturels ? Wynne-Edwards soutenait voici trente ans que les animaux eux-mêmes « ajustent » leurs propres populations en « évaluant » les restrictions de leur environnement et en réglant en conséquence leur reproduction, « par quelque mécanisme inconscient » ; pourquoi pas ? mais *felix culpa*, de cette machinerie-là, le capot n'était pas verrouillé, et on l'a entrouvert depuis : vision nouvelle – c'est une autre histoire.

Cela posé, qui finalement n'est qu'allusion à de mornes évidences, tout modèle du réel a sa boîte noire (le structuraliste aussi : la société), et trop bon dos, le « réductionnisme » tant décrié. Car après tout, ses succès dans certaines sciences ne sont pas minces, et d'autres le dépêchent un peu vite en se flattant de leur holisme obligé ; certes, pour le moment, autant faire de nécessité vertu : mais disons-le donc. Rares me semblent d'ailleurs, presque par définition, les explications dignes de ce nom, y compris par la structure – cause formelle –, qui se passent totalement de réduction. Bien sûr, se passer aussi d'explication, ou la différer, n'est pas toujours inopérant, comme le prouve par exemple l'« action à distance », résidu d'inexpliqué qu'ont semblé laisser les formules de Newton, au demeurant fort adéquates à certaine échelle : mais on a fait mieux avec les géodésiques einsteiniennes. Quant au fonctionnalisme *de facto*, est-il sûr que ceux qui le vilipendent puissent toujours s'en prémunir...

Lorsque je prétends que la société est « boîte noire » pour le structuralisme, je pense surtout au structuralisme lévi-straussien tel qu'il s'est affirmé avec *La Pensée sauvage* (1962 b) puis les *Mythologiques* – et comme il se définit en synthèse dans « Structuralisme et écologie » (*in*

Lévi-Strauss 1983 a). N'y s'agit-il pas, je le redis car c'est essentiel, de dévoiler des opérations universelles de l'intellect ? Or, la méthode choisit de les examiner là où – postule-t-on – elles ne manifestent que des contraintes « internes » à l'esprit (sous la diversité de ses « environnements naturels ») : dans les mythes, les autres astreintes étant ainsi mieux « neutralisées » que dans l'étude structurale des règles de mariage ; car celle-ci, bien qu'assignée aux mêmes fins, n'offrait pas selon ces vues de telles garanties quant à l'origine des contraintes qui s'y décèlent : comme je l'ai rappelé plus d'une fois, de pareilles contraintes seraient malheureusement fort capables de « répercuter, dans l'esprit des hommes, certaines nécessités de la vie sociale objectivées dans les institutions » (1964 : 18). Lévi-Strauss, j'y insiste encore, a délibérément privilégié la voie du mythe pour éviter de semblables artefacts : dès 1963, il affirmait que « cette première expérience [l'étude des structures d'alliance matrimoniale] était insuffisante parce que, dans le domaine de la parenté, les contraintes ne sont pas d'ordre purement interne. Je veux dire qu'*il n'est pas certain* qu'elles tirent exclusivement leur origine de la structure de l'esprit : elles peuvent résulter des exigences de la vie sociale, et de la manière dont celle-ci impose ses contraintes propres à l'exercice de la pensée » (Lévi-Strauss 1963 : 630, mes italiques). Les mythes, eux, seraient donc *socialproof*, en tout cas vus sous un certain angle... Cette anthropologie-là *peut* donc très logiquement faire l'économie d'une sociologie, et ce, aussi bien en actes que par ses arguments... quand bien même elle dégagerait des récits quelque information sur leur contexte socioculturel.

Au sujet du fonctionnalisme – ou « Comment s'en débarrasser ? » – Philippe Van Parijs (1981) entend réhabiliter la « fonction » ; il veut montrer que le recours à cette notion et, parallèlement, aux modèles « évolutionnaires », innerve nécessairement tout effort d'explication dans les sciences de la société – y compris dans les théories non fonctionnalistes, lesquelles ne feraient souvent que postuler implicitement une telle explication ; ainsi en est-il, soutient cet auteur, de la conception lévi-straussienne qui rend coémergentes la culture et la prohibition de l'inceste. Pour schématiques que soient les solutions esquissées par Van Parijs, elles n'en soulèvent pas moins un problème réel, celui des vecteurs de causalité, sur quoi nos sciences font souvent l'impasse. Depuis Sir Bertrand Russel notamment, certains soutiennent qu'une « vraie » science arrivée à maturité peut *se passer de la notion de cause dans ses explications*. Mais cet argument est réversible en matière de sciences sociales. (G. Lenclud – 1988 b – propose une synthèse critique du fonctionnalisme en anthropologie, de ses variantes classiques et de ses résistances.)

Reste que le matérialisme culturel – quel en est au juste le « sujet qui (s')adapte » ? – fait à trop bon compte l'impasse – sa boîte noire est un coffre-fort –, grâce aux facilités souvent providentielles de l'homéostasie, sur les explications sociologiques, économiques ou « tout simplement » historiques (oui, celles-ci existent comme telles : *post eventum*). Dès lors et en second lieu, l'autre tendance annoncée plus haut se manifeste, dans le champ anthropo-écologique travaillé de la sorte en profondeur, par une graduelle réintroduction de l'histoire, tant des environnements et des sociétés que de leurs relations rapportées, pour le dire sommairement, aux contradictions intra- et intersystémiques ; ce qui entraîne, spécialement, un effort de clarification des stratégies et des enjeux sociaux qu'impliquent ces relations toujours transformées (sur ces questions, on peut se référer à Raynaut, éd., 1983).

Ainsi en arrive-t-on parfois à désigner l'anthropo-écologie – discipline-horizon – comme « une histoire combinée des écosystèmes et des groupes humains » (Raynaut 1983) : l'étude, à la fois, d'une nature historique et d'une histoire naturelle, selon l'expression que Jacques Barrau emprunta pour sa part à Marx et Engels pour définir une pareille démarche.

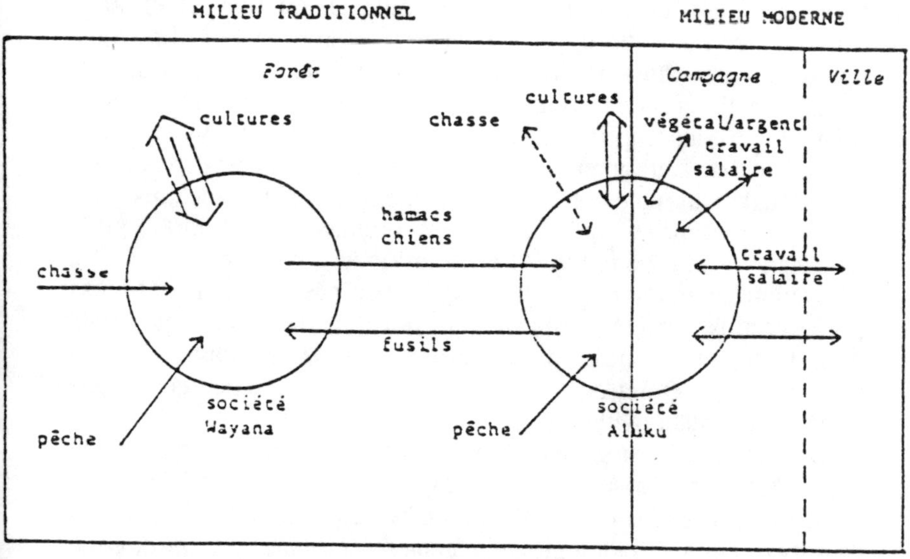

Système de relations socio-écologiques en Guyane française :
sociétés *wayana* [amérindiens] et *aluku*
[« boni », descendants d'esclaves noirs fugitifs]
(schéma extrait de Cresswell 1985 : 161)

Les relations d'une société à son milieu – comme en bonne mesure avec d'autres sociétés –, et leur histoire, passent de toute évidence par les techniques. Faut-il donc en dire plus ? Il suffirait, pour convaincre d'un tel truisme, d'invoquer le thème « domestication des plantes et des animaux » – en tant que processus –, sis à l'aplomb d'un lieu où se recoupent l'écologie, l'étude des socioculturès et celle des moyens et savoir-faire techniques (sans omettre l'éthologie), en conséquence presque passible d'expérience cruciale.

Après les recherches de A.-G. Haudricourt et J. Barrau (cf. *supra*), une livraison de *L'Homme* : *« Les animaux... »* (1988) et surtout l'éclairante synthèse de J.-P. Digard (1990) illustrent parfaitement cette question-carrefour, en y apportant de nouveaux éléments de réflexion et de méthode, comme le fait, à propos d'un cas très pertinent sur ces deux points – l'adoption de l'élevage par les Guajiros colombiens – l'étude originale de F.-R. Picon (1983) : sorte d'expérience cruciale, elle aussi.

Mais ce n'est pas exagérer les artifices d'exposition que d'attirer maintenant l'attention sur l'approche technologique en ethnologie. Ces quelques pages seront encore trop succinctes. Car si l'on s'entend en général pour reconnaître – puis quelquefois passer outre – l'évidence qui vient d'être rappelée, l'anthropologie et l'histoire des techniques dites traditionnelles, sans même parler des autres, restent en France des domaines à défricher. Et pourtant, dans le même temps, les trop rares équipes ou chercheurs qui s'y emploient de longue date soulignent à la fois cette nécessité et leur dette envers une pléiade nationale configurée par quelques grands ancêtres.

Citons parmi les précurseurs, en premier lieu André Leroi-Gourhan[14] ; et, à nouveau, A.-G. Haudricourt, mais aussi B. Gille, M. Daumas, Ch. Parain, sans oublier A. Espinas... et bien sûr Mauss pour certains aspects prospectifs de sa réflexion multiforme, mais quel de nos programmes n'a-t-il prôné ? Un de ces maîtres, Leroi-Gourhan, s'est éteint en 1986 dans la quasi-indifférence des salons de l'intelligentsia médiatique.

De ces fondateurs, les ethnologues du technique prétendent prolonger l'entreprise, sans craindre, pour les plus hardis, d'en remettre en cause certains aspects ou principes à partir de données et d'avancées méthodologiques récentes – ni table rase, ni dogmatisme. L'ouvrage des pionniers doit à leur sens se poursuivre en de nouvelles étapes d'une ample démarche : la recension, l'analyse et la démarcation du fait technique sous toutes ses espèces, une démarche qui a semblé du reste mieux entendue depuis dix ans par les tuteurs en titre de la recherche anthropologique, sociologique,

14. Outre ses œuvres bien connues (1946, 1971 [1943], 1973 [1945], 1964, 1965), il faut lire quelques inédits, rééditions et recueils plus récents (1976, 1982, 1983 a, 1983 b...).

historique même... Nouvelles étapes où comme de juste se profile avec une acuité redoublée le problème de la dynamique des systèmes techniques : est-ce celui de l'histoire comparée des techniques et de leurs « corrélats sociaux » ? Et où sont les causes – y a-t-il des déterminants ?

Naguère – je le redis –, bien des étudiants français à présent anthropologues voyaient de l'ethnologie deux visages, comme sous la lumière contrastée d'une étoile double, « tendance ALG / tendance CLS » (André Leroi-Gourhan et Claude Lévi-Strauss : ces grands noms admettent l'acronyme). N'épiloguons pas. C'est au magistère du premier que se réfèrent en France la plupart des ethno-technologues ; d'ailleurs en soulignant parfois vigoureusement ses convergences avec le matérialisme historique (voir Digard 1979)... Cela nonobstant pour Robert Cresswell (1976), qui fait fond sur ses nombreux travaux mal connus des non-spécialistes, la technologie culturelle – l'analyse comparative de ces faits ethnologiques à part entière que sont les techniques – peut mettre à profit les principes de la *méthode* structuraliste (lévi-straussienne) tout en progressant dans le droit fil de la démarche instituée par Leroi-Gourhan. Un pareil assemblage a suscité, si j'ai bonne mémoire, des moues dubitatives. Mais Godelier (1984 : 35) : « [nous reprenons] pour notre compte la méthode structurale lorsqu'il faut avancer dans des domaines que n'a pas abordés Lévi-Strauss » ; moues et remous ? Non. D'autres inscrivent même les acquis de l'œuvre de Leroi-Gourhan, ethnologue-préhistorien-paléontologue, parmi les constituants d'une sémiotechnologie qui poserait en son principe la nature multifonctionnelle – « matérielle », sémiotique, symbolique (donc idéelle) – du changement technique dans une totalité culturelle (Bromberger 1979). Il n'est pas jusqu'au cognitivisme et au renéthomisme qui ne tracent les prodromes d'une réflexion selon laquelle Leroi-Gourhan aurait moulu quelques grains pour leur profit futur : voyez les perspectives que propose d'ouvrir Scubla (1988 b : 83-86 ; souvenons-nous, car nous les relirons, qu'ils en appellent aussi au « second » Lévi-Strauss). A cela, rien que de très légitime, et stimulant : après tout, dans certains écrits de notre technologue polygraphe, s'exerce en sous-œuvre une sorte de « sémiophysique » qui, pour s'appuyer sur des principes fort différents des fondements de celle du topologiste natif du Doubs (Thom 1988 et autres textes), n'en pose pas moins des jalons présageant une théorie du signe physiquement et techniquement motivé. Et surtout, seconde justification, Leroi-Gourhan (comme Lévi-Strauss) n'est pas appropriable : il faut sans cesse l'exproprier pour cause d'utilité publique, ainsi qu'un expert le disait de Marx (Fossaert 1977 : 25).

Mais l'histoire, et le changement ? On devra y venir. D'abord, un accord est certes unanime, que révèlent les publications : nous devons accroître le corpus des phénomènes, et pourrions parvenir à une modélisation poussée des systèmes ou réseaux techniques – « chemins minimaux », programmation notamment « linéaire », analyse des correspondances, etc., mais gare à la mode des formalismes intraitables – tout en forçant dans ses ultimes retranchements le concept de « chaîne opératoire » cher à Leroi-Gourhan, jusqu'à menacer ses maillons les plus faibles. Toutefois il faut aussi identifier les « moments » ou « tâches stratégiques » d'un processus (Lemonnier 1980), et réserver une large place aux gestuelles et aux vocabulaires techniques, aux modalités d'apprentissage et de transmission des savoir-faire[15].

Somme toute, s'adonner à la technologie culturelle, c'est faire de l'ethnologie, comme bien d'autres, en scrutant toutefois avec une spéciale attention des réalités relativement spécifiques, qu'on pourrait renvoyer, en aval et avec toute la prudence requise, à une classe d'observables relativement génériques où se confronteraient des données transdisciplinaires : celles, pourquoi pas, d'une sorte de techno-éthologie des animaux supérieurs, dont *homo sapiens sapiens* – de loin le plus cultivé. Attribuer en effet à certains animaux une sorte de « culture technique » ou une « protoculture », comme le font maintenant nombre de chercheurs, c'est seulement vouloir affronter un problème auquel l'anthropologie, en tout cas l'ethnotechnologie, ne peut rester indifférente, et soulevé légitimement par quelques zoologistes aussi imaginatifs que rigoureux[16].

---

15. On peut lire sur ces points les actes de la Table ronde « Technologie culturelle » (CNRS), dans la revue *Techniques et culture* (nouvelle série : 1982 et juil.-déc. 1983, n°s 1 et 2) – comme d'ailleurs toutes les livraisons de cette publication –, et les travaux des membres et « chercheurs associés » de l'équipe du même nom, ainsi que ceux d'Hélène Balfet et de l'équipe « Matières et manières » du Musée de l'Homme, ceux d'Aliette Geistdoerfer et du « Centre d'ethnotechnologie en milieux aquatiques »... (Voir Balfet, éd., 1991, Chamoux 1981, Collet 1991, Desrosiers 1988, Geistdoerfer 1987... et des textes cités ailleurs dans ce livre, comme certains de ces derniers.)

16. Voir pour une réflexion récente Boesch & Boesch-Achermann (1991), et cf. les données, et les synthèses fort différentes, disons de M. Goustard (par exemple 1983) et de D. Griffin (1984) ; signalons au passage le point de vue de ce dernier, qui prête une *conscience* à certains animaux, pas seulement des primates, et à l'opposé, une curiosité : la conception extrême de l'étrange – pour dire le moins – mais ingénieux Jaynes (1977), selon lequel la conscience est un phénomène apparu récemment dans l'espèce humaine ; ainsi les Grecs archaïques dont parle *L'Iliade* n'étaient-ils pas conscients !

La technographie minutieuse est de rigueur, plus que jamais : ceux qui ouvrent la boîte noire des techniques en se fondant sur leur propre savoir pratique éclairent parfois d'un jour inattendu certains faits partiellement explorés (cf. entre autres Desrosiers 1988). Mais parallèlement, font nombre les travaux, y compris quelquefois dans la littérature évoquée ci-avant, qui témoignent d'un souci grandissant : redéfinir, à partir de questions puis d'observations toujours plus diverses, le statut du technique (face au « non-technique »), et si l'on veut du « symbolique » que parfois il motive, dans les processus sociaux. Car si d'appréciables apports ont à coup sûr alimenté la réflexion sur les dépendances entre les techniques et l'histoire des autres faits humains – mais sont-elles constantes au delà du trivial, et d'ailleurs relient-elles des phénomènes d'espèces vraiment différentes –, il reste non moins certainement beaucoup à faire pour qui prétend en démêler l'écheveau compliqué.

> Je renvoie notamment sur ce point aux travaux très représentatifs que Mariel J. Brunhes Delamarre, Charles Parain, André-Georges Haudricourt et d'autres consacrèrent à l'Europe rurale (par exemple dans M. Agulhon & col. 1975). De son côté, Robert Cresswell a envisagé de discerner à cet effet l'efficience circonstancielle de techniques spécifiées – celles qui « créent des rapports sociaux » –, mais ce, en fonction des différents mouvements d'adaptations mutuelles des réalités dites, respectivement, culturelle et technique. Dans cet esprit est proposé un modèle faisant covarier rapports techniques et rapports sociaux, qui reconstruit en autant d'images les étapes d'une transition historique étroitement circonscrite (Cresswell 1975 a, 1975 b, t. I, 1976) ; procédé plus analytique et typologique que dialectique : a-t-on dit cela du travail monumental de R. Fossaert (1977...), de même espèce quoique d'une autre étendue ? Pas à voix bien haute – en outre, « la Dialectique » peut ici comme ailleurs s'avérer la panacée du cossard. Ainsi encore, les recherches de François Sigaut illustrent-elles la priorité qu'il assigne, lui, avant toute théorisation générale, à la constitution et la pratique (depuis deux siècles périodiquement programmées mais plus d'une fois restées lettre morte) de l'ethnographie comme de l'histoire comparée du technique, auxquelles il apporte des contributions souvent convaincantes (Sigaut 1978, 1982, 1985...). Il nous faut des connaissances précises sur les connaissances techniques, sur leurs variations et variétés selon temps et lieux.

« Tout se passe comme si », depuis que l'ethnologie est en vogue (l'histoire lui ravit maintenant la vedette), la technologie culturelle se trouvait jusqu'il y a peu méconnue ou, du même coup, mésestimée, voire quelquefois réputée sous-discipline fossile de l'anthropologie *up to date*. Cela malgré le contexte socioculturel qui est le sien, produit d'incontestables « triomphes sur la matière », environnement où quoi qu'on en ait et parfois qu'on en dise, les idéopraxies hypertechnicistes ont force de loi – de lois naturelles. Est-ce assez surprenant ! Ou faut-il s'étonner qu'on s'en étonne : après tout, qu'avec leur public, certains grands pourvoyeurs d'images de l'Autre et de l'Ailleurs (notre jadis ou nos profondeurs), chez eux saturés depuis presque deux siècles (pensent-ils peut-être) de techno-logiques puis de technocratie, préfèrent – à la mise en perspective de ces mornes contraintes d'une industrie concrète – ouvrir la fenêtre vers des orients d'où souffle un vent inhabituel, que parfume d'exotisme et d'inquiétante étrangeté l'empire supposé du symbolique, des magies en tous genres, des sagesses oubliées, du « bon à penser », de l'immatérialisme anhistorique, quoi de plus naturel ![17] C'est bien compréhensible et ce fut parfois, sous réserve de dépassement, utile au décentrement. Surtout quand on a vu dans l'anthropologie hexagonale s'opposer aux autres écoles le marxisme vu par quelques-unes (elles ont tort) seulement comme un techno-économisme ; puis celui-là perdre partout son audience, d'où un surcroît d'assurance chez ceux qui affirment l'inanité, pour cause de réduction forcenée, des analyses ainsi nommées matérialistes ou qui s'en lassèrent, mais n'en sont pas moins prêts pour en stigmatiser le dogmatisme – certes condamnable mais non généralisé – à faire eux-mêmes langue de tous bois, oubliant au reste qu'en matière de dogmes épistémiques, le premier phonologisme lévi-straussien n'avait rien à envier aux ethnologues marxistes les plus pointilleux. Moins compréhensible est le peu d'intérêt que sauf exception, de rares connaisseurs l'ont maintes fois souligné, les anthropologues français se réclamant du matérialisme historique ont accordé à la technologie ; il en va néanmoins autrement de divers affleurements d'un marxisme « de fait », toujours visibles pour qui sort de chez soi.

Et pourtant... Les industries variables de l'homme en société, voilà au moins du « concret » – je l'ai sous-entendu plus haut – et du nécessaire, arguent certains fidèles de l'œuvre matérielle, voulant prendre quelque partie adverse à contre-pied. Mais le problème est mal posé. Car une technique (un système technique *a fortiori*), ce n'est ni plus ni moins « concret », voire même englué dans un réel rétif par des contraintes « objectives », « matérielles », qu'un mythe, que l'« imaginaire » (réel spécial) ou un système de parenté ou de pouvoirs – ou bien qu'une représentation, une organisation. « Le concret, c'est de l'abstrait rendu familier par l'usage. » A cette

17. D'autres phénomènes ont pu jouer autrefois (l'ethnographe décrivant ce qu'il *veut* voir), que le dessin ci-contre illustre sommairement mais avec beaucoup d'économie.

— Planquez tout, voilà les anthropologues !

Dessin de Gary Larson
extrait de L'*Univers impitoyable...* 1988

phrase du physicien Paul Langevin – qui savait d'expérience, et en expert, parler matière, idée et paradoxe –, il suffira d'ajouter que si l'on tient vraiment à l'opposition (mais pour quoi faire ?), tous ces objets anthropologiques, des mythes aux techniques, ont évidemment du concret et de l'abstrait, comme de la substance et de la qualité, du générique et de l'individuel, de l'idéel et du matériel, etc. Quant au nécessaire et aux nécessités, il en va de même, à ceci près. Ou bien – en premier lieu – tout par hypothèse est au fond déterminé, ou bien rien ne l'est : ici, *in medio virtus non stat* (d'une autre teneur et nous y reviendrons m'apparaît la distinction *a posteriori*, très actuelle en physique, du pleinement déterminable, du chaos « faible » et du chaos « total ») ; comment ne pas postuler que si les procédés et les objets techniques, par exemple, sont astreints, causés (et causatifs), les procédés et la matière du mythe (disons) doivent aussi apparaître précontraints et contraignants ? Ni plus ni moins : également. Mais autrement. Encore que, en second lieu, même cette ultime restriction dépende de la technique ou du procédé d'explication choisis en fonction, serait-ce inintentionnel au départ, des secteurs de réalité dont ils permettent le dévoilement et qui, à partir d'observables de genres distincts, se trouvent quelquefois coïncider à l'arrivée (toute démarche d'ambition scientifique fait d'ailleurs de cet ajustement à l'horizon son idéal régulateur, mais certaines périssent d'avoir voulu en brûler les étapes : autrement dit, de mimer « la Science » vue de loin). De sorte que, voici l'important, de tout cela découle notamment ceci : par option de méthode, la technologie culturelle s'avère susceptible, quand on le veut, de construire des objets tout aussi révélateurs de la « pensée objectivée » et, à la longue, de son substrat conjectural, que l'analyse des mythes, des « classifications indigènes » du monde, ou de la parenté vue, non comme pratique ou stratégie, mais comme une des formes de pareilles classifications, afférente, celle-là, au monde social.

Du reste, on retrouve ici, lue en miroir, y compris par inversion de ses raccourcis, l'hypothèse de travail expresse et indiscutable de l'auteur des *Mythologiques* : « [A l'issue de] l'expérience que nous entreprenons maintenant sur la mythologie [...], il nous suffira d'avoir acquis la conviction que si l'esprit humain apparaît déterminé jusque dans ses mythes, alors *a fortiori* il doit l'être partout », écrit Lévi-Strauss dans l'« Ouverture » de *Le Cru et le cuit* (1964 : 18). Et il rappelle en note : « ... S'il y a des lois quelque part, il doit y en avoir partout. Telle était déjà la conclusion du passage de Tylor que, voici dix-sept ans, nous placions en exergue des *Structures élémentaires de la parenté* » *(loc. cit.).*

Autre cas, de ce fait, particulier mais particulièrement exemplaire

– car « limite » – de la relation complexe, fort loin de la bijection, entre classes de phénomènes observés et lieux supposés des réels cachés, du « substrat de référence », être matériel ou de pure raison, que vise en anthropologie la démarche explicative quand elle est modelée de fait, selon des styles divers, sur les sciences dures. Souvent indûment triomphaliste, cette démarche : trop encline à court-circuiter, dans le parcours de ladite relation, l'invention pourtant nécessaire des vecteurs de causalité – du voilé déterminant vers le visible déterminé – qu'il faut bien, pour l'établir, imaginer un jour ou l'autre. Complétons en effet l'exemple choisi. L'autre terme de la dyade thématique sous-jacente aux problématiques qui constituent l'ethno-technologie française est bien entendu, au moins tacitement, l'immense hypothèse de travail – cadrée de longue date, cette fois, en extension – qu'elle prend par le travers en s'efforçant d'en observer quelques conséquences localisées : la dialectique des forces et des rapports de production. L'invariant de référence qu'il s'agit en l'espèce d'éclairer sous ces feux croisés est le rapport profond des logiques ou systèmes « techniques »... (entendus aussi sur la gamme fondamentale où s'exercent savoirs, savoir-faire et *techniques du corps* qui rendent la « nature » pensable / consommable, corps compris)... et, respectivement, « non techniques » ; disons, faute de mieux et à supposer qu'il reste pertinent de les différencier des premiers : socioculturels. Enfin, de l'ordre d'une socio-logique et d'une histoire interprétée, modélisée. Encore le problème récurrent du commensurable.

« Des ombres... sur les parois de la caverne », ombres de quoi ?, « [de marionnettes] qui se projettent sur l'écran » des sciences humaines, puisque celles-ci ne sont tout bonnement qu'un « théâtre d'ombres » : aux yeux d'un fameux régisseur du spectacle, Lévi-Strauss comme il se doit – la régie est provisoire, qui selon lui appartiendra le temps venu aux « sciences physiques et naturelles », quand enfin elles sauront où se trouvent et de quoi sont faites les vraies figures-sources –, voilà les reflets que scrutent les anthropologues (cf. Lévi-Strauss 1971 a : 574).

Si comme le veulent Lévi-Strauss et d'autres l'anthropologie est une psychologie (cognitive, de nos jours), qui même, admettons-le pour le moment, ne mettra les ethnologues sur la voie d'une « vraie » science qu'avec l'« épidémiologie » des représentations psychiques (notamment des mythes, cf. Sperber 1982, et ici, chap. 4), ces belles images font sens assez vite – nous en reparlerons néanmoins. Partant, pourrait y adhérer un ethnotechnologue confronté à l'apparent arbitraire – Dieu sait qu'il est grand et semble irréductible – de nombreux « choix » (donc d'exclusions dans le possible et le connu) sur le plan des techniques, tel chercheur dont la méthode, pour résoudre cela, permet en ces dernières d'apercevoir, culture par culture, des systèmes de signes, des procédés de distinction identitaire, voire l'effet d'une distribution non aléatoire des représentations qui touchent au technique et se diffusent dans l'« écologie » générale des idées (voir Sperber 1985 a, 1987). Bref, nous y revenons, une objectivation parmi d'autres – chacune transigeant certes avec des contraintes propres, mais toutes au fond interdépendantes – de systèmes de pensée et du système de ces systèmes... L'ombre d'une ombre projetée par quelque objet caché peut-être au tréfonds de la matière humaine et qu'un beau jour, qui sait, les « sciences de la vie »...

Quand en revanche la technologie pratiquée par l'ethnologue se veut en connaissance de cause un « fabrilisme » – il est même des panfabrilistes (Cirese 1988) –, tout l'ordre du réel assigné à pertinence réside dans l'opération technique, sa matière d'œuvre (au départ, la nature, chaque culture ayant la sienne) et ce qu'elle en *fait* : du consommable, produit ou effet utiles, donné physique transformé.

Mauss lui-même ne défendait-il pas une ethnologie de « l'acte traditionnel efficace » ? Ce qui supposerait qu'on le distingue de l'« inefficace » : mais ne ratiocinons pas et évitons des *a priori* extrémistes, il faut toujours un cadre de référence, même provisoire... Toutes les cultures admettent, fût-ce tacitement – certains ont beau jeu de l'oublier –, quelques postulats d'efficience pratique y compris quand elles ne tracent pas dans le sémantique les démarcations du genre « faits techniques, et autres », « le travail, et le reste », ou les configurent autrement. Qu'on doive ranger ces classements eux-mêmes – avec les nôtres – parmi les données, les *explicanda* d'un vrai problème anthropologique, fort bien. Mais les tenants les plus zélés du relativisme culturel qui en chaque cas prendraient la « conception indigène » au pied de la lettre pour récuser toute recherche de catégories génériques ou d'invariants non triviaux dans le Rapport de l'Homme à la Matière et ses Contraintes buteraient sur les murs de l'aporie où toujours ils s'enferment : soit renoncer à l'ethnologie, soit s'avérer relativistes relatifs, donc inconséquents (s'ils demeurent anthropologues, comme les chercheurs penchés par exemple sur « le Mythe », « le Rituel » ou « la Royauté Sacrée », voire « le Pouvoir chez les Vrézôm à la veille de la Conquête Européenne » : vocabulaire-point de départ, donc révisable).

Ces distinctions de priorités, et certains de leurs déplacements – en bref, systèmes ou histoires –, bien que relatifs, n'en réfractent pas moins quelques évolutions ou divergences de vues ; il en est d'autrement profondes : les traduisent autant de voies différentes proposées aux développements de la technologie culturelle. Ce qui n'empêche pas, compte tenu d'avancées notables, de se remettre au rouet. Il reste, en un domaine pour un temps laissé dans l'ombre de par les engouements académiques de l'ethnologie française la plus visible – mais sans relâche travaillé en sous-main par quelques entêtés –, cet éventail de questionnements, dont l'ouverture mesure la diversité des anthropologies sollicitées et des méthodes mises à contribution. Le dialogue qui renaît ou s'instaure entre ethnologues, spécialistes de la technologie industrielle et la « nouvelle » socio-histoire des sciences est sur ce pied-là riche de promesses.

A cet égard, on lira par exemple Deforge 1985 et Quilici-Pacaud 1987 ; voir aussi les commentaires de Digard 1989. Notons qu'en France, se diffuse une ethnologie – ou une micro-sociologie – de l'activité scientifique qu'il devient fructueux de confronter aux recherches anthropologiques sur l'activité technique dans les sociétés industrielles et ailleurs, par leurs problématiques, données, résultats, et par les spécificités de leurs « terrains ». Exemples des premières : les travaux de Bruno Latour (1984 et autres, que nous retrouverons), poursuivis dans une voie ouverte par la conjonction de l'étude des stratégies sociales et d'approches sémiologiques (comparer Bourdieu 1976 et Latour & Fabbri 1977) mais aussi avec l'ethnologie des laboratoires et des controverses scientifiques – croisant une assez récente sociologie anglo-saxonne des pratiques de la science (Latour & Woolgar 1988 [1979]) ; voir aussi Shinn 1988 (dans « *Recherches sur la recherche* ») ; et, suivant des perspectives voisines : Callon, éd., 1989, Stengers & Schlanger 1989... (Latour a entrepris plus récemment d'« ethnologiser » à l'extrême les noyaux durs de l'Occident : nous en reparlerons longuement dans le chapitre 5.)

Des approches monographiques, comparatives... ou proprement historiques. Nous voici déjà dans d'autres problèmes.

De l'histoire des autres au retour sur soi

D'autres problèmes, mais qu'illustreront d'abord quelques prolongements de la discussion engagée sur l'écologie et la technologie.

S'agit-il encore de rassembler des observations monographiques qui concèdent au chercheur le passage de la dynamique comparée des techniques – et des milieux qu'elles produisent en les consommant – à celle du sociopolitique, par « économique » interposé ? Le cheminement peut être inverse, ou plus souvent : différent et dans bien des cas, muet.

Pierre Clastres n'avait peut-être que faire de l'analyse des techniques, mais il n'en a pas moins soutenu le primat (la priorité causative) du « politique » sur le « techno-économique » – au moins dans les sociétés « indivises », qui « refusent » l'économie –, et ce, avec un dogmatisme sensible d'ailleurs dans l'ensemble de ses fort brillants écrits (voir Clastres, en particulier 1974 et 1976).

Qu'on le veuille ou non, ces choix distincts entérinent ou trahissent autant de présupposés quant aux « facteurs-clés » de la dynamique socioculturelle. Sauf quand l'observateur du changement se rangerait ouvertement aux côtés du nietzschéo-foucaldien, extrémiste et parfois stimulant Paul Veyne (1976 : 33-34) : « Mesdames, Messieurs, le cours de l'histoire tout entier est fait de sous-systèmes dont les liaisons sont contingentes [...] l'autonomie [...] des idéologies par rapport aux infrastructures [en est un exemple]. » Mais l'échelle et le paysage de ses propres récits influent, je suppose, sur ses vues, la réciproque d'ailleurs pouvant se dire – même remarque quant aux anthropologues : or, leurs panoramas sont tout différents, outre qu'à des degrés divers, eux visent ou contribuent à informer l'histoire en construisant leurs catégories. Des présupposés, par conséquent, sur la hiérarchie, elle-même postulée, des déterminations agissantes : structurales, fonctionnelles, et dialectiques ou synergiques, cela tant qu'on voudra. Toutefois, ces présomptions – truisme trop souvent oublié des anthropologues français – n'engendrent « hypothèses », « résultats » et questions nouvelles que si, d'abord, on peut sans entraves en imaginer des conséquences observables ; que si, ensuite, celles-ci n'étant pas évidentes *a priori*, on s'évertue à repérer certaines de leurs manifestations dans des contextes, sur des « terrains », dont la variété soit garante non suffisante, mais nécessaire, d'une épreuve à haut risque, condition de la rigueur et rempart contre tous les dogmes ainsi menacés sur leurs arrières par les « faits polémiques ». Somme toute, évitons l'induction généralisante, l'abstraction induite qui conforte à trop bon compte ce qu'on pose en préalable, engonçant du même coup la pensée dans un rigide uniformitarisme : pris pour du prêt-à-porter, combien de modèles construits sur mesure ne s'ajustent avantageusement qu'aux cadres limités dont ils procèdent !

Citons, sur de tels soucis, quelques démarches qui inscrivent les faits techniques dans différentes problématiques d'amont tout en versant des pièces au dossier du comparatisme des lignes d'évolution, où l'histoire se fait moins conjecturale.

Certains travaux d'Alain Testart (1982 a, 1982 b) sur les chasseurs-cueilleurs et les données convergentes de recherches déjà anciennes ou plus récentes[18] éclairent par exemple les rapports entre la mise au point de techniques de conservation alimentaire, les prémices de transformations sociales remarquables et l'établissement de certains groupes humains dans des environnements à contrastes saisonniers accusés – hors les milieux extrêmes. Ces interrelations sont stratégiques : elles impliquent conjointement, pour l'essentiel, la sédentarisation progressive et la génération d'inégalités sociopolitiques conséquentes en l'absence de toute économie agricole ou pastorale... Mais le stockage alimentaire en tant que tel n'est décisif que relativement aux conditions historiques où il s'affirme (Testart 1982 b). Autre illustration, celle d'anthropologues qui s'inspirent eux aussi du matérialisme historique pour expérimenter ses concepts dans un cadre là encore délibérément circonscrit, et cette fois doublement local : dans certains écrits, Pierre Bonte (1977 b, 1985...) et Jean-Pierre Digard (1981, 1983...) – d'autres aussi – attaquent de plein fouet le problème des techniques, intégré à celui des forces productives, afin d'analyser les dynamiques propres à quelques sociétés de pasteurs nomades, témoins d'une singulière spécialisation économique et évolutive prise dans un rapport intersociétal... Cas d'espèce ou fait polémique ? Effort, en tout cas, significatif en France et, du dehors, souvent mal perçu, pour démarquer ces investigations du monoïdéisme de la vulgate marxiste – à quoi des parties adverses aiment les confondre d'emblée – sans « court-circuiter l'histoire ». Evoquons encore sur ces chapitres une ligne de recherche transverse, et j'emprunte pour ce faire à Michel Panoff (1977 b, 1979, 1985) sa concise formulation : « le travail étant consubstantiel et au technique et au social », sa problématique accède de plain-pied à leur unité profonde – comme veut le montrer cet auteur sur le terrain de la Mélanésie coloniale, et d'autres, ailleurs en « société de plantation » – ; et du coup, elle introduit dans l'ethnologie « l'histoire conflictuelle comparée » dont en France, certains craignent d'abuser... est-ce encore de l'anthropologie ? – mais cette question, est-ce un vrai problème : voir, en ces deux dimensions, encore dans une zone de plantation, une étude du sociologue M. Giraud (1979). Et puis – surgissement

18. Recherches, notamment, d'anthropologues ou d'archéologues étasuniens, et de préhistoriens français ; elles reconsidèrent les données de la « révolution néolithique » en dissociant la chaîne causale – puisque, croyait-on, chronologique – qui faisait du passage à l'agriculture le premier moteur de cette transformation historique majeure (cf. Cauvin 1978). Sur la place des sociétés de pêcheurs dans le modèle des chasseurs-cueilleurs, voir Collet 1991.

final d'une nappe qui viendrait d'affleurer çà et là – il y a l'anthropologie des sexes (des « genres ») et ses mouvements surdéterminés s'il en fut (ne serait-ce que par le sexe des anthropologues) : ce qu'elle dit ces temps-ci du technique dans ses rapports avec l'« Arraisonnement des femmes » (Mathieu, éd., 1985), tous ses modes et leur histoire, par les voix inégalement propagées – en fonction de critères qui posent un beau problème ethnologique – de rares spécialistes, et je pense d'abord, sur tous ces points, aux rigoureuses études de Nicole-Claude Mathieu (1991 [1971 à 1989]) et de Paola Tabet (1979... voir aussi, par exemple, trois cas bien différents d'analyse des relations entre hommes et femmes dans Testart 1986, Godelier 1982 a, Fainzang & Journet 1988...).

Bref, « Si nous voulons faire des comparaisons valides, nous devons comparer des histoires, et non des situations ; des processus évolutifs, et non des instantanés » (Sigaut 1982 : 362). Bon nombre d'anthropologues français – et à n'en pas douter, certains autres – souscriraient sans trop de réserves à cette injonction (ce n'était pas le cas des « vrais » fonctionnalistes, pour ne citer que ceux-là). Et surtout parmi ceux qui ne se réclament pas de la technologie ou de l'écologie. Car c'est bien parce qu'une telle tendance s'affirme aussi dans ces derniers secteurs de recherche, sorte de retour aux sources, malgré leur propension plus récente à importer des modèles systémiques, au demeurant toujours utiles, dont l'efficience s'exerce le mieux en synchronie, c'est bien pour cela que les indices d'une pareille inclination au « comparatisme transformiste » y sont mieux probants qu'ailleurs. D'où mon insistance à en exposer quelques aperçus, plus longuement que pour d'autres champs. Faut-il ajouter que si les méthodes évoquées gagnaient encore du terrain, la « grande synthèse » en resterait d'autant plus loin devant nous ? N'en disons pas plus pour le moment. Voyons où tout cela est plus flagrant encore.

Comparer des histoires, c'est aussi voir comment différents processus évolutifs ont été altérés, transformés ou brutalement interrompus par leurs rencontres respectives avec l'histoire de l'Occident (les projections de l'Ancien monde sur le Nouveau en sont un cas extrême, et des plus heuristiques). Un « comment » qui renvoie, en amont, à la complémentarité protéiforme des dynamiques imposées du dehors, de leurs opérateurs internes et de l'endogénèse des sociétés dont beaucoup deviennent ainsi hétéronomes. L'affaire n'est pas réglée d'office : outre qu'en un sens, « La antropología no puede escapar de ser el estudio de las relaciones entre la cultura occidental y las demás [entre la culture occidentale et les autres] » (Terradas 1988 : 158), sait-on d'emblée, peut-on jamais savoir ce qui vient ou a pu, des siècles durant, venir d'« ailleurs »... Au reste, où est la démarcation du « dedans » face au « dehors » ? Ou celle du soi et de l'autre, personnes ou sociétés – nations « globales », entités culturelles « locales » ? Grandes questions – il ne faut pas se laisser égarer par l'évidence, ni hypostasier les ethnies ou les cultures –, dont l'enjeu n'est point métaphysique : d'aucuns les affrontent pour les avoir rencontrées dans l'exercice même du métier d'anthropologue[19]. Mais revenons aux faits d'intégration progressive et différentielle des civilisations « autres » dans l'orbite de l'Occident colonisateur. Ils ont fourni aux anthropologues, surtout dans les années 1970, un terrain où il a semblé loisible de laisser pour un temps sous le boisseau les questions à l'instant formulées, tant les phénomènes d'histoires jugulées ou infléchies et de reproductions sociales désormais dépendantes y apparaissent grossis.

Un rappel (cf. *supra,* chap. 2) : ce fut longtemps pour les Français le terrain d'élection – un terrain en tout état de cause surtout africain – des chercheurs marxistes et de l'anthropologie s'inspirant de l'ethno-sociologie de Georges Balandier, lui-même influencé par l'« Ecole de Manchester » dont il propagea les idées « dynamistes ». C'est encore en partie ou c'était il y a peu, par delà les labels revendiqués, celui du « marxisme de fait », nonobstant l'autre composante : j'emprunte une dernière fois le terme à un essai stimulant écrit au plus fort de certaine « crise de l'ethnologie » (Panoff 1977 c : 177). Ces courants, et donc les approches qui gravitent autour des phénomènes qu'ils mettent en relief, ont connu en France une sorte d'apogée dans la seconde moitié des années soixante-dix, pendant que se discutait ladite crise. Balandier montrait alors comment le « travail sur elle-même » de la société, en réponse à de nouvelles contraintes extrinsèques, transforme – avec la hiérarchie des pouvoirs – les systèmes d'inégalités ; comment, par exemple chez les Duala anciens, les rapports entre l'ordre clanique et les institutions supralignagères déjà constituées sont en l'occurrence modifiés au profit de ces dernières (Balandier 1974, 1975). Mais dans le même temps, des travaux qui recoupent le champ d'une critique de l'économie politique, traitant nommément la question du (sous-)développement, s'attaquent aux effets conjugués des rationalités sociales « traditionnelles » et de ce dont elles deviennent diversement tributaires, les impératifs de la production et des échanges capitalistes. C'est spécialement le cas de recherches financées par l'Office de la Recher-

19. Cf. *L'Identité* 1977 ; Segalen, éd., 1989 ; Amselle & M'Bokolo, éd., 1985 – notamment les contributions d'Amselle et de Bazin – ; et les thèmes de recherche sur l'« Identité locale » inscrits au programme de nombreuses formations du CNRS ou des universités, en particulier de celles qui ont commencé dans les années soixante-dix à centrer leur intérêt sur les mouvements régionalistes en France et en Europe.

che Scientifique dans les Territoires d'Outre-Mer (ORSTOM), surtout en Afrique francophone et à Madagascar, mais en général dans toutes les régions du monde – décolonisées pour la plupart – restées dans la zone d'influence française. (Voir par exemple, dans les *Cahiers de l'ORSTOM*, Rocheteau 1975 ; Savonnet 1976 ; Charmes 1976 ; et plus généralement, les tomaisons ultérieures de cette revue, série « Sciences humaines » ; la politique de recherche « appliquée » programmée en France dès 1981, et plus récemment repensée, a voulu promouvoir ce type de travaux ainsi que l'étude, corrélative, des « transferts de techniques » vers le Tiers-monde.) De même teneur, quoique d'encadrement souvent distinct, d'autres investigations ont convergé en nombre vers ces fins comparatives : savoir comment, suite aux exigences contemporaines des économies mondialement dominantes, les anciennes relations d'exploitation se révèlent, dans plusieurs sociétés dites tropicales, reproduites sur de nouvelles bases, renversées, ou encore supplantées par des rapports sociaux vus comme des cas d'espèce ; pourquoi ces différences ? (cf. Dozon 1977 ; *L'Agriculture africaine...* 1975 ; et surtout, *Essais sur la reproduction...* 1977) – et l'autre question est toujours là : rapports hommes-femmes, changements mais reproductions. Avec des perspectives voisines, mais rattachées explicitement à la problématique marxienne de la transition : passages et repassages très actuels d'une « subsomption (soumission) formelle » à la « subsomption réelle » de diverses entités socio-économiques sous les rapports capitalistes, quelques travaux anthropologiques sont en cours, qu'anime M. Godelier (1987) et que circonscrivent, en Europe méridionale, des mouvements du social fort sensibles dans certains secteurs (voir aussi Godelier, éd., 1991, livre où cette réflexion sur la « transition » confronte des cas relevant de plusieurs continents).

Mais le besoin de comprendre le rôle des dépendances présentes dans le « développement inégal » de sociétés diversement « exotiques » appelle d'autres démarches et des révisions méthodologiques dont plus récemment s'est avérée l'urgence... Il faut analyser les conditions d'évolution antérieures de ces sociétés – et tout bonnement leur histoire – au travers des relations interrégionales, « interethniques », déjà inégales, qui les différenciaient avant leur colonisation proprement dite par l'Occident. C'est ce qu'ont notamment souligné J. Copans et J.-P. Chauveau, ou J.-L. Amselle et E. M'Bokolo, J. Bazin, J.-P. Warnier... tout en récusant parfois la notion d'ethnie, écran opacifiant l'histoire et, par rapport à celle-ci (mais là j'interprète peut-être), désajustement de l'ontologie des collectifs[20].

---

20. Cf. Chauveau 1978 ; plus nettement encore sur ces questions, Copans 1978 ; voir aussi Warnier 1985, et sur le dernier point évoqué, Amselle & M'Bokolo, éd., 1985.

La compréhension d'un certain présent se soumet donc toujours davantage au programme d'une reconstitution fiable des différents mondes précoloniaux. Projet à son tour tributaire des progrès du savoir sur les histoires respectives des sociétés prises autrefois dans ces divers « systèmes mondiaux ». Or, à de tels progrès – première remarque –, certains chercheurs français, de filiations variées, ont depuis longtemps apporté des contributions majeures : anthropologues-historiens des autres ? En second lieu, se pose la question même des rapports entre les démarches de l'anthropologie et celles d'une sorte d'histoire comparée dont s'ouvrirait l'angle de vue – face à l'Histoire dite générale, trop longtemps confinée à celle des peuples « qui ont de bons outils pour retourner la terre et forger des épées », observait Leroi-Gourhan (1973 : 320).

Ce problème, voici qu'il resurgit autrement sous la poussée d'un mouvement plus récent : la réactivation de l'« ethno-histoire » des communautés restreintes ou des « cultures régionales » en Europe, et spécialement en France (s'y retrouve la dialectique du semblable et de l'autre, sous l'opposition « global / local »). Voyons-y un des aspects, chaque jour plus nombreux, du nouveau retour sur soi dont le présent propos est une autre manière d'illustration et qui vient accentuer, par le travers, l'*historisation* de toutes sortes d'ethnologies, celles que j'ai jusqu'ici différenciées thématiquement. Ces deux commentaires appellent quelques développements.

Dans l'ensemble des recherches (ethno)historiques qui concourent à relier l'« après » du bouleversement colonial à un « avant » toujours reculé, se mêlent aujourd'hui comme naguère diverses sensibilités, selon la prudente expression consacrée. Mais l'interrogation sur le politique et ses dimensions symboliques, particulièrement dans les genèses de l'Etat, en est une sorte de leitmotiv. De même, les données ressortissent ici à plusieurs régions de la planète au premier rang desquelles, néanmoins, nous retrouverons encore l'Afrique... Pour un moment.

Certes, l'« histoire », l'« anthropologie historique » et l'« ethno-histoire » (bien que ce dernier terme semble aujourd'hui moins en vogue) figurent aux programmes – intitulés ou sous-thèmes – d'un nombre croissant de groupes de recherche qui à eux tous couvrent une bonne partie du monde qu'embrasse l'ethnologie. Et l'on pourrait citer des travaux bien connus concernant l'évolution des systèmes politiques en Asie du Sud-Est ou des pouvoirs dans certaines populations des Andes, du Bassin caraïbe et d'autres secteurs de l'Amérique centrale ou méridionale, même si dans ces deux derniers cas, l'histoire n'a pas encore donné son plein rendement[21]. A vrai dire, avec l'approfondissement de telles recherches, vont de pair l'ouverture difficile de l'anthropologie vers de nouveaux terrains d'enquêtes cadrant des problématiques spécifiques (péninsule arabique, région du Golfe persique, Indonésie...) et le développement en Océanie (l'ethno-histoire n'en est plus absente) d'une ethno-archéologie évidemment plus sensible, elle, aux questions de peuplement, de techniques anciennes et de démographie. Quant aux Proche et Moyen-Orient, espaces « historisés » et « politiques » s'il en est, ils paraissaient, déjà avant de récents événements, connaître la défaveur des anthropologues français (cf. Bernand & Digard 1985 et 1986 ; voir cependant l'exemple de Montigny-Kozlowska 1983) ; on comprend pourquoi depuis peu la question n'est vraiment plus là – et on connaît hélas les autres mondes qui pour les mêmes raisons se ferment à l'observation. Mais n'oublions pas pour autant les effets des curieux rapports ayant de longue date confronté, en France, les traditions orientaliste et anthropologique. Ces relations seraient à comparer avec les tenants et aboutissants de la place à part qu'occupent les études indianistes, et du rôle qu'y a joué la haute figure singulière de Louis Dumont (1975, 1977, 1979 [1966]...)[22].

Il est vrai que certaines approches groupées thématiquement transcendent en principe les divisions géographiques. Mention spéciale doit sur ce point être faite, une dernière fois, des acquis dus à l'étude des sociétés de pasteurs nomades. Sur le registre techno-écologique, mais aussi historique et politique, elle s'est sensiblement développée et renouvelée en France pendant les années soixante-dix, notamment grâce à l'activité du groupe « Ecologie et anthropologie des sociétés pastorales » (voir l'important ouvrage collectif publié sous sa responsabilité voici douze ans : EASP 1979)[23]. L'étude de

---

21. Cf. entre autres Condominas 1974 et d'autres travaux du même auteur sur l'Asie du Sud-Est ; « *Anthropologie historique des sociétés andines* » 1978, éd. scientifique de J. Revel, J. V. Murra et N. Wachtel – voir aussi les nombreux travaux de ce dernier auteur sur l'histoire et l'ethnologie des cultures andines ; sur l'Amérique centrale, l'Amazonie, et les Andes, se référer notamment aux investigations du CERMACA et du groupe de recherche AMAZAND (« Histoire et anthropologie des relations entre les sociétés amazoniennes et andines »).

22. Sur le versant anthropologique (ethnotechnologique, aussi) de ce partage des traditions dans les deux champs considérés, voir entre autres les travaux de Geneviève Bédoucha (1987) : la question de l'eau dans une société oasienne de Tunisie, et de Marie-Claude Mahias (1985) : l'alimentation chez les Jaina de Delhi.

23. Sur le problème des faits concomitants du pastoralisme nomade, certains éléments d'une contre-épreuve comparative sont apportés sous le jour ethno-historique

ces sociétés converge avec une révision conceptuelle en matière d'analyse parentaliste (cf. Bernus, Bonte, Brock & Claudot, éd., 1986...). Notons qu'après d'autres dialogues, un colloque récent (juin 1989) associe, dans cette réévaluation générale, l'histoire – y compris ancienne – à l'anthropologie comparatives, tout en la focalisant sur « Le mariage dans un degré rapproché ». Et avec certaines recherches de E. Bernus, P. Bonte, A. Bourgeot, J.-P. Digard, M. Gast, C. Hamès..., l'on revient aux investigations centrées sur le pastoralisme lui-même. Son étude historique s'appuie le plus souvent ici sur les cas maure ou touarègue, en recoupant par d'autres aspects le domaine arabo-berbère (grâce par exemple aux travaux de Cl. Lefébure et du groupe « Anthropologie comparative des sociétés musulmanes », ou à ceux de G. Albergoni – 1990).

Mais de quelle façon l'« étatique », ou le « pré-étatique », naît-il de configurations dites segmentaires et lignagères ? La même catégorie de sociétés a là encore vertu de cas de figure spécialement révélateur, non sans rapport, derechef, avec les dynamiques de la parenté. Et déjà, beaucoup de ses spécialistes cités plus haut nous rapprochent, en traitant ce thème, du cœur d'une question comparable depuis longtemps posée aux ethnologues : les modes de formation des royaumes africains dans leurs rapports avec des sociétés sans Etat (puis avec le monde arabe ou l'Occident), les idéologies du pouvoir, ou ses fondements symboliques et son langage.

C'est là que bien des chercheurs, sous l'influence variable du marxisme, ou du structuralisme et d'autres lectures du symbolique, se sont en tout cas rejoints sur un point : ils font de l'histoire, beaucoup d'histoire... et certains peuvent comparer leurs récits et discuter leurs données, sinon toujours mettre en accord leurs interprétations. Celles-ci concernent le rôle assumé, dans l'apparition des « classes » ou dans la construction de différentes « formations politiques », par la guerre, les antagonismes lignagers ou autres, l'esclavage, les espaces d'échange et le commerce à longue distance, et en particulier, les rapports entre politique et religieux – qu'est-ce au juste que la « royauté sacrée » ?[24]

---

par François-René Picon (1983) ; les travaux de Martine Garrigues-Cresswell (1987) sur l'Atlas marocain relient ce problème aux frontières de la transhumance et à la question de la « complémentarité verticale » dans les régions montagneuses.

24. Sur tout cela et sur chaque éclairage, je renvoie aux publications de M. Abélès (1983), A. Adler (1979, 1982), J. Bazin & E. Terray, éd., (1982), Cl. Meillassoux (1986), Cl. Meillassoux, éd. (1975), L. de Heusch (1982), S. Tcherkézoff (1983), E. Terray (1979), J.-P. Warnier (1985), et j'en passe évidemment. (Sur une démarche anthropologique applicable *aussi* dans l'analyse de l'Etat *hic et nunc*, cf. Abélès 1990.)

Mais significatives au plus haut point de la volonté de restituer la durée dans la logique du devenir de quelques « collectifs historiques » africains, me paraissent plusieurs monographies approfondies, telles les thèses d'Etat que l'on doit à Cl. Tardits (1980, pour le royaume bamoum), à M. Izard (1980 – voir aussi 1985 –, pour le Yatênga), à E. Terray (1984 a) : royaume abron du Gyaman... (Cependant, sur les différences qui distinguent en principe l'histoire que pratiquent les historiens et celle à quoi s'essaient les ethnologues, voir A.-C. Taylor 1988, que nous retrouverons *in fine*.)

Histoire, et anthropologie de l'historicité vécue de sociétés autres, c'est là le fond des dernières démarches citées : « l'anthropologie politique [...] fait cause commune avec l'histoire, alors qu'elle se vouait précisément à l'étude des sociétés "sans histoire" » (Izard 1988 : 695). S'y rattache de ce fait, comme d'ailleurs à toutes celles qui viennent d'être évoquées, l'examen fort attentif des discours que les corps sociaux tiennent sur eux-mêmes ou sur autrui en procédant ainsi, par la tradition orale et l'« histoire mythique », à une sorte de création continue – contradictoire et conflictuelle – de la société dans son ensemble, des alliances, des antagonismes, des pouvoirs.

Parmi les nombreuses recherches menées aujourd'hui dans cet esprit sur divers terrains, citons un ouvrage consacré aux articulations de la tradition orale kanak (Nouvelle-Calédonie) et des jeux complexes de la compétition sociale, telle qu'elle s'exerce en particulier dans les rapports d'alliance : A. Bensa et J.-C. Rivierre 1982 (voir aussi, des mêmes auteurs et dans la même veine, un article paru en 1988). A ce propos, le lecteur a peut-être en mémoire ce que disait Lévi-Strauss, il n'y a pas bien longtemps, des « corps intermédiaires » rivaux qui « s'approprient les mythes » pour « rehausser leur prestige » dans des sociétés il est vrai moins couramment passibles d'historisation par leurs spécialistes attitrés (cf. Lévi-Strauss 1979, 1983 a, 1984 et ici même, pp. 77-78).

Terminons le survol avec le retour en force de l'ethnologie sur le terrain des sociétés occidentales, et singulièrement sur le territoire français. Il ne s'est produit et surtout, n'a acquis droit de cité – mais en rejoignant des bases peut-être plus anciennes – qu'avec un certain décalage en regard des prémices d'une inflexion analogue chez les anthropologues anglo-saxons. Le cas de l'Allemagne (cf. Chiva & Jeggle, éd., 1987) mais non moins utilement ceux de l'Espagne, de l'Italie, de l'Europe de l'Est ou même du Japon mériteraient d'autres commentaires, eux-mêmes à opposer aux considérations sur des ethnologies « nationales » pratiquées dans des pays depuis longtemps fournisseurs de « terrains » pour l'anthropologie occidentale classique, comme le Brésil ou le Mexique... Ce retour se révèle du reste lié, d'où l'intérêt des comparaisons en germe, à deux ordres de facteurs contextuels, pour n'en pas dire plus : associé comme d'autres tendances – ainsi « l'anthropologie historique », façon, par surcroît, de se replier sur l'histoire, sur la « donnée de seconde main » – aux retombées de la décolonisation et à l'évanescence concomitante des objets premiers de l'ethnologie, dissolution qui met en cause, c'est là encore trop vite dit, l'imaginaire occidental dans son mouvement relatif. Et ce retour sur soi est dans le même temps sollicité par les changements en apparence accélérés qui parallèlement, affectent des composantes « traditionnelles » des nations « modernes » – vie rurale et coutumes urbaines.

De là un renouveau de (re-)conversions qui pour comble ont lieu dans une ambiance intellectuelle où se sont noués des rapports et se poursuit un dialogue à nul autre pareils entre historiens et ethnologues, relation souvent réfractée dans l'anthropologie historisée de l'exotique évoquée plus haut.

Proche, et pourtant si difficile à saisir, écrivait Hölderlin – ou quelque chose d'approchant. La bonne distance se cherche cas par cas. Depuis longtemps, des professionnels français se sont intéressés à des « plages de survivance ». Ils perpétuaient par là, y voyant quelquefois des proportions nouvelles grâce à la connaissance mieux diffusée de sociétés lointaines, l'héritage inestimable des folkloristes, d'érudits passionnés, de certains historiens du local ou de la « culture populaire ».

Voyez les travaux qu'ont accomplis pendant de longues années des chercheurs et muséographes dans des institutions locales ou dans le cadre du Musée de l'Homme et du Musée des Arts et Traditions Populaires (cf. également à ce propos la revue *Ethnologie française*). De plus fraîche date, s'est grandement accru le nombre des anthropologues mûris par l'expérience de l'exotique – et surtout des nouvelles recrues – qui viennent grossir les rangs de ces premiers spécialistes. Processus dont une des origines est l'élan, dans les années soixante-dix, des mouvements « nationalitaires » en quête des racines d'une identité culturelle distinctive, en France ou ailleurs en Europe : c'est par exemple le cas des travaux qu'a conduits J. Pitt-Rivers sur les mouvements régionalistes du Sud-Ouest de l'Europe, ou encore de ceux de J. Lacroix sur la dynamique du mouvement occitan...

Il y a là un complexe entrelacs de cheminements qui jouxtent ou pénètrent les domaines de la « sociologie rurale » et, à l'autre pôle, d'une certaine « nouvelle histoire » – on connaît les influences de l'Ecole des *Annales* et le travail de ses successeurs –, si ce n'est même de l'histoire la plus traditionnelle[25].

Les monographies à la fois thématiques et historiques de communautés rurales, de sociocultures régionales surtout françaises, méditerranéennes ou balkaniques, se sont multipliées, avec les travaux et publications de P.-H. Stahl, G. Drettas..., sur les Balkans, de S. Damianakos, M.-E. Handman, M. Couroucli, B. Vernier, M. Xanthakou, sur la Grèce, ou les recherches de G. Lenclud sur le thème « Patronage et clientélisme en Méditerranée occidentale » et la thèse sur la Corse de G. Ravis-Giordani (1983). Elles placent l'étude des « sociétés paysannes », ainsi que de nouvelles configurations culturelles ou des dynamiques sociales inédites saisies dans leurs spécificités locales, à des niveaux d'objectivation – analyses de la parenté ou d'autres principes d'affiliation, traitements du symbolique, des savoirs et des programmes de vérité « traditionnels » – qu'a rendus pertinents le comparatisme de l'anthropologie classique, mais qui dans un tel cadre appellent des réajustements, sinon des reconstructions. Car de ce cadre surgit d'emblée, avec une particulière évidence, le problème des effets en lesquels se composent la mémoire historique de communautés d'échelles variables et la temporalité de la « modernisation » qui diffuse de nouveaux moyens matériels mais aussi les exigences notamment politiques et juridiques de l'Etat – y compris quand celui-ci « décentralise ». De ces approches ethnologiques, les méthodes dites plus sociologiques sont parfois étroitement complémentaires (cf. la belle étude du sociologue J.-C. Combessie – 1989 – sur une région rurale andalouse)[26].

---

25. Voir sur ces deux questions nombre des articles qu'a publiés *Etudes rurales* depuis sa fondation, mais aussi, sur le second point, bonne part de ceux qui figurent dans la revue *Annales ESC (Economies, Sociétés, Civilisations),* fondée en 1929 par les historiens Lucien Febvre et Marc Bloch ; on notera les thèmes de quelques-uns de ses numéros spéciaux parus depuis une quinzaine d'années : « Famille et sociétés », « Histoire et structures », « Anthropologie en France », « Histoire et sciences sociales »... Rappelons dans le même esprit la création de la « Bibliothèque d'ethnologie historique », collection des éditions Flammarion). Quant aux rapports renoués avec l'histoire traditionnelle, en témoignent les récentes orientations de recherche de quelques ethnologues, par exemple, celles de Pierre Lamaison, axées sur les modes d'alliance et les stratégies matrimoniales dans la noblesse française et européenne.

26. Quelques titres, dans ces champs de réflexion, balisent parmi d'autres une quinzaine d'années d'anthropologie de la France : Jamin 1974 ; Burguière 1975 ; Favret-Saada 1977 ; Pingaud 1978 ; Verdier 1979 ; Lemonnier 1980 ; Segalen 1980 ; Zonabend 1980 et 1989 ; Claverie & Lamaison 1982 ; Delbos & Jorion 1984 ; Hell 1985 ; Vialles 1987 ; Guille-Escuret 1988 a ; Jolas & col. 1990 – recueil d'articles publiés sur dix années – ; plus globalement, Segalen, éd., 1989...

Ajoutons qu'à tout cela, l'« anthropologie urbaine », récente dans l'hexagone sous cette étiquette (Gutwirth 1982, 1988 a, Pétonnet 1968...) – quoique née avec l'Ecole de Chicago (Park & col. 1979 [1925]), puis augurée et prônée en France dès les années cinquante par Leroi-Gourhan, comme le rappelle Jacques Gutwirth (1988 b) –, livre la contribution de ses propres interrogations sur le changement dans la « modernité » : nouvelles zones de contact entre la ville et le reste – ou l'ethnologie et la sociologie –, nouveaux regards sur la taxinomie des « espèces culturelles » et leur construction conjointe du social, où parfois se perçoivent à mon sens les résurgences transatlantiques d'une *ethnomethodology* inopinément transplantée (cf. *supra* et Garfinkel 1984 [1967], Coulon 1987).

Ces évolutions présagent un foisonnement de problématiques neuves, d'autant qu'elles traduisent un commun déplacement. L'ethnologie de la France et de l'Europe tend en effet à former un ensemble où s'appliquent maintenant toutes les anthropologies possibles : écologiques, techno-économiques, politiques, études de parenté... Or, celles-ci trouvent de la sorte – puisque ici l'histoire est par l'histoire mieux documentée qu'au loin, où elle est simplement plus cachée – les données favorables et un surcroît d'impulsion au flux qui partout les anime : le changement de leur profondeur de champ, accès aux processus évolutifs par le biais de la concaténation temporelle des états de faits – ou à leurs moments de turbulence. Question d'échelle encore une fois.

Les approches des anthropologues d'obédiences diverses, et leurs méthodes de construction du réel, s'historisent donc quand elles mordent, comme c'est toujours davantage le cas, sur les faits afférents aux sociétés les plus « chaudes » : censées, entre toutes, « vouloir de l'histoire » et donc des historiens... et des anthropologues ; de ce que certains des seconds s'assimilent aux premiers par leur pratique de recherche, on ne saurait bien sûr induire la fusion imminente de leurs respectives maisons mères.

Nous reparlerons plus loin sur un autre registre de la question des « mondes historiques » qu'appréhendent les anthropologues (chap. 6). Mais il y aurait encore bien des détails à donner. Ainsi, sur le fait que la tendance évoquée ne peut manquer, en écho, de réexporter ses effets conceptuels dans l'étude des cultures extra-européennes... Après qu'en France, l'ethnologie du « synchronique » ait continué d'inspirer les historiens, suivis en cela par

---

(voir aussi tous les « Cahiers » de la collection « Ethnologie de la France » publiée depuis 1984 à Paris par les Editions de la Maison des sciences de l'homme).

quelques brillants antiquisants qui édifient une anthropologie de la Grèce ancienne (notamment), porteuse à son tour de nouvelles et véritables « matrices d'histoire », comme le note André Burguière (rappelons les travaux bien connus de Marcel Detienne, Nicole Loraux, Giulia Sissa, Jean-Pierre Vernant, Pierre Vidal-Naquet et d'autres...). On notera en outre l'intérêt des échanges de vue ou collaborations qui se développent entre ethnologues et historiens de domaines très divers. Et ce, de la meilleure manière, c'est-à-dire sans que soient gommées les difficultés inhérentes à la disparité des points de vue ou des méthodes[27]. Mais il est temps en l'occurrence de revenir sur nos problèmes de fond.

---

27. En témoignent par exemple le colloque de Paris sur le mariage « proche » (cf. *supra*) ou, fort accessible aux non-spécialistes, une récente *Histoire de la famille* (Burguière & col., éd., 1986).

DEUXIÈME PARTIE

De la nature humaine à celle de l'ethnologie

4

Ethnologie, science : les sociétés contre l'esprit

Sortir de l'histoire ?

Revenir sur le fond, ai-je proposé à la fin du chapitre précédent ; nous y sommes. Mes vues n'ont sans doute rien d'inédit quant à l'inventaire. Mais elles passent par un prisme choisi pour contraster les adhérences de recherches très variées – et il y en a d'autres – aux diverses conceptions de la stabilité et du changement, toujours couplées mais souvent tacites dans l'énoncé des travaux anthropologiques. En outre, ceux-ci concourent, ouvertement parfois, à dévoiler quelques régularités ou contraintes invariantes que recouvre la variété culturelle ; mais entre quelles limites et dans quel règne – la société, l'esprit humain ou autre chose –, c'est toute la question, dont dépend leur commensurabilité.

Dois-je maintenant subsumer d'un mot tout ce qui précède : l'« historisation », une tendance lourde de l'anthropologie française contemporaine ? S'il n'y a pas là le seul effet d'une illusion d'optique personnelle – dont n'est exempt aucun « état des lieux », même collectif, et c'est fort bien ainsi pour le compilateur qui en ethnologue les confrontera tous sans craindre la régression infinie –, alors il y a beau temps que des anthropologues s'attachent en quelque sens à décrire et même analyser des moments ou des lieux de « turbulence ». Le tout restera bel et bien de comprendre ce qu'en chaque cas, ainsi parler veut dire sans trop se payer de mots valorisés par une physique en vogue : la turbulence est la donnée type de la « science du désordre ». Chez Lévi-Strauss cependant, l'allusion à ce terme, déjà citée – l'ethnologie doit maintenant « s'attaquer aux turbulences » –, indique sans doute qu'une certaine sorte d'anthropologie, défiée par l'historiographie de l'exotique ou du proche, doit, de l'histoire, faire reculer çà et là le désordre apparent, la contingence : mais c'est au fond, pour lui, avancer vers l'horizon.

A cette discussion qui viendra en son temps, il faut toutefois un préalable conséquent. Car j'ai ci-devant, en conscience, presque passé sous silence un trait qui selon toute apparence n'illustre guère les sérieux apanages dont, chez nous, jouissent comme tels le changement et les mutations sociales aux yeux de beaucoup d'ethnologues. L'analyse en termes d'histoire de sociétés fort nombreuses promet assurément de gagner encore du terrain. Des signes avant-coureurs en sont lisibles jusque dans certaines branches de la socio-écologie animale. Voyez à ce propos un article de Guille-Escuret (1984) : l'Animal (en société), le Pongidé (mais pas seulement), est mûr pour l'analyse historique ; historisation de l'éthologie animale dont déjà Lévi-Strauss (1984 [compte rendu de cours, année 1959-1960] : 29) évoquait les prémices il y a quelque trente ans, à propos d'études, maintenant bien connues, conduites au Japon sur les singes *macaca fuscata*.

« L'histoire n'est pas liée à l'homme, ni à aucun objet particulier. Elle consiste entièrement dans sa méthode », remarquait d'ailleurs le même Lévi-Strauss à la même époque au fil d'une célèbre discussion de la *Critique de la raison dialectique* (Sartre 1960). Mais plus loin : « c'est l'histoire qui sert de point de départ [et non d'arrivée] pour toute quête d'intelligibilité [...] l'histoire mène à tout, mais à condition d'en sortir » (Lévi-Strauss 1962 b : 347 et 348 ; elle mène à tout, à condition d'en sortir, disait Alphonse Allais, mais de la logique).

On ne peut mieux dire. L'histoire ainsi comprise, les historiens eux-mêmes en sortent – comme l'ethnographe, de l'observé – quand de la censément « pure » donnée que fournit la méthode, ils cherchent l'explication sociologique, déjà en sous-main dans la sélection des données antécédentes ou concomitantes ; car partout, « la méthode, c'est le choix des faits », écrivait Henri Poincaré pensant à la physique. Et Paul Veyne (1986 : 96, 95 et 97) : « La frontière qui sépare l'histoire de la science n'est pas celle du contingent et du nécessaire, mais celle du *tout* et du nécessaire » ; « les événements humains se prêtent à l'explication scientifique ni plus, ni moins que ceux de la nature ; ils s'y prêtent pour une petite partie qui présente un caractère nécessaire, général, infaillible », car « si tout est déterminé, tout n'est pas déterminable » – comme en météorologie, ajouterais-je en pensant au « chaos déterministe », un oxymore qui nous arrêtera plus bas.

Or voici : pendant que s'accélère l'histoire – ce Tout, ne porterait-elle même que sur l'anthropologie en France –, celle qui historise ou pour le moins dynamise les objets construits par bon nombre d'ethnologues (la « tendance lourde »), des pressions différentes persistent ou se renouvellent. Et c'est bien là ce dont j'ai laissé le commentaire en suspens.

Structures sociales ou structure mentale

Dan Sperber : « Tous les véritables acquis scientifiques se situent dans le cadre d'une ontologie matérialiste » ; « Une anthropologie culturelle doit comporter – je serais tenté de dire : doit être – une épidémiologie des idées ». Des idées : entendons des représentations, lesquelles, dans leurs versions « publiques », s'offrent à l'observation sous les « formes culturelles » de « mythes », « croyances », « classifications populaires », techniques « traditionnelles » ou même « institutions », du mariage par exemple... Des « entités immatérielles », est-il déploré (Sperber 1982 : 42 et 1987 : 104) ; mais y a-t-il contradiction ? Pas comme le laisserait croire mon collage. Tel est en tout cas l'unique chemin à prendre, estime Dan Sperber, pour une anthropologie qui brigue le statut de vraie science, et de science vraiment théorique. Une science qui désormais sait ce qu'elle vise, grâce à l'avance de la psychologie cognitive, portée par l'essor du paradigme « cognitiviste » ; et ce n'est pas d'hier qu'outre-Atlantique, celui-ci gagne des ethnologues à sa cause, d'où la naissance puis le déclin de la *« New ethnography »*, certaines greffes sur l'ethnoscience et les plus récentes *« directions »* en *Cognitive anthropology* (cf. Dougherty, éd., 1985).

Une excursion dans l'anthropologie nord-américaine, loin de nous égarer, doit ici éclairer notre propos : la question est compliquée, ne serait-ce que par certaines ambiguïtés du jargon professionnel.

Dans les acceptions qu'imposa une tradition étasunienne dominante, l'ethnoscience et l'anthropologie cognitive se confondent pratiquement (même si le premier terme est plus ancien). Elles trouvent leurs communes racines dans l'intérêt des ethnologues pour les taxinomies qui, chez les peuples exotiques ou chez nous, à l'état de traces et dans certains districts, divisent le monde – naturel, social, surnaturel selon nos propres catégories très générales – en différentes classes d'êtres ou suivant divers principes d'opposition, de hiérarchie et d'assimilation. Aussi beaucoup de spécialistes du domaine ont-ils dès leurs premiers pas salué la réflexion inaugurale de Durkheim et Mauss (1969 [1903]) sur « ... quelques formes primitives de classification... ».

Mais les deux grands savants français voyaient en dernier ressort l'origine de pareilles formes, relatives à la nature et à la surnature, dans les segmentations – projetées en « représentations collectives » – des sociétés mêmes dont elles procèdent (divisions en phratries, clans, sections, etc.), conformément à ce primat du social sur l'intellect et le symbolique qui resta presque toujours leur postulat de méthode. Nul sociologisme en revanche, c'est bien le contraire, du côté de la *New ethnography*, née dans les années cinquante aux Etats-Unis et qu'inspiraient certains enseignements de Franz Boas, par Kroeber ou Lowie interposés. Or, cette « Nouvelle ethnographie » se qualifiait à la fois de *cognitive anthropology* – voir par exemple les principaux textes de l'école, réédités sous ce titre (Tyler, éd., 1969) –, d'*ethnoscience* ou même d'*ethnosemantics*, ce qui ne simplifie pas les choses.

Les « nouveaux ethnographes » s'appuyaient sur l'analyse des catégories sémantiques en vigueur dans telle ou telle société pour saisir la singularité partielle et l'organisation interne de la *worldview* ainsi découpée – « perception de l'univers » ou « image du monde » (le monde : cosmos, milieu naturel, corps humain ou social). De la sorte, celle-ci est rendue révélatrice d'*une* culture : c'est-à-dire, sous ce jour, d'une sorte de grammaire, le système local des divers « codes » constitués par les classifications prises en compte, lesquelles manifestent dans l'ordre linguistique-sémiotique autant de domaines cognitifs ou types de savoirs sur le monde ; y compris sur la société et sur l'homme, j'y insiste car l'un des moments forts du mouvement fut l'application de l'« analyse componentielle », technique élaborée par des linguistes, à diverses nomenclatures de parenté surtout, et moins souvent aux typologies « populaires » des maladies. Tout cela traduit l'ascendant des modèles linguistiques et du sémiologisme prévalant à l'époque, ainsi que la prégnance de l'« hypothèse Sapir-Whorf » : en très bref, puisque chaque langue construit son propre réel, c'est toute une culture particulière qui doit lui correspondre. D'où bien sûr un certain relativisme cognitif. Mais vient ensuite la tendance inverse : c'est encore l'évolution de la linguistique qui – passé l'habituel délai des diffusions interdisciplinaires – va contribuer, non sans médiations, à l'infléchissement de l'anthropologie dite cognitive, cette fois vers le dévoilement d'universaux transculturels (innés ?) des *worldviews* : donc, dans cette perspective, de l'esprit humain.

Le programme de recherche générativiste mis en oeuvre il y a plus de trente ans par le linguiste Noam Chomsky (*Syntactic Structures* 1957) et aujourd'hui encore en développement, vise à déceler, sous la profusion même des langues, les contraintes générales de la « grammaire universelle » manifestant les propriétés, spécifiques face à d'autres fonctions cognitives, d'un dispositif inné : l'« organe mental » du langage (pour un survol, voir Chomsky 1977). Recherche d'universaux qui bientôt voit poindre son analogue sur deux registres de l'ethnoscience dans l'acception précise d'*étude des « ethnosciences »*, autrement dit des connaissances vernaculaires sur le monde physique, pendant qu'on délaisse la notion de grammaire comme modèle de la culture : elle s'est faite trop contraignante de par la puissance que lui octroie maintenant la linguistique générative. L'étude comparative, d'abord, de la classification des couleurs – jusque-là cheval de bataille des relativistes – révèle, grâce à un ouvrage qui fera date (Berlin & Kay 1969), que les frontières tracées dans le spectre par différentes langues, de richesses lexicales pourtant inégales en la matière, n'ont sur le fond rien d'arbitraire car un ordre transculturel les gouverne.

Mais nombre d'autres travaux, surtout en ethnobiologie, vont aussi battre en brèche le relativisme sur un terrain tout aussi jalonné, la recension des taxinomies botaniques et zoologiques « populaires », dont la recherche pionnière de Conklin (1954, 1962...) constitue une référence obligée. Que ressort-il de leur confrontation ? Ceci : par delà quelques curieux écarts qui doivent s'expliquer (Bulmer 1967, Atran 1986...), une remarquable correspondance mutuelle de ces diverses classifications sur le plan *structurel* et, *à ce niveau-là du moins*, leur compatibilité foncière tout aussi frappante avec la systématique des scientifiques occidentaux[1].

Les principes de pareilles *taxinomies*, cette fois au sens strict, diffèrent des classements traditionnels relatifs par exemple aux objets fabriqués, lesquels – contrairement aux premières – découlent de critères fonctionnels et multiples qui peuvent, en se combinant, susciter des classes non exclusives bien que de même rang.

Ces questions aussi restent semble-t-il controversées. On notera cependant l'intérêt que présenterait, à plusieurs égards, le traitement comparatif des arrangements variables qui classent, parmi les autres et en plusieurs catégories, l'espèce « humaine » (cf. diagrammes au verso, exemples figurant la taxinomie des Fang du Cameroun et, de façon très simplifiée, certains principes ou critères de l'« échelle de couleurs » martiniquaise).

De tels faits, c'est indéniable, nous instruisent sur certaines

---

1. Constat dressé tant du côté des naturalistes (Gould 1982, chap. 20) que dans le camp des anthropologues spécialisés (Atran 1986) ; nous y reviendrons en fin de parcours, avec une interprétation toute différente dans ce domaine d'objets (Jorion 1989 a).

A. Les changements dans les catégories des Fang, concernant les "humains"
(tiré de Fernandez, 1972, p. 42)

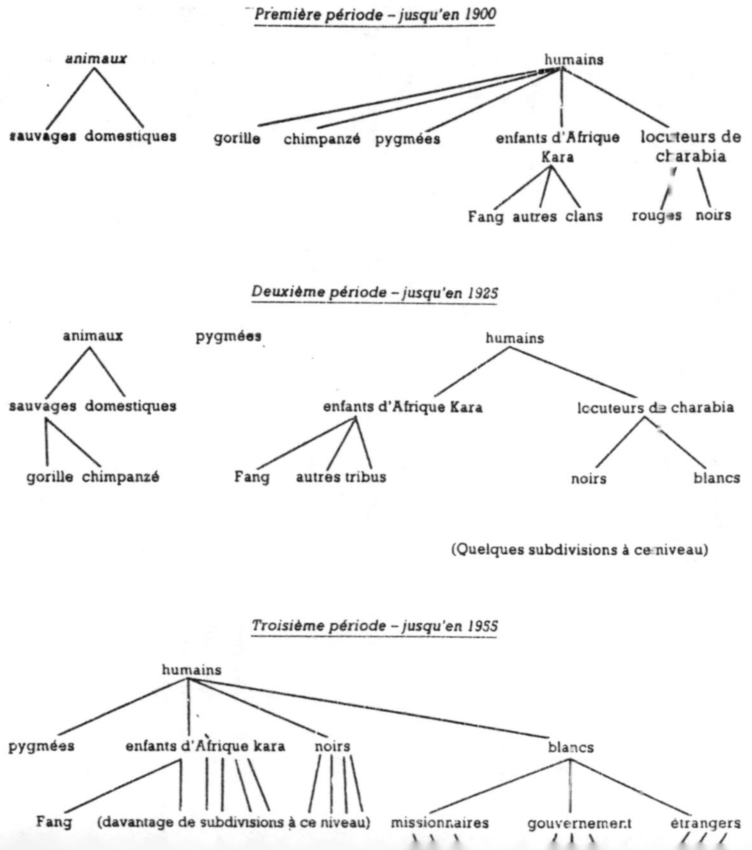

Sources : A. Diagramme extrait de Jahoda 1989 : 293
B. Diagramme extrait de Giraud 1979 : 93.

B. L'échelle de couleur à la Martinique

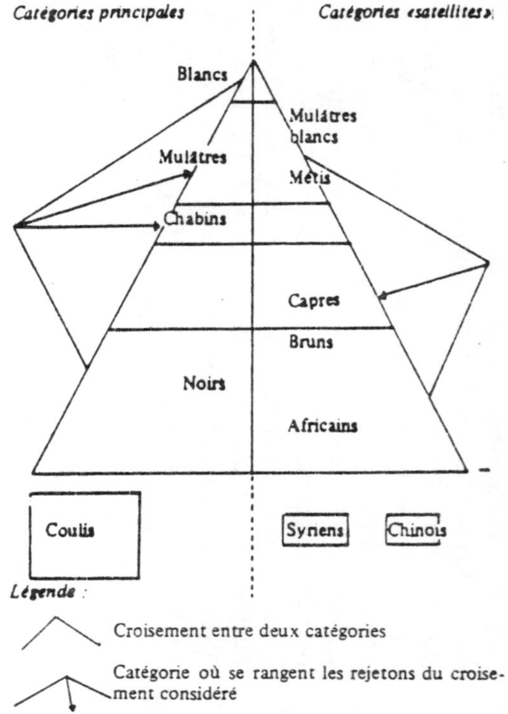

propriétés de la cognition à l'échelle de l'espèce humaine. D'autant plus lorsqu'ils sont établis ou rassemblés à cette fin, comme cela transparaît chaque fois davantage des travaux évoqués ci-dessus ; est-ce pourtant toujours le cas ? Non, ainsi qu'il appert surtout quand on oppose schématiquement ces démarches, sans ignorer les influences réciproques, à ce que fut en France la tradition de recherche la plus proche.

Celle-ci renvoie à quelques géographes, botanistes et folkloristes du tournant du siècle (français et nord-américains : cf. Barrau 1989). Elle s'édifie là aussi sur l'examen des modalités locales de l'« histoire naturelle populaire » (vieille définition du folkloriste Eugène Rolland – *ibid.* ; on parle maintenant, et depuis longtemps, d'ethnobotanique et d'ethnozoologie). Mais ses protagonistes tendent plutôt – et sans jamais se couper totalement d'une perspective socio-écologique (voir chap. 3) – à relier les données de l'environnement avec *ce que les hommes en disent, ce qu'ils en savent et ce qu'ils savent en faire*.

Nous retrouvons ici comme cas limite les travaux d'André-Georges Haudricourt, qui conjoignent l'histoire ou l'ethnologie des techniques, l'ethnobotanique, l'ethnolinguistique ou – bien loin du chomskysme – la phonologie évolutive... (Haudricourt 1987, Haudricourt & Jean-Brunhes Delamarre 1986 [1955], Haudricourt & Hédin 1987 [1943], Hagège & Haudricourt 1978...). Les enseignements de ce savant original, la faveur dont a joui dans notre pays l'anthropologie marxiste, la séduction qu'exerça l'œuvre de Lévi-Strauss et spécialement *La Pensée sauvage*, en l'occurrence (cf. chap. suiv.), voilà ce qui a marqué la formation des anthropologues français attachés à l'étude des savoirs naturalistes « traditionnels ». De là – comme le note l'un de ces chercheurs, Claudine Friedberg (1987) – leur souci particulier de mettre en rapport les modes de connaissance de la nature avec les pratiques techniques, les savoir-faire et les représentations symboliques. Plus encore : en France, les problématiques de l'ethnoscience semblent vouloir associer telles « images » d'un monde physique, sinon constamment à tout l'ensemble singulier de leurs corrélats socioculturels et écologiques, pour le moins au système de pensée bien localisé dont elles sont des composantes. Différence, donc, avec l'orientation américaine évoquée précédemment ; contraste qu'au risque de forcer le trait l'on pourrait ancrer, même ici, dans une alternative pour nous récurrente : science *des* sociocultures ou science de l'esprit, anthropologie comparative (« culturelle », « sociale ») ou psychologie (cognitive et universaliste).

Pourquoi, du reste, en irait-il autrement ? Les mouvements endogènes de l'ethnologie ne sont bien entendu pas seuls en cause. Le style de pensée et les enjeux théoriques à long terme qu'implique la recherche d'universaux cognitifs par certains anthropologues étasuniens sont de toute évidence étroitement apparentés à ceux d'autres disciplines dont le commerce mutuel est lui-même permanent outre-Atlantique : la philosophie du langage anglo-saxonne dans son avatar connu sous le nom de « philosophie de l'esprit » (Davidson, Strawson, Searle, Putnam, Fodor...), les développements récents des sciences cognitives (psychologie, psycholinguistique, logique formelle, intelligence artificielle, neurosciences...), outre la linguistique générative déjà mentionnée[2].

D'ailleurs, aux Etats-Unis, l'ethnologie fut partie prenante dès l'immédiat après-guerre dans le projet d'une « science de l'esprit », notamment lorsque se développa la « première cybernétique », à l'occasion de fameux colloques organisés par la Fondation Macy, auxquels participaient, entre autres, les anthropologues G. Bateson et M. Mead (cf. Bateson 1977 et Andler 1990). Signalons enfin qu'à présent (1991), une tendance proprement cognitive de l'anthropologie y veut non seulement élucider les données de l'ethnoscience, mais plus généralement – disent les experts – préciser encore des hypothèses sur les contraintes psychologiques qui sous-tendent l'ensemble des processus d'apprentissage d'une culture (croyances, raisonnements, mémorisation...).

Tous ces rappels ne font que reculer la question du « pourquoi » – sur la raison du contraste international. Mais une fois noté celui-ci, et comme chacun sait qu'ici, c'est seulement de fraîche date que les sciences cognitives et la philosophie ultramarines commencent d'être un peu moins méconnues des non-spécialistes, Sperber, nourri, lui, de ces disciplines et de linguistique chomskyenne, paraît pour le moment d'autant plus singulier, par ses conceptions, dans le champ de l'anthropologie française. Du même coup cependant comprendra-t-on mieux ce qui le porte, depuis longtemps, à s'exprimer comme suit.

> « La diversité culturelle n'est intelligible que si l'on reconnaît à *Homo sapiens* des aptitudes cognitives à la fois puissantes et contraignantes, permettant [cette diversité] et lui imposant des limites » (Sperber *in* Jorion & Sperber 1988 : 26) ; « les capacités

---

2. Sur ce dernier point, notons au passage que pour un Chomsky, la linguistique est une branche de la psychologie cognitive qui relèvera un jour ou l'autre de la neurobiologie – en laquelle, selon la philosophe Patricia Churchland (1986), il faudrait enraciner aujourd'hui la psychologie et la philosophie de l'esprit qui doit se faire « *neurophilosophy* » : avis toutefois contesté.

humaines d'apprentissage sont phylogénétiquement déterminées et culturellement déterminantes. Elles sont déterminées de la même manière pour tous les membres de l'espèce ; elles ne sont donc pas déterminantes des *variations* culturelles, mais seulement de la *variabilité* culturelle [qui] est à la fois rendue possible et limitée par les capacités humaines d'apprentissage. L'anthropologie a cette possibilité et ces limites pour objets » (Sperber 1974 : 9).

Je récuse un vocable de circonstance qui ces temps-ci répute fièrement « cognitive » toute étude de « catégories » ou de « classifications indigènes » ou même de « savoirs traditionnels ». Car autrement, vu le nombre de recherches ethnologiques « cognitives » en titre ou en droit – leurs *données* nous disant à l'évidence toujours quelque chose de la cognition –, bien peu se distingueraient en fait. Il en va dans ce domaine comme, plus globalement, de l'engouement impétueux pour le cognitivisme qui remue quelques quartiers de la cité savante où l'on entend combler le retard français sur ce chapitre : « Il y a aujourd'hui une mode des sciences cognitives qui constitue un danger réel : celui de les voir recouvrir toutes sortes de recherches et que, recouvrant tout, finalement elles ne recouvrent plus rien », déclare un spécialiste des neurosciences (Imbert 1991 : 188 ; n'y a-t-il pas mode jusque dans le fait par exemple que des projets d'anthropologie politique fort classiques par leur facture apparaissent sous le titre d'un programme de recherche en sciences cognitives ?). Ces bornes admises, Sperber lui-même, je veux dire ses écrits, me semble en France l'expression proprement *anthropologique* la plus accomplie de ce jeune paradigme dans l'une de ses nombreuses variantes. En faire un parangon, ce n'est ignorer ni quelques autres brillants chercheurs qui partagent ses pré-requis (comme Scott Atran – notamment 1986), ni les réticences ou le surprenant silence de beaucoup de ses collègues français – et non des moindres – à son endroit, ni sa pensée radicale, donc son originalité (car après tout, « penser comme les autres, c'est ne pas penser », pensait Cummings : je pense comme lui). En revanche, cela revient à croire ceci : ignorer des tentatives comme la sienne – et en est-il d'autres ? –, c'est condamner « l'anthropologue » cognitiviste à rester un simple auxiliaire méthodologique, un collecteur de données au service de la psychologie cognitive classiquement expérimentale, un informateur au second degré sans problématique propre accédant à un autre « type logique », celui d'une sorte d'écologie. Devrait-on le déplorer ? C'est une autre histoire. Mais de ce projet, jugeons sur pièces.

Une ontologie moniste et vraiment matérialiste, nous dit en substance Sperber, voilà ce qu'il faut à l'anthropologie, en commun avec des disciplines avoisinantes. Et ce, pour y réduire à quia les concepts calamiteux qui la surpeuplent. Ils la paralysent, loin de La Science, dans une pléthore d'êtres de statuts indécis et en tout cas hétérogènes : le pouvoir, l'Etat, l'idéologie, le sacrifice, les classes, la parenté... outre parfois – distinguée de son opposé qu'elle détermine – « la part matérielle du social, en gros l'écologie et l'économie *[sic]* », cela pour les marxiens. Ont partie liée le règne écrasant de ces entités perverses et le fâcheux postulat, en effet fort gênant pour la visée cognitiviste, d'une spécificité ontologique du social... Ou alors le consternant dualisme qui, au fond, caractérise le marxisme, « mal digéré », inspirant encore certains *social scientists* – ce pseudo-monisme d'un matérialisme « vide » puisque auto-contradictoire. (Cf. Sperber 1987 : 108-109.)

Je précise : dans ce livre, j'emploierai désormais « ontologi(qu)e » non pas au sens usuel de la métaphysique – relevant de l'Etre en tant que tel, par delà ses « accidents » –, mais pour parler, d'ailleurs trop vaguement, des catégories du réel, « êtres » matériels, ou – parfois en attendant mieux – entités de pure raison, voire fictions utiles, au moins postulées par toute science empirique pour constituer ses objets (ou moyens) de connaissance (les « espèces » vivantes, les ondes gravitationnelles, les gènes, l'inconscient freudien, les structures sociales, les événements historiques, les techniques, la culture..., l'Homme...).

On sait maintenant par bonheur, grâce au progrès des sciences cognitives, notamment de l'intelligence artificielle, comment tout phénomène mental décomposable en opérations élémentaires *pourrait* se réaliser matériellement, de quelle façon il *pourrait* traduire un phénomène physique : l'état par exemple d'un système informatique... ou neuronal. (Aux dires de certains experts, peut-on lire çà et là, le hiatus de l'un à l'autre est loin d'être réduit ou s'avère plus profond que jamais ; les opinions sont partagées, mais laissons cela.) L'anthropologie disposerait donc d'une garantie scientifique, d'un réel de référence à long terme, le substrat en dernier ressort matériel des représentations – et tout le « culturel » n'est que représentations : *exeunt* ses catégories inconsistantes, ses immatériaux, ses vertus dormitives ; place à son véritable objet, la variabilité de la culture humaine – et non, au coup par coup, ses variétés – qu'expliquera un jour celle des états cérébraux et que limitent, à la Chomsky, les dispositifs cognitifs innés de l'espèce humaine.

Comment s'attrapent les idées

L'anthropologie exploite bien, selon ces vues, une psychologie matérialiste et rénovée ; mais l'anthropologue, psycho-écologiste, pour traiter la diversité en lieux et en temps des représentations culturellement partagées, doit employer des méthodes analogues à celles de l'épidémiologie. Car, *bis repetita*, c'est de la variabilité culturelle qu'il se veut l'analyste. Non des représentations mentales et publiques (états cérébraux partagés ou communiqués) en elles-mêmes, mais de leur distribution et de ses facteurs – « ce sont les interactions matérielles entre cerveaux et environnements qui expliquent la distribution [des] représentations » (Sperber 1987 : 112). Il n'y a là, paraît-il, aucune réduction psychologiste ou autre.

Pas plus à vrai dire qu'il n'est d'explication physicaliste dans le « fonctionnalisme » cognitif – la thèse dite de « l'identité occasionnelle » – dont semble s'être implicitement réclamé Sperber. Une thèse qui, en « philosophie de l'esprit » comme en psychologie cognitive, après Putnam – initiateur devenu autocritique de cette conception –, Fodor ou Johnson-Laird, assignait aux « états mentaux » les mêmes rôles causaux-fonctionnels qu'aux états par exemple d'un programme d'ordinateur : des rôles par suite indépendants de la *composition* matérielle du substrat, ce qui importe étant en l'occurrence le *software*, le programme, et non l'entité physique, artificielle *(hardware)* ou biologique *(wetware)*... D'où la légitimité d'un *objet d'explication autonome,* sans égard pour le milieu, mécanique ou organique, sous-jacent aux phénomènes étudiés.

Pas de réduction à la psychologie disions-nous, car celle-ci serait, dans cette optique, nécessaire *mais non suffisante* – comme la pathologie organique pour l'épidémiologie de telle ou telle maladie – à l'explication des faits culturels :

> « Cultural phenomena are ecological patterns of psychological phenomena. They do not pertain to an autonomous level of reality, as anti-reductionists would have it, nor do they merely belong to psychology as reductionists would have it » (Sperber 1985 a : 74) ; « Les faits socioculturels conçus sur le modèle épidémiologique sont des enchaînements écologiques de faits psychologiques : ils ne se réduisent pas à des faits psychologiques, mais ne peuvent pas non plus se définir indépendamment d'eux » (Sperber 1987 : 115).

En somme, l'anthropologie ne peut, ni se réduire à la psychologie, ni se passer d'elle : c'est à la lettre ce qu'écrit François Jacob (1970 : 328), mais à propos des rapports entre biologie et physique ; pour ce savant toutefois, « Avec chaque niveau d'organisation apparaissent des nouveautés, tant de propriétés que de logiques » *(loc. cit.)*. *Mutatis mutandis*, des propriétés ou des logiques, en tout cas des institutions, comme la prohibition de l'inceste ou la division sexuelle des activités – représentations à ce point « contagieuses » et prégnantes qu'elles sont universelles – me paraissent de prime abord rétives à toute explication dans les termes de la psychologie cognitive et même moyennant des *patterns* « idéo-écologiques » ; et pourtant, ce sont bien là des *bornes de la variabilité culturelle*... Mais j'anticipe.

Toute population humaine est habitée par des populations, à l'effectif bien supérieur, de virus – et de représentations : pourquoi certaines de ces dernières sont-elles plus contagieuses (plus stables et « répandues ») que d'autres, telle est à la lettre la problématique que Sperber propose à l'anthropologie. Qu'elle l'accepte et elle se fera science *puisque*, pathologique ou noétique, la « contamination », c'est – assurément ! – une série d'événements entre autres *matériels*...

Certes conformée à l'environnement de la psychologie cognitive, l'idée générale semble venir d'assez loin et son épidémiologie ne manquerait pas d'intérêt.

« Chaque homme héberge [...] une population d'idées, où figurent des espèces plus ou moins nombreuses et qui sont pour la plupart le résultat de communications venues des autres hommes », etc., écrivait Pierre Auger voici environ trente ans, filant lui aussi la métaphore bactérienne (Auger 1966 : 218-219 ; voyez en particulier tout le chap. VI – « Le régime des castes dans les populations d'idées » – de cet ouvrage d'un physicien célèbre qui ne manquait pas d'imagination). Puis Jacques Monod, dans *Le Hasard et la nécessité* (1970 : 208 notamment), rapprochait point par point l'évolution des idées de l'évolution biologique. Patrick Tort (1983 : 283 et suiv.) explique en quoi Ernst Haeckel, inventeur de l'*« Ökologie »*, fait sur le fond déjà montre au XIXe siècle d'une attitude du même ordre. Une imagerie darwinienne que de leurs côtés Popper et Kuhn, au passage, appliquèrent à l'histoire générale des sciences (outre ces deux auteurs, cf. Blanckaert 1988) ; apprécions aussi Heinz Pagels :

> « Les idées scientifiques peuvent disparaître. Toutefois, si elles existent longtemps, comme les cafards, comme les atomes, l'ADN et même les quarks, elles prennent alors place dans notre réalité tout simplement parce qu'elles ont brillamment survécu pendant fort longtemps. La science empirique est un système sélectif... » ; « Si les théories scientifiques ne parviennent pas à survivre, comme c'est le cas pour la plupart, leurs descendantes portent toutefois les

meilleurs "gènes" – les idées correctes – de la théorie précédente » (Pagels 1990 : 253-254 et 167).

Quant au modèle épidémiologique de la « transmission culturelle », on en trouve une modalité élaborée, mathématiquement formalisée, chez Cavalli-Sforza & Feldman (1981). Récemment, l'idée d'idées épidémiques se spécifiait au sein du milieu des représentations sociobiologiques.

Dans l'esprit d'un Richard Dawkins, elle se muait en *mème* (l'*analogon* du gène dit égoïste) – par exemple « la croyance en la survie après la mort » –, réplicateur du deuxième type (le gène, son modèle, incarnant le premier type) qui lui aussi se propage « comme un virus » mais en tant qu'état physique du système nerveux de ses « véhicules » humains et leur survit (Dawkins 1976, 1989 [1986]). Le mot provient de *mimème*, « unité minimale d'imitation » constitutive de la transmission culturelle, contrôlant le comportement de son « hôte », susceptible de « muter » – bien plus souvent encore que le gène – en se propageant. Mais cette notion a de nombreux ancêtres et collatéraux : *idene* de Murray, *cultural genotype* de Gerard, Kluckhohn et Rapoport, *mnemotype* de Blum, *sociogene* de Swanson, *concept* de Hill et même *culturgen* de Lumsden et Wilson (oui, Edward O. Wilson, le père de la sociobiologie, « nouvelle synthèse ») ; j'en passe et des meilleurs. L'anthropologue britannique Tim Ingold (1986 : 366) fait remonter cette généalogie de l'idée de représentations mentales subissant mutations et sélection jusqu'au philosophe William James (1898). Mais pour s'en tenir à la lettre et aux anthropologues, il faut bien sûr rappeler ce qu'écrivait Gregory Bateson :

> « Les questions que soulève mon livre sont bien des questions écologiques : Comment les idées agissent-elles les unes sur les autres ? Y a-t-il une sorte de sélection naturelle qui détermine la survivance de certaines idées et l'extinction ou la mort de certaines autres ? *Quel type d'économie limite la multiplication des idées dans une région donnée de la pensée ?* » (Bateson 1977 [1972] : 11)[3].

Si j'évoque généalogies ou convergences, ce n'est pas pour diminuer les mérites de notre auteur (qui d'ailleurs nomme en passant Dawkins, Cavalli-Sforza & Feldman ainsi que Wilson, mais

3. Une fois rédigé ce chapitre, j'ai pris connaissance du dernier livre d'Edgar Morin sur « les idées » et leur écologie, paru fin 1991. Beaucoup des auteurs ici mentionnés y sont cités ; mais pas Sperber lui-même (cf. Morin 1991).

pour s'en démarquer) : ils sont grands, car la fermeté de ses propos, systématiquement présentés – et pourpensés de longue main, ses écrits fort méthodiques en témoignent depuis vingt ans (Sperber 1973 [1968], 1974, 1975, 1979..., Sperber & Wilson, 1986...) –, cette fermeté, donc, fait un heureux contraste avec les références prudentes à une oiseuse « idiosyncrasie dans la diversité » qui ont en France souvent force de loi dans les gloses contemporaines du « projet anthropologique » (toutefois sensibles aux anathèmes et engouements minimaux qu'accréditent les dernières modes). Non, c'est parce qu'il s'affirme encore plus explicitement « matérialiste » que ses partiels devanciers ou homologues. Ce qui soulève, compte tenu de ses conceptions d'ensemble, quelques petites questions ou un très grand problème, selon le genre de savoir que l'on attend de l'anthropologie.

Partons d'un détail. « L'économique » ou « l'écologique », « part matérielle du social » (d'où ce navrant dualisme, etc.) ? Pas plus pour les marxisants – ceux du moins qui digèrent bien – que pour d'autres, ces deux catégories ne sont « de la matière », mais bien chacune (ou de plus haut, ensemble), *grosso modo,* un niveau ou une forme d'organisation ; faute de place, je renvoie sur cela à tous les bons auteurs et même à quelques médiocres. Il y a là système, réseau ou relation, ce qui bien sûr ne veut pas dire que la matière n'y est pour rien.

Nous voici au cœur d'une question : « la Science » doit-elle seulement ses succès à un monisme matérialiste ? Certes, les sciences de la nature se sont édifiées sur un postulat matérialiste, de la physique à la neurobiologie, et elles n'ont pas attendu les « neurosciences » ou « cognisciences » pour en croire Démocrite, Lucrèce ou Spinoza. Et bien des sciences de la culture n'apparaissent ni plus ni moins compatibles avec ce postulat que ne l'est l'épidémiologie sperbérienne : quel anthropologue songerait de nos jours à nier que les « représentations » correspondent à des états cérébraux ? Mais qu'est-ce qu'une « force » (Leibniz ou d'Alembert n'en voulaient pas et Poincaré y perdait encore son latin), une action à distance (certains cherchent bien des gravitons, mais la géodésique relativiste de l'univers, ça marche), un champ (d'aucuns se demandent si les particules, qui sont au moins virtuellement matérielles, ne *dérivent* pas des champs) ? Ou les ontologies sous-jacentes, si elles peuvent se définir, à la mécanique quantique, à la vision morphogénétique de la biologie d'un Waddington et de ses tardifs émules ? Et qu'est-ce qu'un système, une structure – ou même un kilomètre ? Sur quels types d'entités se fondent les nouvelles conceptions de l'auto-organisation du vivant ? Le pluralisme ontologique a sans doute quelque chose d'aporétique dans les approches du matériel ; et tant pour les « vraies » sciences que pour les autres, mais les sciences de la « matière » n'ont-elles pas cessé depuis longtemps d'être monistes au sens strict – voir les êtres quantiques – sans pour autant devenir stériles ? Quant à l'assimilation tacite du « réel » au « matériel », outre qu'elle doit être nuancée même en physique, rien n'interdit de la discuter en reconsidérant chaque science comme un lieu particulier de distinction entre phénomènes apparents et réalités cachées, celles-ci étant, comme ceux-là, *propres* à l'angle de vue de ladite discipline. Ceci encore : le « fonctionnalisme » en sciences cognitives – voir plus haut – n'affirme-t-il pas l'autonomie de l'explication strictement psychologique, séparable ainsi de l'analyse du substrat physique des phénomènes dont elle rend compte ? Et la phonologie ou la psychanalyse par exemple sont-elles « matérialistes » et constituent-elles des « acquis scientifiques » ? Du reste, comment s'inaugure le « durcissement » d'une science – sa « reconnaissance » ? C'est en partie l'enjeu d'une concurrence entre professionnels de différentes disciplines, chacun d'entre eux se définissant en rapport à quelque conception de la « scientificité »... N'oublions pas qu'aux yeux sévères de bien des physiciens, la biologie, même « moléculaire », est encore « molle ».

Voilà de très vastes interrogations. C'est comme telles que bien en peine d'y répondre tout uniment, je les adresse à qui de droit (les avis autorisés sont du reste loin d'être unanimes). Mais – pensera-t-on peut-être – elles ne relèvent pas de l'anthropologie. Quand celle-ci pourtant s'assimile aux desseins sperbériens, ces questions se spécifient en un problème de principe qui s'avère de son ressort. En premier lieu, il est difficile d'envisager une écologie ou, en particulier, une épidémiologie des phénomènes cognitifs totalement « épurée » d'entités « immatérielles » au moins du genre relation, système, groupe ou classe : qu'elles soient ou non intrinsèques à l'objet ultime, c'est là justement de l'Ontologie (et un très vieux débat, nominalisme contre réalisme) ; mais le fait qu'en aperçu de l'application de ses vues, Sperber lui-même ne puisse se passer de pudiques références à « certains lieux du réseau social » (1987 : 113) est bien l'indice d'une sournoise résistance de quelques entités classiques des sciences sociales. Ou d'un mouvement tournant.

On ne doit sans conteste, en tout objectivisme, se laisser piéger ni par les « catégories indigènes », ni par celles – fallacieuses et disparates du point de la grande unification théorique – que produit l'« ethnographie interprétative » (sur ce terme, cf. Sperber 1982, chap. I) ; c'est pour quelques anthropologues un souci prioritaire, même si ou parce que les temps sont plus aux analyses – comparatives dans l'intention – qu'à la grande synthèse. Cette dernière toutefois, on peut rêver, devra s'appuyer sur un modèle capable en principe d'engendrer, *si la culture à elle seule mais dans son ensemble n'est pas un faux objet*, toutes ses variétés observables (et quelques autres). Or, des idées de Sperber, il ne faut pas s'interdire d'imaginer certaines limites sur ce chapitre.

Aussi doit-on s'interroger : ou bien le traitement épidémiologique contient en lui-même l'explication (« l'enchaînement causal » des représentations « publiques »), et l'on obtient une série d'univers cartographiés en fréquences ou en contiguïtés relatives de phénomènes culturels dont seule une structure écologique particulière peut rendre compte : un « réseau social » donné par exemple (mais dans ce cas, voir plus haut). A moins que ces univers ne soient eux-mêmes ladite structure de compatibilités et d'exclusions mutuelles des phénomènes : mais alors, en quoi l'entreprise en chantier se distinguera-t-elle au fond d'une généralisation de la fructueuse méthode qu'emploie Lévi-Strauss lorsqu'il décèle, dans sa propre écologie des mythes, les effets combinés des « déductions empiriques » et des « déductions transcendantales » ?

> « ... la pensée mythique fait simultanément appel à deux formes distinctes de déduction. La congruence de l'homme et de l'ara [grand perroquet] sous le rapport végétarien, celle de l'homme et du jaguar sous le rapport carnassier, sont déduites à partir de données fournies par l'observation. En revanche, la congruence de l'ara et du jaguar,... » [un mythe, par exemple, les représente « semblables sous le rapport du miel »] « ... [congruence] *qui est inférée des deux autres*, offre un caractère synthétique : car *elle ne s'appuie pas sur l'expérience, et même elle la contredit*. Beaucoup d'anomalies apparentes, en ethnozoologie et en ethnobotanique, s'éclairent dès qu'on prend garde que ces systèmes juxtaposent des conclusions tirées de ce qu'on pourrait appeler, en s'inspirant de ces remarques, une *déduction empirique* et une *déduction transcendantale* » (Lévi-Strauss 1966 : 31, n. 1, mes italiques ; sur ce type de raisonnement, voir aussi, pour plus de détails, *ibid.* : 30-31, 182-212, et Lévi-Strauss 1971 b puis 1985 : 78-80 ; notons que l'opposition des modes de déduction est empruntée dans son principe à Kant, 1987 [1781], « Log. transc. », 1, I, chap. II, sect. 1, § 13).
>
> Sans doute – en raison de sa conception originale du symbolisme – Sperber formulerait-il tout autrement la relation « idéo-écologique » entre humain, ara et jaguar ou celles, identiquement traitées par Lévi-Strauss (1966 : 182-212, 1971 b), qui des jaguars font les maîtres de la fête du miel – prise à l'homme – et les fils de Grenouille, elle-même d'ailleurs capable de se changer en Jaguar. Mais, puisque les faits (de mythologie) sont les faits, la différence ne serait que de variantes dans la caution épistémologique d'arrière-plan : le sémiologisme structural lévi-straussien contre la psychologie cognitive (et son

ontologie « matérialiste minimaliste »). Suivant cette dernière, en tout cas sur le mode sperbérien, les « congruences » non fondées empiriquement – étrangères au « sens commun » – que nous évoquions compteraient peut-être parmi les *relevant mysteries* : des mystères conceptuels et croyances « représentationnelles » qui justement tiennent leur « pertinence » pour un être humain, et par là leur caractère culturellement contagieux, de leurs rapports étroits avec les autres représentations mentales peuplant son esprit – sa mémoire encyclopédique... Mystères traités par son dispositif symbolique, faute d'avoir pu recevoir un traitement rationnel. Semblable sorte d'explication serait paraît-il douée d'une plus grande vraisemblance psychologique que celles proposées par Lévi-Strauss ; s'appliquerait-elle cependant à d'aussi nombreuses données ? Quoi qu'il en soit, sur les dispositifs « rationnel » et « symbolique », les croyances « représentationnelles » ou « factuelles », les « mystères conceptuels » et la notion de « pertinence » – qualité de ce qui modifie un système de croyances en s'y incorporant – on lira, outre le chapitre qui suit, Sperber, respectivement 1979, 1982 (chap. II), 1985 a, et Sperber & Wilson 1986 ; ce dernier ouvrage expose une théorie non sémiotique de la communication des idées – où le cognitivisme recoupe en la modifiant la pragmatique de Grice –, faisant la part belle à l'inférence comme à l'« environnement cognitif », théorie grâce à laquelle Sperber précisera sans doute un jour les mécanismes de son épidémiologie des représentations : je pense par exemple au rôle que vont y jouer des concepts comme l'« effet contextuel », embrassant les conséquences de l'introduction d'une information inédite, lesquelles entraînent dans l'appareil cognitif l'affaiblissement ou le renforcement des croyances qu'il recèle ou encore l'émergence de nouvelles croyances – auquel cas les auteurs parlent d'« implication contextuelle » (Sperber & Wilson 1986 : 108-137 notamment).

Il est encore une autre interprétation possible du projet : l'appareil cognitif inné devra assumer un rôle explicatif nécessaire (et cause et effet sont consubstantiels), de sorte que celui-ci ne pourra qu'assigner des limites théoriques aux fréquences et distributions dégagées par l'épidémiologie, cela en fonction de capacités virtuellement communes, par définition, à l'entière humanité. D'où, soit l'impuissance à rendre compte de ses variétés culturelles, sauf à retrouver là aussi une ontologie propre du social ou l'irréductible contingence historique, soit, une fois donnée une part au moins des résultats « écologiques », des tautologies (tel mythe est répandu parce que « naturellement prégnant », mémorable, en termes de cognition) ; soit encore, des contradictions qui suscitent des explications *ad hoc*, éventuellement par cette spécificité sociologique qu'il s'agissait pourtant de disqualifier. D'autant que certains arguments, sans d'ailleurs récuser sa validité locale, restreignent la portée du programme sperbérien – et *a fortiori* de toute anthropologie cognitive au sens fort. Ceux notamment de Lucien Scubla (1988 a, b), contre-exemples parfois non négligeables à l'appui, qui suggèrent l'autonomie d'un règne culturel irréductible à l'objet d'un tel programme, car relativement indépendant des capacités cognitives humaines : celles-ci, dirais-je en substance, rendent *possibles* des configurations qui ne sont jamais *attestées* – excès du cognitif virtuel sur le réel empirique – ; par contre, elles ne pourraient engendrer elles-mêmes certains phénomènes effectivement observés – défaut du cognitif face au réel.

Le premier cas de figure, où le réel apparaît plus limité que le cognitivement vraisemblable, est principalement illustré par l'inexistence, d'après l'histoire et l'ethnographie de la parenté, d'une symétrie absolue dans la relation entre frère et soeur (leurs positions respectives, conceptuellement commutables dans un tableau périodique des structures, ne le sont pas empiriquement) ; cette symétrie fournirait pourtant le fondement virtuel de systèmes de terminologie, d'attitudes ou de résidence qui sont intellectuellement mémorisables et fonctionnellement concevables – leurs inverses existent, en miroir – mais nulle part observés (Héritier 1981 : 39-50 surtout) ; lire Scubla 1988 b : 56-61. Le second cas – contraintes pertinentes étrangères au cognitif – renvoie selon moi pour l'essentiel à l'exemple des « cultures matérielles » : leurs propriétés les plus intéressantes, si bien établies par Leroi-Gourhan (1971 [1943], 1973 [1945]...) dans ses travaux sur la classification, l'évolution et la diffusion des techniques, seraient tributaires, non des structures mentales, mais de la « nature des choses », l'architecture de l'univers physique (cf. Scubla 1988 a : 107)... Suivant ces vues, par conséquent, l'étude évolutive et « écologique » des représentations – plus généralement la perspective cognitiviste en anthropologie – ne suffirait pas pour expliquer les limites avérées de la variabilité culturelle. A vrai dire, derrière les arguments évoqués, se cache une vieille question toujours proprement métaphysique – empiriquement indécidable –, revêtue de quelques habits neufs : quelles sont les parts respectives de l'esprit et du reste du monde dans notre image du monde ?

A cela j'ajouterai que quand bien même on contournerait de pareils arguments, l'anthropologie ne peut *a priori* circonscrire son champ aux faits de « culture ». Et si le « social » est à l'anthropologie, science des collectivités humaines, ce que l'éther apparaît maintenant à la physique – une entité imaginaire, *ad hoc*, avérée innécessaire, éradiquée d'un coup de rasoir d'Occam –, il faudra bien un jour s'en passer pour l'étude des groupements d'animaux supérieurs, à moins d'y voir des réalités *fondamentalement* et pour toujours hétérogènes à celle des groupes humains... Ce qui irait à l'encontre de découvertes déjà anciennes de l'éthologie animale, en particulier de celle des primates (Frisch 1959) et de ses tendances encore plus nettes aujourd'hui (Boesch & Boesch-Achermann 1991). Or, comment traiter ces « sociétés » et même ces « protocultures » non humaines par l'opération d'une épidémiologie ou d'une écologie *des idées* au sens de Sperber ?

Conscient d'avoir buté non pas sur ce problème, mais sur une difficulté du même ordre, m'apparaît Lévi-Strauss qui, ayant affirmé que « Mauss croit encore possible d'élaborer une théorie sociologique du symbolisme, alors qu'il faut évidemment chercher une origine symbolique de la société » (Lévi-Strauss 1968 a [1950] : xxii), amende en la matière sa pensée dix ans plus tard : « ... le symbolisme ne tient pas, dans les faits de société, une place comparable à celle qu'il a dans les faits de culture, car si tout, dans la culture, relève de la fonction symbolique, il n'en est pas de même pour la société, *comme le montre l'exemple des sociétés animales* [mes italiques, JLJ]. La culture, qui touche de plus près que la société à la matière, est cependant plus complètement symbolique que la société ; et celle-ci qui, chez l'homme, intéresse, semble-t-il, davantage que la culture, l'existence individuelle et la vie psychique, apparaît historiquement antérieure à la culture, puisqu'il peut y avoir des sociétés sans culture mais non des cultures sans société » (Lévi-Strauss 1984 [compte rendu de cours, année 1959-1960] : 27). Notons que faute de précisions – dans ses écrits et à ma connaissance – sur ce que l'auteur entend au fond par la distinction entre société et culture, son argument perd de son tranchant ; on se rappellera cependant ces définitions : « ... on aurait tout intérêt à placer la notion de culture sur le même plan que la notion génétique et démographique d'isolat. Nous appelons culture tout ensemble ethnographique qui, du point de vue de l'enquête, présente, par rapport à d'autres, des écarts significatifs [...] En fait, le terme de culture est employé pour regrouper un *ensemble* d'écarts significatifs dont l'expérience prouve que les limites coïncident approximativement [cette coïncidence n'étant jamais absolue ni présente à tous les niveaux à la fois] » (Lévi-Strauss 1958 : 325).

Ce n'est pas tout. Nombreuses, et bien connues des anthropologues, sont les occurrences de ce que, sans doute par euphémisme, on appelle quelquefois « contact culturel » ou « acculturation », « contre-acculturation », « emprunt et diffusion culturels », mettant en jeu deux collectivités (au moins) d'inégales puissances (cf. quelques classiques, notamment Bastide : 1967, 1970, 1971). Plus : c'est, qu'on le veuille ou non, la *seule* situation réellement observée de la quasi-totalité des sociétés exotiques ou paysannes jamais étudiées par les ethnologues (non compris, donc, certains voyageurs de l'âge classique). Dans cette conjoncture, on ne peut douter que l'évolution des représentations culturelles et de leur distribution soit redevable de ses propriétés aux rapports de domination joignant les groupes d'humains qui forment leur « milieu ». D'aucuns auront beau arguer de l'existence de ces relations sous forme de représentations combinées (ou d'institutions : représentations de représentations) pour retrouver le registre de la prégnance cognitive des idées, de leur écologie et de leur épidémiologie, il n'en restera pas moins tout un résidu de faits culturels à expliquer *in fine* en termes, pour longtemps irréductibles, de rapports de forces ou de réseaux de pouvoir.

Somme toute, selon le programme de Sperber (encore « méta-théorique » à ce jour), la psychologie est nécessaire mais non suffisante pour constituer l'anthropologie, même si les phénomènes culturels ne relèvent pas d'une réalité autonome : ici, la conception se veut « moniste ». Quoique certaines entités du « social » puissent lui résister, ai-je supposé. Aussi, je me demande si ce programme s'annonce plus crédible que ceux, « dualistes » mais à leur façon, qui se fonderaient – soutenant également la nécessité de la psychologie pour l'ethnologie – sur le principe *provisoire* de la *complémentarité* au sens fort entre deux sortes de construction et de traitement d'un même donné humain. C'est le procédé qu'employait Georges Devereux, en pratiquant il est vrai une psychologie bien différente de celle de Sperber, *et « complémentaire » de sa sociologie* (cf. dernier chap., p. 197 et suiv. et p. 211).

> Aux dires autorisés d'un érudit sagace, personne – avant lui-même – n'a formulé l'évidence éclairante de cette complémentarité forte entre psychologie et sociologie ni proclamé les vertus inédites que la généralisation de ce principe apporterait peut-être aux anthropologues : fulgurance fortuite d'une redécouverte ? Après avoir rappelé que mécanique ondulatoire et mécanique corpusculaire se sont « retrouvées » sur les « faits » quantiques, ce novateur découvre qu'« Il en va de même pour le sociologique et le psychologique qui sont tous deux des discours (historiques) ayant produit (indépendamment) leurs modélisations » ; puis il lance, d'une main sûre : « Maintenant que c'est dit, certains s'exclameront : "C'est évident qu'il s'agit du même réel sous deux éclairages différents. Tout le monde a toujours su cela !" » Lorsque soudain : « Mais si on le savait, que ne l'a-t-on dit ? » s'exclame-t-il compendieusement, sous l'empire à coup sûr d'une forte émotion ; mais il n'en écrit pas plus à ce sujet, de peur sans doute d'outrepasser sa pensée (cf. Paul Jorion 1986 : 306). L'imprécateur omet ainsi l'œuvre entière de Georges Devereux (entre autres 1977 [1970], 1980 [1967], 1985 [1972]). Cet ethnopsychiatre freudien, invoquant lui aussi – mais dès 1940 – la dualité quantique dans l'interprétation dite complémentariste par Niels Bohr et l'École de Copenhague, n'a cessé de s'employer à transposer, en théorie comme en pratique (bien ou mal, à tort ou à raison, c'est un autre problème), le postulat de complémentarité forte au rapport d'autonomie, de non-simultanéité mais d'interdépendance entre approches sociologique et psychologique des mêmes phénomènes humains, selon une perspec-

tive originale, à laquelle un physicien des quanta, Pascual Jordan, avait du reste frayé la voie. De tels oublis surprennent de la part de quelqu'un dont on connaît par ailleurs bien des preuves de savoir, de rigueur et de hardiesse (Jorion 1984, 1989 a, b... Et *infra*, chap. 5).

Bien sûr, mes commentaires sont eux-mêmes discutables – peut-être aucune théorie ne saurait-elle d'ailleurs s'appliquer à *tous* les faits culturels – et seront nécessairement discutés par l'avance des travaux de Dan Sperber : en France, ce n'est pas trop souvent, surtout par les temps qui courent, qu'un praticien de l'anthropologie cherche à durcir sa discipline tout en se refusant aux rhétoriques creuses (pensons par contraste aux incantations d'un Edgar Morin...). Or, celui-là le fait en célébrant, comme on l'aura déjà deviné, le « mentalisme » de Lévi-Strauss, dont il prend acte de l'« entreprise éclatante » – de là son caractère doublement exemplaire dans notre optique et donc mon insistance. Entreprise éclatante, donc, suivant Sperber, que cette réhabilitation par Lévi-Strauss de la nature humaine comme objet d'une « psychologie de l'intellect » (et non des affects) ; celle-ci trouverait aujourd'hui des appuis nouveaux dans les sciences cognitives – mais derrière elles, dans les modèles chomskyens bien plus que dans ceux diffusés par le structuralisme linguistique-sémiologique, ce « cadre étriqué », ou le structuralisme génétique d'un Piaget[4].

Mais il est d'autres tentatives qui prennent les structures au sérieux... et les formes.

Mollir les sciences dures pour durcir les sciences douces

Rappelons, en restant d'abord dans le « doux », les recherches qui entendent, nonobstant d'autres influences, avancer le structuralisme sur tous les terrains du symbolique et du rituel – le corps, le monde social, le cosmos... – à partir d'invariants minimaux. Certaines des pénétrantes études de Françoise Héritier-Augé, comme son approche élargie de l'inceste dans une théorie des humeurs – témoignage au surplus d'une des bifurcations de l'ethnoscience (Héritier 1979,

4. On se souvient sur le dernier point des passionnantes discussions dont Jean Piaget et Noam Chomsky furent les protagonistes et dont les enjeux étaient loin de se limiter à la psychologie ou l'épistémologie génétiques et à la linguistique, comme suffisent à en témoigner les noms de ceux qui y participèrent, parmi lesquels on retrouve Dan Sperber : cf. Centre Royaumont pour une science de l'homme & M. Piatelli-Palmarini, éd., 1979 ; sur un Lévi-Strauss dont la réflexion « mentaliste », faute d'une théorie psychologique à sa mesure, aurait été entravée par le cadre étriqué du structuralisme, voir Sperber 1982 et 1985 b : 57.

1984...) – et quelques-uns des travaux qu'avec Marc Augé elle inspire, me paraissent révéler que ce n'est pas là simple complément, mais véritable déploiement du modèle structural ainsi que des « logiques du sensible » dans un espace où ils se chargent de sémantique. Une sémantique qui n'est que précontrainte par le donné universel de l'anatomie humaine et du monde physique[5].

Maintenant viendraient, si l'exhaustivité était mon propos, tous les modèles sémiologiques, structuraux, morphologiques du symbolique ou même, de la communication, employés au « décodage », en particulier, des œuvres d'oralité ou des systèmes de « croyances », ainsi que les travaux qui abordent ces faits par plusieurs voies – je pense notamment aux recherches fines et érudites, désormais classiques, de Geneviève Calame-Griaule (1987 [1965]), Nicole Belmont (1983 [1971]...). « Ils ne sont pas matérialistes et ne font donc pas l'affaire »... sans doute, de l'exigeant Sperber.

Mais les « morphologies contagieuses » d'un René Thom ? Pas plus, assurément. Question d'ontologie. Qui, pourtant, n'en a ouï dire parmi les anthropologues ? Elles arrivent d'ailleurs, mais la zone de contact est là encore le structuralisme ; l'épidémiologie des états mentaux n'en serait je suppose qu'une modalité, et la matière biologique de leur diffusion, un des substrats possibles.

Loin de moi l'idée – et la capacité – de commenter savamment la théorie des catastrophes. Elle pourrait bien n'être « utilisée que comme gadget conceptuel, placage analogique et alibi mathématique de disciplines en quête de respectabilité », redoutait naguère le physicien Jean-Marc Lévy-Leblond (1977 : 437). Rien n'empêche en tout cas d'en tâter et de juger sur pièces. Qu'il suffise donc de noter qu'elle frappa à la porte de l'anthropologie, après avoir voulu entrouvrir celles de la biologie, de la linguistique, de l'éthologie, de la psychologie sociale : pour y géométriser le réel, le rendre *qualitativement* compréhensible – voyez entre autres les prudentes expériences de Philippe Van Parijs (1978) et de Michel Perrin (1986). Un réel dont ce qu'il faut exonder par ce biais n'est pas de la pensée ou de la matière – pas plus qu'on ne requiert ici la réalité physique des systèmes dynamiques à traiter –, mais bien des *logoi*-archétypes régissant les « conflits d'attracteurs » qui nous apparaissent dans le monde comme une série de formes universelles

5. Il y aurait plus à dire sur ces questions – dont se rapprochent des réflexions d'Alain Testart (1991 b) –, et sur ce qui en ressort tout spécialement quand on lit – toujours avec profit – Serge Tcherkézoff (1983), chez lequel en ce sens s'est retrouvé Louis Dumont, pour cause d'« opposition hiérarchique », son idée-force (1979 [1966], postface de 1978).

stables, partout décelables indépendamment des forces ou éléments substrats de leur structure ; cependant, mieux vaut toujours, indique-t-on parfois, pouvoir définir ceux-ci pour opérer vraiment. Les influences de cette nouvelle « philosophie de la nature » – ou de l'outre-nature –, non sans rapports avec Aristote et son hylémorphisme, commencent à transparaître de quelques écrits intéressant l'anthropologie (revoir entre autres Scubla 1988 a et b) ; elle a connu des avatars plus précoces dans la sociologie anglo-saxonne. Quant aux possibilités d'application techniquement approfondie des modèles catastrophistes à la sémiologie et à l'analyse structuraliste des mythes, elles s'illustrent sous l'effort luxuriant de Jean Petitot (1985, 1988 a, b et c...), dont le projet n'est rien moins que de constituer l'objectivité même des faits en sciences humaines, quand il y a « fait structural » (de « schématiser », au sens kantien, leurs catégories ontologiques). Cet auteur et Dan Sperber tirent Lévi-Strauss dans des sens opposés.

Pour un esprit thomien, s'affirme pertinent l'isomorphisme de la nature et de la pensée, ou de l'intelligence et l'intelligible (ce qui nous rapproche de certaines formulations du « second » Lévi-Strauss) ; sans doute le catalogue de leurs formes communes doit-il virtuellement comporter d'emblée les archétypes des configurations culturelles et comportementales, dont par suite l'apparente variété ne sera pas *expliquée* – le dessein est autre – mais fondue dans les éléments plus simples, rendus « visibles », de cet inventaire universel d'où le temps est exclu par la stabilité du conflit des mouvements : il reste « figé » en elle. D'autres conceptions (liées pourtant à la question morphogénétique) des relations ou de l'unité de la nature, du vivant, de l'esprit et du social : « auto-organisation », « émergentisme », connivences du cognitivisme néo-connexionniste ou « écologique » et du systémique, campent aux frontières de l'anthropologie française. Des confins également fréquentés, naguère en tout cas, par des congrégations inattendues mais étroitement apparentées aux précédentes : je pense aux progénitures du singulier mariage entre certaines théories de l'auto-régulation du vivant ou du social et le dogme girardien du « désir mimétique »... Avec le « bouc émissaire », à tous les coups l'on gagne (cf. Girard 1972, 1978, 1982 ; sur sa descendance mêlée, voir surtout Colloque de Cerisy & Dumouchel, éd., 1985).

Pareilles frontières vont-elles être franchies plus massivement qu'en timides incursions, c'est ce que pourrait présager le renouveau des dialogues. Et d'autant plus quand on voit, à ces derniers, par disciples interposés, contribuer Bateson (et l'Ecole de Palo Alto) dont les relectures consolident les ponts qu'en son temps, celui-ci a voulu jeter entre l'ethnologie et quelques-uns des champs de réflexion précités. (Cf. Colloque de Cerisy, P. Dumouchel & J.-P. Dupuy, éd., 1983 ; Varela 1989 a et b ; Colloque de Cerisy & Y. Winkin, éd., 1988.)

Dans ce mouvement, s'incluent en particulier les travaux de synthèse et d'échanges de vues menés depuis 1981, je crois, au sein du CREA (Centre de recherche en épistémologie appliquée de l'Ecole Polytechnique ; voir la série des *Cahiers du CREA* – en particulier CREA 1986). Et ne rappelons à ce propos que pour mémoire – « temps » et « nouveau » en font l'objet, mais elle est restée, en France et à ma connaissance, très distante des modèles directement importés en anthropologie – la matrice disciplinaire qui prit forme à partir de Prigogine et de ses recherches sur certains systèmes dissipatifs « loin de l'équilibre » (cf. évidemment l'usuel Prigogine & Stengers 1979 ; voir cependant Colloque de Cerisy, J.-P. Brans & col., 1988, et un texte curieux d'Ilya Prigogine lui-même – 1977).

De l'universel : le Tout, tout de suite. Voilà en forçant la note le but prioritaire des entreprises qui viennent, à traits grossiers, d'être schématisées depuis mes allusions à René Thom, celles qui mollissent les sciences dures pour durcir les sciences douces. Je le dis sans péjoration aucune, et en acceptant toute l'ambiguïté des adjectifs en vogue, car cette démarche est aussi passionnante qu'inédite. Nuançons un peu. Chacune détient son niveau d'universel, son *holon* « régional » si l'oxymore est permis (le plus global étant celui de la philosophie thomienne de la nature) : l'esprit humain, les systèmes vivants ou les systèmes de systèmes vivants, l'architecture sous-jacente de l'univers... si ce n'est le catalogue universel des formes stables, indépendantes des matières où elles s'incarnent. Mais toutes paraissent viser de prime abord la globalité dans leur champ respectif, dont les variétés empiriques (quand elles entrent en ligne de compte), loin d'être générées par la théorie ou d'engendrer à terme ses sous-modèles, sont comme des boîtes noires déplacées d'où sortent incontinent autant d'illustrations *ne varietur* du modèle général, de l'hypothèse de travail unifiante (il se peut bien sûr que ma vision de ces travaux accuse quelque retard). Mais peut-être est-ce cela, la science. Ou l'étape formative de certaines sciences. L'étape « alchimique » ?

> « Comme l'a fort bien signalé R. Halleux, "la fonction de la pratique [alchimique] est d'abord d'illustrer la vérité de la théorie. La réussite d'un procédé démontre à l'opérateur qu'il a bien compris les anciens [...]. Si l'expérience échoue, l'échec n'infirme pas la

théorie. Il prouve simplement à l'opérateur qu'il a mal compris et qu'il doit recommencer" [R. Halleux, « Pratique industrielle et chimie philosophique de l'Antiquité au XIIe siècle », *L'Actualité chimique*, janv.-fév. 1987, p. 16] » (Jacques 1990 : 56-57). Je note cependant que si la pratique scientifique dans ses modalités expérimentales n'en est évidemment pas restée là, toutes ses opérations doivent – prudence élémentaire – *en passer par là* : « Avant de mettre à la poubelle la mécanique quantique, vérifions une dernière fois les fusibles », voilà l'avis que le physicien Anatole Abragam placardait dans son labo.

Quoi, pensera-t-on, les anthropologues professionnels eux-mêmes ne postuleraient pas, n'auraient cure de vérifier, dès l'origine et n'étaient les oublis temporaires, l'unité de l'Homme, cet objet total ? Si, mais voyez Louis Dumont, qui là-dessus s'exprime dans plus d'un écrit. Par exemple : « Chaque configuration particulière d'idées et de valeurs est contenue avec toutes les autres dans une figure universelle dont elle est une expression partielle, [une] figure universelle [...] si complexe qu'elle ne peut pas être décrite, mais seulement [...] imaginée comme une sorte d'intégrale de toutes les configurations » (1983 : 258). Cette anthropologie-là – elle aussi croisa Lévi-Strauss –, cette anthropologie vise, en asymptote, un invariant pensable, évidemment lié à l'esprit-humain-dans-le-social et qui cependant s'envisage comme ultime construction virtuelle – et non comme vérité première de la science du cerveau-esprit –, horizon d'un comparatisme par réciprocité des perspectives issue des « touts » culturels donnés à ce jour... Puisqu'il s'agit bien entendu d'une *sociologie* comparative et d'une *histoire* comparée des systèmes d'idées.

5

Révisions de frontières

L'anthropologie telle qu'on l'exerce en France vise-t-elle en dernier ressort l'esprit ou les sociétés, et par là, des constantes non triviales ou les variétés et la variation ? (Mais ne vient-on pas de le dire ? « L'unité de l'homme dans la diversité des cultures », bien sûr... ce n'est pas faux, et cependant pas si simple.) Du même coup – question en droit pleinement distincte mais connexe en fait –, se veut-elle une manière de science ou une sorte d'histoire ? Pensons aux épigraphes de ce livre : une science qui théorise et modélise en recourant à « l'invisible simple » ; une histoire, y compris du présent, toujours comptable, elle, de la contingence « intéressante parce que compliquée » ?

A ces bien rudes alternatives, d'un schématisme délibéré, il est – pourrait-on prétendre – autant de réponses que de démarches ethnologiques, souvent non commensurables, ou d'ethnologues dont la plupart, même si l'on peut faire parler leurs textes, restent dans l'implicite sur de telles questions, sans doute jugées hors champ. Mais énoncer des dilemmes aussi abrupts puis inventorier des discours qui les manifestent plus ou moins clairement et s'en tenir là, cela ne suffit pas à résoudre un problème.

La relativité de la théorie

Et problème il y a. Que les anthropologues produisent du savoir qui suscite de nouvelles questions, c'est là une évidence dont les chapitres précédents fournissent quelques illustrations. Mais quelle sorte de connaissance – sur quel ordre du réel –, en réponse à quelles interrogations, et celles-ci, d'où viennent-elles ? Sans nul doute, des « faits » s'accumulent en abondance, et sur l'ensemble des sociétés humaines, nous en savons plus aujourd'hui que le plus érudit des savants pères fondateurs de l'ethnologie, de la sociologie et de la préhistoire académiques. Rectifions : à tout le moins, une information chaque jour grandissante (certes « interprétée ») nous est en principe accessible, dormirait-elle longtemps encore dans les musées, bibliothèques, vidéothèques ou autres archives... et nous parviendrait-elle déjà intégrée sous la forme d'événements ou d'ensembles culturels reconstruits par leurs observateurs : des « monographies ». La nuance est de taille. Elle tient à la distinction évoquée dès le début de ce livre, car usuellement reconnue : la connaissance nomothétique n'est pas le savoir idiographique (disait Rickert). Autrement dit, la découverte-invention de lois quantifiables ou de « faits généraux », en tout cas de relations invariantes entre les phénomènes (un des aspects de « l'invisible simple »), ne se confond pas avec son opposé, la description-interprétation d'individualités historiques et ethnologiques à nulle autre pareilles, telles la Révolution de 1917, la Culture nord-cheyenne au milieu du XIXe siècle ou encore la Vie quotidienne dans une usine lyonnaise aujourd'hui – sans parler, disons, de l'Histoire des Français...

Mais le contraste oppose-t-il, aux autres sciences, celles de la nature ? Ou bien doit-on encore de nos jours suivre Cournot qui déjà doublait chaque science « théorique » de tout objet possible par une science « historique » correspondante, seule variant alors, selon le domaine considéré, la proportion des deux points de vue ?

Pour dire vrai, on a récemment contesté l'idée selon laquelle la science la plus dure expliquerait toujours les phénomènes en recourant à des réalités de prime abord cachées, mais plus *simples* que l'observable immédiat – mieux *intelligibles* tout au moins, intégrées qu'elles sont dans des modèles.

Un pareil déni s'illustre par exemple dans les références à la « complexité », fort prisées ces temps-ci. Pour certains, la complexité traduit dans les sciences physiques et naturelles un désordre apparent, un ordre dont on ne connaît pas le code (Atlan 1979 : 78 et *passim* ; mais le code est-il connaissable ?) ; en pratique, cette notion marque une sorte de barrière de la modélisation. Au delà d'un tel mur, résident des systèmes dynamiques *non simulables efficacement* (sauf par eux-mêmes !) : ainsi le modèle opératoire le plus simple du système climatique mondial serait-il... le système climatique mondial[1].

---

1. Cf. entre autres Pagels 1990 : 236 et suiv. ; la non-prédictibilité ne tient d'ailleurs pas seulement au nombre de variables en jeu, puisque des systèmes dynamiques à trois degrés de liberté peuvent se révéler chaotiques quoique déterministes (voir aussi les avatars du fameux « problème des trois corps » et sur toutes ces questions, cf. notamment Ruelle 1991 ; Croquette 1982 ; Eckmann & Mashaal 1991...).

On a beau jeu d'en appeler à la complexité entendue en ce sens et aux concepts *new look* qui lui font cortège dans une nouvelle vulgate : « sensibilité aux conditions initiales », « chaos fort », « attracteurs étranges » – qui pour comble s'avèrent « fractals » – et autres « effets papillon », afin de disqualifier toutes les démarches, passées, présentes ou à venir, s'inspirant de certaines sciences plus dures dans l'explication des dynamiques en sciences humaines. *Puisque même* dans le monde des choses, diront alors d'aucuns, certains phénomènes se font jour qui échappent maintenant aux filets des analyses déterministes et réductionnistes classiques – vieillies dans les vraies sciences, croient-ils –, pourquoi donc s'obstiner à vouloir y prendre les si hasardeuses affaires humaines, où les « nez de Cléopâtre » sont légion... Dépendance sensitive des conditions initiales : une infime perturbation originelle grandit très rapidement, d'où l'accroissement exponentiel de l'incertitude, le non prédictible – au mieux, une fois écoulé le « temps de Lyapounov » –, le « désordre » : turbulence, contingence, chaos et parfois « complexité ».

Nommer une difficulté, surtout par analogie, n'est pourtant pas la résoudre. Outre que la question apparaît elle-même autrement compliquée quand on imagine, comme certains le font, l'importation possible, dans les sciences de l'homme, du traitement « dur » des systèmes désordonnés ! Et il y a plus. Rappelons simplement ce qu'écrivait déjà Valéry aux beaux jours du positivisme et de ses premières critiques (1974 : 834) :

> « Ce qu'il faut prendre aux Sciences, ce n'est pas une vaine analogie de leurs lois physiques avec celles de l'esprit – c'est leur rigueur, leur tension, leur difficulté pure, leurs bonnes manières de définir leur recherche des opérations » [1902].

Et revenons au problème cependant réel de l'idiographie, laquelle, on l'aura compris, traite de réalités « complexes », accomplissements d'un état de leur évolution parmi une série indéfinie d'autres possibles. Chaque chronique d'une époque, mais aussi chaque instantané d'une socioculture ou d'une de ses parties – quand on se flatte d'en restituer tout le vécu possible – a forcément la physionomie singulière et donc le statut informatif du *hapax legomenon* des philologues, de « ce qui est dit une seule fois », l'occurrence unique d'un vocable ou d'une locution dans leurs textes-sources. Or, tout un chacun sait bien qu'il n'y pas de science du particulier – à la limite, l'individuel est indicible, disait l'adage scolastique. Mais y a-t-il une réalité du général ? C'est selon. Jamais physicien n'a pu, usant de sa seule science, rendre compte de tel ou tel phénomène considéré dans son entière épaisseur concrète (chute de certaine pomme sur la tête du paroissien Newton Isaac le 21/9/1665 à Woolsthorpe, Lincolnshire, et tempête subséquente sous le crâne percuté). En aucun cas cet événement ne se répétera exactement. C'est pourquoi les lois physiques ne valent pas pour les phénomènes particuliers mais pour des classes de faits rendus semblables sous quelque rapport – et, déjà en ce sens, construits – par l'abstraction commune de *certaines* de leurs propriétés : les pommes ou tout autre objet sublunaire *et la lune* « tombent » sur la terre, comme celle-ci, sur le soleil, de par leurs masses respectives, et peu importent leurs caractères restants. Sera donc vue « réelle » une généralité particulière dont le format apparaît fonction, en chaque cas, du niveau d'exigence comme du degré, de la « quantité » d'abstraction qu'ont définis la problématique et les hypothèses de départ. *« Hypotheses non fingo »*, prétendit sur le tard le paroissien susdit, mais c'était là, sans doute, une habile manœuvre.

Le général n'existe pas absolument – pas plus que le particulier, et qu'on ne voit pas là simple rappel de la querelle des universaux. Cassirer y insistait, chaque science, naturelle ou non, a sa propre conception de l'un et de l'autre ; je dirais même chaque problématique... Qu'est-ce que l'individuel pour l'anthropologie ? Ce peut être (rarement) une ou quelques personnes et l'histoire de leur vie ou leur interaction dans un certain espace social. C'est plus souvent le « tout » d'un groupe à un certain moment, tout ce qui s'en révèle observable d'un certain point de vue, directement ou non, au travers du « moi » (cf. chap. 1) de l'ethnographe, cet « étranger professionnel » (Agar 1980) : en rendre compte, c'est alors en quelque sorte *traduire* l'expérience d'une compréhension au moins partielle du vécu de l'observé. Traduction, pauvre envers d'une tapisserie, disait Cervantes ; certes, mais quand l'interprète a du talent ou mieux encore – Baudelaire traduisant Poe –, son texte nous fait entrevoir de nouvelles modalités de la condition humaine, connaissance qui, pour être différente de celle qu'on appelle scientifique, n'a pas moins de prix.

Parfois même, à l'expérience vraie se substitue une fiction vraisemblable, traduction au second degré, car il est des romans ethnologiques comparables aux romans historiques et plus riches d'enseignements pour le lecteur un peu averti que bon nombre de plates monographies (voir une expérience limite : *Je suis de la nation du loup*, Serguine 1985). Quant à la subjectivité pleinement assumée, a-t-elle la qualité du « sujet » Michel Leiris – dans sa réflexion sur l'ethnologie (1981 [1934]) – qu'aussitôt, elle permet l'accès à une sorte d'« objectivité du deuxième type ». Et le projet des Surréalistes ne frayait-il pas une voie, échappant à la « pensée surveillée », vers une connaissance que certaine anthropologie, et ce n'est pas pour nous surprendre, vise par des moyens moins singuliers : « Surréalisme, n. m. Automatisme psychique pur par lequel on se propose d'exprimer, soit verbalement, soit par écrit, soit de toute autre manière, le fonctionnement réel de la pensée... » (André Breton 1988 [1924] : 328).

Le chercheur, même dépourvu de ces talents littéraires – car c'est bien d'art qu'il s'agit –, peut faire preuve d'autres compétences dans l'observation tantôt distanciée, tantôt empathique, et dans son compte rendu. A certaines conditions techniques, épineuses mais réalisables, ce compte rendu comme tous les autres sert alors qui voudra (son auteur ou de chers collègues) y repérer dans un esprit comparatif les éléments individuels d'une classe de faits généralisables en quelque proportion, ou bien un état de choses singulier mais déductible d'un modèle explicatif lui-même fondé sur des propositions générales ayant cette situation comme conséquence possible ; et ce, d'autant plus facilement que sont explicites le cadre de référence, le questionnement, la construction de l'objet, les hypothèses – réponses présupposées du réel –, dont l'expérience et sa relation tiennent leurs propres registres. Qu'il y ait aussi du « bricolage » vaut pour toutes les sciences. Si nous en restons là, quel « scientifique » procède autrement ?

Faisons d'abord le point. Il ne faut voir jusqu'ici que d'autres rappels, en d'autres termes (cf. ici, chap. 1), de ce qui aujourd'hui peut sembler morne évidence à des yeux blasés depuis belle lurette par quelques clichés des précis ou des cours de sciences humaines. C'est pourquoi je me bornerai pour l'instant à les conclure comme suit. Individuel et général sont relatifs aux questions posées, aux modes d'appréhension des réponses du réel ; s'y combine l'opposition entre l'explication et la compréhension (laquelle inclut l'interprétation), formulée par Droysen, développée surtout par Dilthey, approfondie et nuancée par Max Weber[2]. Or, cette dernière dyade thématique de la réflexion académique sur les sciences humaines ne saurait suffire – notamment parce qu'il pourrait bien s'agir d'une prénotion masquée – à les distinguer essentiellement des sciences de la nature.

Il est vrai que depuis le siècle dernier, elle se dissout puis resurgit sporadiquement dans le discours des philosophes et des chercheurs

---

2. Weber, qui, c'est à souligner, associant sans exclure, parlait et usait tant de *verstehende Erklärung* que d'*erklärendes Verstehen*, « explication compréhensive » ou « compréhension explicative » ; rappelons aussi que par la suite, Cassirer voudra sublimer l'opposition en une « science herméneutique » unitaire.

praticiens, *déplacée ou compliquée* par d'autres couples d'opposés : théories « objectivistes » contre théories « phénoménologiques », ou « behavioristes » contre « cognitives » *(lato sensu)* ; analyses « étiques » et analyses « émiques », opposition inspirée par la linguistique (et à laquelle Lévi-Strauss fit un sort – 1983 a : 161-164) ; « anthropologie théorique » que Sperber (1982, chap. I) veut distinguer de l'« ethnographie interprétative » ou, dès le récit, description « à la troisième personne » que Geertz (1986 [1983]) contraste avec le tableau « à la première personne » ; concepts « loin de l'expérience » ou « proches » de celle-ci *(ibid.)*, analyses « fonctionnelles » ou « génétiques », « sens » contre « objectivité » et, en termes ouvertement philosophiques, « théorie de la connaissance » *versus* « herméneutique » (voir la rétrospective et les positions de Rorty 1979) – si ce n'est même, en poussant les choses assez loin, notre bon vieux débat « raison analytique »/« raison dialectique » (cf. Lévi-Strauss 1962 b, chap IX, discutant Sartre 1960, et Pouillon 1975, chap. II [1965], qui discute Lévi-Strauss discutant Sartre ou réciproquement). Pierre Bourdieu (1972) propose des conceptions qui dépasseraient l'alternative. Cependant, la dyade en tant que telle est encore invoquée par certains anthropologues, et non des moindres : soit pour englober l'explication causale dans une démarche compréhensive qui interprète le sens que les hommes – interprétant eux-même le monde – « ... donnent à leurs actions dans des systèmes culturels appréhendés comme des textes », selon la concise interprétation que propose Philippe Descola (1988 a : 29-31) de la pensée de Clifford Geertz ; soit qu'à l'inverse, on subordonne, comme Lévi-Strauss, « [l'] exercice [des facultés compréhensives] aux exigences rationnelles de la preuve » (*ibid.* : 31, commentaire d'une phrase déjà citée ici : « [l'anthropologie] consiste à se découvrir un objet [...] dont l'explication causale puisse se fonder sur cette compréhension qui n'est pour nous qu'une forme supplémentaire de preuve » – Lévi-Strauss 1973 : 17).

Aucune résurgence, aucun recadrage (et il y en d'autres) du contraste en question ne sauraient donc récuser en droit le caractère « explicatif » ou, plus largement, la « scientificité » minimale de quelques démarches effectives ou possibles en anthropologie.

Scientificité : voilà une notion dont je viens encore d'user sans bien rattacher ma ceinture de sécurité. Elle est pourtant fort délicate à ériger en critère, comme l'a suggéré le chapitre introductif. Sur celui-ci, ne revenons pas. Mais il est temps de recentrer les positions.

On vient de dire que l'activité des anthropologues enclins à voir les choses *more geometrico* peut épouser le mouvement très général de la connaissance dite communément scientifique depuis quelque trois siècles. « Peut » : pas dans tous les domaines de la discipline telle qu'elle est circonscrite en tant qu'institution, bien sûr ; mais ces domaines eux-mêmes ne sont-ils pas en partie le produit du type de questions posées ? « Très général » : là encore, c'est une généralité relative. Si la physique, mathématique et expérimentale, est établie en parangon de scientificité (bien des auteurs et l'air du temps nous y invitent depuis Galilée, Newton et Kant), alors il y aurait comme on s'en souvient plus d'une façon de reprendre ses distances. Mais la géologie, la paléontologie, la météorologie..., sont-elles des sciences ? *« Science is either physics or stamp-collecting »,* proférait voilà cinquante ans Lord Rutherford, le distingué savant atomiste, bien aimable avec les collectionneurs de timbres, les chimistes ou les naturalistes de son temps. Quand dix frontières sont possibles et autant de hiérarchies, à quoi bon retourner si peu que ce soit dans le détail (relatif) de notre survol liminaire. Qui tient pour essentiel – à mon sens avec raison – le processus commun évoqué plus haut prétendra que selon sa norme, l'étude de l'homme et de la société n'apparaît nullement contrainte d'être moins « scientifique » que les sciences physiques et naturelles (cf. Cresswell 1989). A partir de là, rien n'empêche de passer en revue divers critères de démarcation entre science et « pas-tout-à-fait-science » – objectivation, vérifiabilité, réfutabilité, etc. – pour montrer qu'anthropologie ou sociologie ont des moyens de gagner la zone des « vraies » sciences, et qu'à la fois celles-ci, même les plus « dures », se retrouvent de temps à autre du mauvais côté de la ligne ou le furent il y a peu.

Cela ressort çà et là, surtout en filigrane, dans ce que nous avons exposé jusqu'ici ; l'ethnologue Alain Testart (1991 a) vient pour sa part d'en présenter une argumentation très tranchée, et avec une belle assurance. Et le chapitre précédent fournit un exemple illustrant, bien que sur des positions particulières, l'aspiration « scientifique » en anthropologie. Pourquoi donc nos « filigranes » ? Simplement parce que, même s'il faut encore en discuter, l'important n'est pas seulement là pour nos propos et surtout, pour les suites qu'ils appellent.

Car en toute démocratie intellectuelle, où la raison implique la concurrence des raisonnements mais n'exclut pas les rapports de pouvoir, la démonstration inverse est possible. Inverse, en ce sens qu'aux esprits agiles et capables eux aussi d'en découdre avec l'empirique, il est également loisible de montrer ceci : les sciences de la nature ne sont pas *plus* « scientifiques » que les nôtres. « Nous ne croyons pas que la vérité reste encore vérité quand on lui ôte ses voiles », écrivait Nietzsche. Qu'on retire d'une science tout ce qui lui est étranger (en gros, « le social ») et il n'en restera rien : c'est *à première vue* la révélation d'une sociologie des sciences et des techniques dont en France Michel Callon et Bruno Latour sont les représentants les mieux connus à cette heure. Le second nommé tire d'ailleurs, dans la même veine, des conséquences extrêmes du raisonnement « symétrique », qui l'entraînent – là aussi avec raison – bien en dehors du domaine restreint par la définition courante de la sociologie, d'où selon moi certains problèmes (cf. surtout Latour 1991), comme on le verra plus bas. Sous cet angle de vue, les sciences humaines ne sont pas « scientifiques ». Mais les autres non plus. Car pareille qualification ne fait plus sens.

Est-ce à dire que, jouant la surenchère relativiste, j'ose prêcher une nouvelle sorte d'anarchisme épistémologique à la Feyerabend : « *anything goes* », « tout marche », « tout est bon », ou que renvoyant dos à dos deux extrêmes, j'entends prudemment occuper l'extrême centre ? Ni l'un ni l'autre.

Si j'étais vraiment relativiste, je renoncerais bien évidemment à toute tentative de communiquer ce qui deviendrait l'incommunicable ; ou d'expliquer le comportement d'autrui (et le mien) selon certaines règles même minimales qui perdraient alors tout fondement intersubjectif. Que l'adhésion à de telles règles ait une histoire et soit même passible d'une approche ethnologique est certes un problème mais non un mystère. Je ne suis d'autre part ni épistémologue ou historien des sciences, ni sociologue ou ethnologue spécialisé dans l'étude de « la science se faisant », ce qui me prive, et j'en suis fort aise quoique certains risques en découlent, des douteux privilèges de l'argument d'autorité. Ni du reste philosophe nietzschéo-foucaldien moderne, post-moderne ou amoderne. Je crois seulement qu'il est du ressort de tout anthropologue de réfléchir tant soit peu sur la réflexion de tout anthropologue, y compris la sienne propre. Je dirais même qu'on ne peut, surtout de nos jours, pratiquer l'anthropologie qu'à cette condition, qui doit en outre être respectée dans toutes les phases d'une recherche. Il y a beau temps, du reste, que des ethnologues le disent. Va-t-il donc falloir des jugements péremptoires sur les ethnologies françaises en matière de rigueur scientifique, de finesse et d'autoréflexivité ? Non – ou du moins la vraie question est ailleurs. Il ne s'agit pas de mettre la pensée ethnologique en coupe réglée, comme le voudraient les épistémologies normatives. On mise ici, au contraire, sur une anthropologie apte dans l'idéal à faire son objet de l'épistémologie elle-même, horizon qu'ont aperçu nombre d'auteurs. Les sciences humaines sont nécessairement « des sciences ayant une thématique à double orientation conséquente, une thématique liant de manière conséquente la théorie du domaine scientifique avec une théorie de la connaissance de cette théorie », lit-on chez Husserl (1965 [1929] : 52), cité par Bourdieu (1972 : 167) dont on reconnaîtra ici quelque influence.

Or, une anthropologie ne saurait être normative : elle se veut ou se révèle interprétative ou explicative, « scientifique » ou « littéraire »... ou encore « philosophique » ou même, irréductible à tous ces labels. Consistante en son propre étagement, oui : jamais délibérément prescriptive, sauf, en un sens bien particulier, l'anthropologie dite appliquée, qui propose des règles d'action, par exemple dans les études « de développement ». On objectera : dire de l'anthropologie ce qu'elle ne doit pas être, c'est encore être normatif. La réponse est bien sûr que d'une part, constater un état de choses et en rendre raison n'est pas le justifier ou l'incriminer ; que d'autre part, tout praticien d'une activité humaine, l'anthropologue comme les autres, tente à l'évidence d'accorder sa pratique et ce qu'il tient pour en être une forme canonique – et à la limite, pour la bonne cause, d'imposer cette pratique comme forme canonique.

Nous y sommes : la scientificité de l'anthropologie s'inscrit parmi les enjeux et moyens d'une concurrence des anthropologues – mutuelle ou avec d'autres chercheurs – pour la définition de leur activité. C'est à ce titre qu'elle prend sens pour une ethnologie réflexive. Laquelle ne saurait bien sûr rester hors concours : autre modalité d'une aporie bien connue, déjà éludée mais qui bientôt ne sera plus contournable – comment faire partie du tableau et en avoir la vue ?

Là encore cependant, une objection préjudicielle serait possible, surtout au sortir des chapitres précédents : l'anthropologie n'existe pas au singulier, même restreinte à un paysage « national ». Mais c'est bien la raison pour laquelle le même panorama révèle aussi sa diversité sous ce jour ! D'abord, les normes de scientificité *pratiquement* en vigueur (« ce minimum d'ordre requis pour qu'on ose parler de science », écrit Dumézil) varient, chez les ethnologues, selon les secteurs, les traditions de recherche, les moments, outre leur dépendance à l'égard de hiérarchies des sciences au moins tacitement reconnues ; ensuite, « la science » elle-même, loin d'être sur ce terrain le seul maître-mot, s'oppose à d'autres modèles, revendiqués plus ou moins ouvertement, celui notamment de discipline compréhensive – ou « indicielle » comme dirait l'historien Carlo Ginzburg (1980, 1986) –, à l'instar de l'histoire dans sa représentation courante.

Parlant d'indices, on rappellera par exemple comment les stratégies de définition distinctive transparaissent dans l'opposition, interne à la discipline, entre les dénominations d'« ethnologues » ou d'« ethnologie » et celles d'« anthropologues » ou d'« anthropologie (sociale) » : bien des chercheurs, élèves de Leroi-Gourhan surtout, se réclamèrent longtemps des premières, garanties de sérieuse qualité « anti-mode » qui les différenciaient des secondes, plus courantes en France depuis l'essor du structuralisme lévi-straussien et d'abord chez ses tenants, lesquels pouvaient y trouver leurs labels de modernité dénotant une nouvelle envergure de la réflexion sur l'homme (termes évocateurs à la fois d'un débat scientifique international *up to date* avec la *social anthropology* britannique ou la *cultural anthropology* étasunienne, et d'une référence bien française – après Kant – aux grandes questions de l'anthropologie philosophique).

Même si elles y prennent un tour relativement particulier, on aurait tort de croire ces volontés contraires d'autodéfinition, avec leur fond de hiérarchies antagoniques des savoirs et des objets légitimes, réservées à l'ethno-anthropologie ou aux sciences prétendues douces. Il n'est pour s'en convaincre que de consulter, parmi une abondante bibliographie, certains écrits récents. Je pense à ceux de Jean Largeault (1980 : règlements de comptes entre épistémologues), d'Amsterdamski et col. (1990 : causalité et indéterminisme), de Hamburger (éd., 1986 : mathématiques réalistes et « philosophie naturelle » contre positivisme expérimentaliste, polémique entre praticiens), de S. J. Gould (1991 : la paléontologie et les autres « sciences de la contingence » n'ont que faire de la condescendance de certains physiciens)... Sans oublier, bien entendu, quelques études qui jouxtent ou développent la sociologie des sciences (Bourdieu 1976, 1991 ; Bloor 1982 a... Knorr-Cetina 1981... Callon, éd., 1989 ; Callon & Latour, éd., 1982, 1985 ; Latour & Woolgar 1988 ; Latour 1989 a...).

Nous présentions de prime abord des ethnologies habitant un espace sous tension, étirées qu'elles paraissent entre deux pôles. Sans doute ces extrêmes sont-ils perçus comme tels en raison aussi d'un effet d'« ethno-centrisme » au sens où pareil espace se dessine du point de vue d'un ethnologue. C'est pourquoi il faudrait détailler : la spécificité de l'anthropologie ressortirait peut-être mieux si l'on montrait que les sciences dures ont aussi leur paysage contrasté ou qu'il y a également plus d'une façon d'être historien. Mais ce serait une étape indispensable que d'analyser, justement à partir de ses points de vue, repérés dans ses résultats, ses théories, ses pratiques, comment se construit l'anthropologie : toujours « en situation » ; une situation à spécifier dans le cadre national de ses traditions et de ses voisinages institutionnels avec d'autres disciplines.

Ainsi, entre autres exemples, les ethnologues français sont-ils, pour une bonne part, des chercheurs du CNRS, institution sans équivalents étrangers de même poids et d'éventail comparable. Ce n'est sûrement pas sans incidences, *nolens volens*, sur leurs rapports avec d'autres sciences et la forme que prennent leurs stratégies de carrière comme leurs politiques de recherche ou la présentation de leurs résultats. Que cette présence de l'anthropologie dans un immense appareil qui finance les fort coûteux équipements de la *Big Science* et rémunère sa matière grise soit légitime, l'auteur de ces lignes a tendance – et tout intérêt – à le penser ; mais certains décideurs et gestionnaires de la recherche scientifique – ou quelques anthropologues universitaires – expriment parfois des avis (et des intérêts) différents. La reconnaissance d'intérêts contrastés n'empêche pas la confrontation d'arguments rationnels. Bien au contraire.

En anthropologie et ailleurs, la théorie est imprégnée de pratiques, comme la pratique, de théories. Question d'angle de vue sans doute. Voici encore Bruno Latour (1984 : 199), que je ne suivrai pas partout où l'entraîne sa plume véloce mais qui décidément a le sens de la formule : « En théorie, les théories existent ; en pratique, elles n'existent pas. »

Ethnologie des sciences et vérités ethnologiques

Restons en bonne compagnie :

> « Tout se passe comme s'il n'y avait pas de rapports de forces, mais des discours vrais, tenus par des hommes sur le monde naturel ou la société. Etrange fantasmagorie : des "hommes," des "discours," une "nature" » (Latour 1984 : 235).

Comment ! La science ne nous rapprocherait pas d'une « réalité indépendante », celle de la nature ?

> « Seule de toutes les entreprises humaines, [la science] est contrainte de répondre à des critères de réalité qui sont hors du temps [...]. Nul ne peut, s'il dispose d'informations adéquates, contester sérieusement que les humains réussissent mieux qu'avant à connaître la réalité [...]. Admettre une telle connaissance revient nécessairement à nier qu'elle soit socialement déterminée [le "contexte social" (JLJ résume) n'affecte que le rythme de sa progression, la réalité indépendante étant l' "*ultima ratio*" (JLJ)...]. Pour l'anthropologie cognitive, le problème central de l'histoire et de la philosophie des sciences est la quête d'une réponse à la question générale : "Comment se fait-il que les hommes soient capables de *penser* scientifiquement ?" » (Atran 1986 : 209, mes italiques).

Allons, soyez dialectiques :

> « [Réalisme absolutiste et relativisme historiciste...] ne peuvent poser la question de la spécificité du champ scientifique [...]. Quelles sont [...] les conditions sociales (exceptionnelles) qui doivent être réunies pour que le champ prenne la forme rendant possible l'apparition de ces produits sociaux plus ou moins indépendants de leurs conditions sociales de production que constituent les vérités scientifiques ? » (Bourdieu 1991 : 5, ma traduction).

Ces points de vue et le débat sollicité (hélas fictif) émanent de ce que, suivant une représentation classique ou externe de la discipline, on pourrait considérer à plus d'un titre comme des marges (ou des marches) de l'anthropologie française. Mais leur juxtaposition ramène aux rapports divers qui peuvent s'y nouer entre l'intelligibilité de type historique et les idées régulatrices de la scientificité – enjeu ou critère – cela sur un terrain nouveau pour les ethnologues, au moins en France : l'anthropologie des sciences. Nouveau ? Ce terrain marque pour le moment l'extrême aboutissement du retour sur soi de l'anthropologie – double réflexivité : retour sur l'Occident « moderne », dans ce qu'il tient pour son apanage historique en matière de vérités anhistoriques (le millésime du *copyright* peut varier mais attention aux contrefaçons) ; et donc, sur la science même de l'homme en société. D'où ce choix, qui nous contraint d'autant plus à réfléchir encore un peu sur notre réflexion qu'il y a là un cas limite.

Les phrases citées plus haut ne rendent évidemment justice ni à la démarche de Pierre Bourdieu, la plus féconde et rigoureuse que nous ait offert depuis longtemps la sociologie générale (mais lui-même refuse de la distinguer de l'ethnologie), ni à celle de Scott Atran, spécialiste de l'ethnoscience et de l'anthropologie cognitive (cf. ici, chap. 4, p. 127 et suiv.). Reste que le premier, dont je ne peux commenter ici la pensée, renvoie à quelque chose comme le social, même s'il sait ne pas le réifier – « champs », « habitus », « stratégies » et différentes espèces de « capital » (voir ses ouvrages bien connus, et ses récentes « réponses » : Bourdieu avec Wacquant 1992)[3] ; alors que le second, Atran, entend se référer, non certes à l'esprit comme un passif miroir de la nature, mais à

3. J'ai cherché quelque texte qui fût à la fois exemplaire d'un évident sociologisme dans l'analyse de la production des connaissances scientifiques, et en rapport (même marginal) avec l'anthropologie française contemporaine : en vain pour le moment. (Cependant, voir peut-être, au moins en matière de sociologie des savants, Lemaine & Matalon 1969 ; Lemaine & col. 1977...) Mais les déterminismes macro-sociologiques ou institutionnels sont abondamment invoqués par certaines recherches anglo-saxonnes sur les sciences, études anciennes (Bernal 1958, dans une perspective marxiste...) ou plus récentes (Merton 1973...) et même presque actuelles (voir Bloor 1982 a, les références de Barnes & Bloor 1982, et quelques-uns des articles traduits dans Callon & Latour, éd., 1982 et 1985).

une nature humaine partout décelable à travers les universaux du « sens commun » résultant bien sûr d'une sélection adaptative par le réel.

Ces aptitudes universelles transparaissent dans les savoirs taxinomiques – relatifs aux systèmes de représentation des plantes et des animaux –, que l'auteur montre suffisamment uniformes à travers l'espace (ethnologique) et le temps (historique, du « populaire » au « savant » et de l'Antiquité aux Temps modernes) pour qu'on y voie l'action, que la science a progressivement démultipliée, d'une disposition cognitive innée, adaptée au réel (cf. *supra,* chap. 4). Dès lors, les différences culturelles – causes occasionnelles – passent au second plan et l'histoire rend compte d'élaborations, devenues scientifiques, qui s'enracinent dans des schémas cognitifs proprement humains, ceux du savoir ordinaire sur le monde. Ce sens commun, qu'il faut réhabiliter, n'est pas en contradiction avec la science, il joue pour elle le rôle d'« heuristique naturelle » : il n'y a pas de pensée scientifique sans classification, mais pas de classification qui ne commence par une taxinomie « populaire ». (D'où le titre complet de l'ouvrage évoqué : *Fondements de l'histoire naturelle. Pour une anthropologie de la science*, Atran 1986 – idées-force dans Atran 1988.)

Quant à Bruno Latour (avec Michel Callon), il prend par le travers et les sociologues, relativistes ou non, et l'anthropologue cognitiviste, sorte de psychologue rationaliste et réaliste : « En réalité, ce sont les deux notions de nature et de société qu'il faut abandonner comme principe d'explication [de la construction des faits scientifiques... au moins (JLJ)] » (Callon & Latour, éd., 1990 : 35). Pourquoi ? En raison du « principe de symétrie généralisée » :

> « ... la société, nous le savons maintenant, n'est pas moins construite que la nature. Si l'on veut être réaliste pour l'une, il faut l'être pour l'autre ; si l'on est constructiviste pour l'une, il faut bien l'être pour les deux. [...] Pour que l'anthropologie devienne symétrique, il ne lui suffit donc pas d'encaisser le premier principe de symétrie – lequel ne met fin qu'aux injustices les plus criantes de l'épistémologie [cf. Bloor 1982 a et voir *supra*, chap. 1, pp. 25-26 : fausses croyances, théories vaincues ou théories avérées sont passibles d'une *même* sociologie]. *Il lui faut absorber ce que Michel Callon [1986] appelle le principe de symétrie généralisée* » (Latour 1991 : 130, mes italiques).

La symétrie généralisée ? Certes, la « nature » est incertaine, sous-déterminante, toujours diversement interprétée par les sciences dures. Elle ne peut donc être invoquée comme *cause* de leur évolution consécutive aux sanctions des controverses qui s'y déroulent. Le faire serait s'endormir dans l'« histoire-découverte » (cf.

Latour 1989 b). *Mais alors il doit en aller de même pour la société*, d'où la symétrie généralisée : « Il n'y a aucune raison, dans cette redéfinition des sciences, d'accorder aux sciences de la société un statut d'extra-territorialité » (Callon & Latour, éd., 1990 : 34). D'autant moins de raison que ce principe heuristique – peut-on d'abord penser – ne découle pas de spéculations éthérées : n'allons pas croire nos deux auteurs ignorants des dures réalités du « terrain ». Si je comprends bien, celles-ci – et non quelque *a priori* philosophique, en tout cas pas seulement –, affrontées dans l'ethnographie des laboratoires et les études de controverses scientifiques ou d'innovations techniques, les ont conduits à développer une phénoménologie ou même une ontologie en parfaite cohérence avec ce qui précède.

Les protagonistes démasqués et mis en scène par leurs analyses ne sont en effet ni des hommes avec leurs relations, ni des théories ou des discours, ni la nature ou des objets techniques (« étrange fantasmagorie »)... Mais un genre d'êtres entièrement inédit – nouveau pour le sens commun « moderne » –, hybrides de culture et de nature : des *réseaux* sociotechniques qui entrelacent tout cela, « faits de bric et de broc [...], composés d'éléments hétérogènes, associant des compétences à des équipements, des textes à des savoirs tacites, des humains à des non-humains » (Callon *in* Callon, éd., 1989 : 32 ; « Les faits scientifiques sont construits mais ne peuvent se réduire au social parce que celui-ci se peuple d'objets mobilisés pour le construire » – Latour 1991 : 14). Qu'est-ce donc qui constitue de tels « quasi-objets » (Latour dit emprunter le terme à Michel Serres) ? Des pratiques, bien sûr – voir entre autres le microbe de Pasteur (Latour 1989 b), les peptides du cerveau (Latour & Woolgar 1988), l'électrode des piles à combustible (Callon *in* Callon, éd., 1989)... ou la pompe à vide de Boyle (Shapin & Schaffer 1985, lus par Latour 1991), etc.

Ici déjà, certains lecteurs attentifs penseraient, anticipant un peu et non sans quelque flou : voilà peut-être, outre une expérience empirique particulière qui intègre des tendances de la sociologie anglo-saxonne des sciences, voilà un héritage – remontant, disons, à Nietzsche (« Il n'y a pas de faits ») – retransmis et recréé par Michel Foucault, partagé de nos jours, en France, avec l'historien Paul Veyne, notamment, et recoupé en l'occurrence par l'influence de Michel Serres, ce « Lévi-Strauss symétrique » dont Latour se réclame ouvertement... Mais l'ethnologue pressé : « Foin de laboratoires et de modernes "technosciences", de concepts "théoriques", d'histoire des idées et de philosophie » (il a tort) – « passons à l'anthropologie ! »

Nous ne l'avons pas quittée un instant. Non seulement parce qu'il y a là le projet d'une ethnologie possible de notre monde à nous, y compris de ses « idées » et sa « philosophie » ; aussi et surtout parce que l'ethnologie la plus classique, celle des mondes « autres », y est deux fois impliquée, comme modèle et comme objet. Ce qui là encore pose à mes yeux un grand problème et quelques petites questions.

Réseaux et quasi-objets ne sont ni seulement naturels, ni seulement sociaux, ni simples effets de sens (objets purement sémiotiques – cf. Latour & Fabbri 1977) : ils *sont* tout cela, réels comme la nature, narrés comme le discours, collectifs comme la société (cf. Latour 1991 : 15, dont certains arguments sont plus développés dans Latour 1990). Comment nos analystes « amodernes » ont-ils pu s'y retrouver, quand la modernité consiste dans la tripartition ainsi battue en brèche ? Tout bonnement, nous dit-on, en se tournant – dans une conjoncture historique à vrai dire favorable – vers les spécialistes de l'exotique. Car ceux-ci, et personne d'autre, nous ont « habitués depuis longtemps à traiter sans crise et sans critique le tissu sans couture des natures-cultures ».

> « Même le plus rationaliste des ethnographes, une fois envoyé au loin, est tout à fait capable de lier dans une même monographie les mythes, les ethnosciences, les généalogies, les formes politiques, les techniques, les religions, les épopées, et les rites des peuples qu'il étudie. Envoyez-le chez les Arapesh ou chez les Achuar [...], et vous obtiendrez un même récit pour lier le ciel [et tout le reste]. Pas un élément qui n'y soit à la fois réel, social et narré.
> Si l'analyste est subtil, il vous retracera des réseaux qui ressembleront à s'y méprendre aux imbroglios sociotechniques que nous dessinons en suivant les microbes, les missiles ou les piles à combustible dans nos propres sociétés » (Latour 1991 : 15).

La dichtyologie, science des réseaux (on me pardonnera ce néologisme laid), qui nous fait enfin comprendre où nous vivons, aurait donc commencé avec l'anthropologie du lointain. Pour une raison simple : la Constitution des collectifs qu'elle a d'abord étudiés reconnaîtrait d'emblée les quasi-objets, n'opérerait pas le partage entre humains et non-humains, nature et société, etc., qui en revanche singularise la Constitution de notre monde moderne depuis un moment originel qu'il s'agit par conséquent de repérer ; Constitution désigne évidemment ici « ce qui », en Occident comme chez les Aborigènes aranda, « édicte » la séparation ou l'unité ontologiques des entités par nous regardées comme naturelles, humaines, artificielles, sociales, surnaturelles... On trouve déjà chez Richard Rorty (1979 : 331-332 notamment) l'idée, d'allure foucaldienne ou pragmatiste, que nous sommes les héritiers de trois cents ans d'une « rhétorique » stipulant des distinctions entre objets de science, de religion, de politique, etc., après que Galilée eût « gagné la partie »... comme « Lénine contre Kerensky », et sans qu'aucune « essence » n'y fût pour rien.

En bref, les résultats accumulés de l'étude des autres mondes permettraient ou achèveraient de nous ouvrir les yeux sur le nôtre : nos ethnologues classiques – abusés par notre Constitution – restent bien trop timorés qui n'osent porter au cœur même de la modernité leur regard pourtant dessillé par des séjours au loin, et reconnaître que pour l'essentiel et de ce point de vue, « nous » n'avons jamais cessé d'être comme « eux », les Sauvages. N'était, justement, ce voile de la Constitution moderne que la force des presque-choses ou leur contradiction nous presse de déchirer aujourd'hui même (cf. Latour 1991 : 17-30, 190-198) et dont l'institution remonterait aux démarches conjointes de Boyle et de Hobbes (lire Latour 1990 et 1991, commentant Shapin & Schaffer 1985).

Nous voilà au fond d'un problème. On peut à l'évidence faire fi d'un argument qui, dans la perspective ci-dessus comme pour la plupart des sciences humaines, se retourne contre son auteur : « Plus les anthropologues écrivent sur les Etats-Unis, moins nous croyons ce qu'ils disent de Samoa », grognait par exemple un critique de Margaret Mead, d'après Geertz (1986 [1983] : 15). Mais au juste, que disent-ils, ces ethnologues, des Samoans ou des Yanomami et autres non-Occidentaux « non modernes » ? Bien des choses, parfois fort différentes.

Différentes, pensera-t-on, parce que – restons sur le même registre – chaque culture a sa nature, certains d'entre nous l'enseignons depuis quelque temps ; ce qu'approfondissent et problématisent fort bien l'histoire et la théorie critique de l'anthropologie écologique proposées par Guille-Escuret (1989) et comme le suggère ce passage même de Descola, pourtant cité par Latour (1991 : 25) à l'appui de ses dires :

> « ... le champ culturel est ici [chez les Achuar, des Jivaros d'Amazonie] singulièrement englobant, puisque s'y trouvent rangés des animaux, des plantes et des esprits *qui ressortissent au domaine de la nature dans d'autres sociétés amérindiennes* [...]. Il est quand même un moment où le continuum de la sociabilité [achuar] *s'interrompt pour faire place à un univers sauvage irréductiblement étranger à l'homme...* » (Descola 1986 : 399, mes italiques).

Mais rien d'étonnant à ces divergences, qui apparaissent doublement construites si l'on emprunte maintenant à Bruno Latour son propre raisonnement.

> « Que l'on ne se méprenne pas : loin de nous l'idée que les faits – ou la réalité – n'existent pas. Cela suffit à nous démarquer du relativisme [?]. Nous affirmons seulement que cette « extériorité » est la *conséquence* du travail scientifique et non sa *cause*. [...]. Une fois que la controverse a été réglée, *on considère* [mes italiques] la réalité comme la cause de ce règlement ; mais tant que dure la controverse, la réalité est la conséquence du débat, elle en suit chaque méandre et chaque retournement comme si elle était l'ombre des préoccupations scientifiques » (Latour & Woolgar 1988 : 186 ; « [?] » de JLJ). « Lorsque le statut d'un énoncé tend vers un fait sous l'impulsion d'une série de forces agonistiques, il est d'autres forces qui au contraire tendent à en faire un artefact » (*ibid.* : 184 ; illustration vraiment limite dans la période récente, ajouterai-je : l'étrange affaire de « la mémoire de l'eau », cf. de Pracontal 1990, Stengers & Schlanger 1988 : 8-9...).

On ne peut mieux dire ; je m'intéresse d'ailleurs presque en ces termes à la transformation, depuis le XIXe siècle, des « faits » de l'évolutionnisme dit sociologique en artefacts ainsi nommés (rétrospectivement) idéologiques. Mais puisqu'on les invoque, qu'en est-il au juste des énoncés et des réalités de l'ethnographie ? Notre auteur lui-même, dans un de ses plus captivants ouvrages, semble bien, au passage, leur dénier à eux aussi tout « statut d'extra-territorialité ».

> « Le même débauchage d'alliés [le même que dans la controverse Pasteur-Pouchet sur les micro-organismes, cf. Latour 1989 b] se retrouve dans le cas de Margaret Mead [1928] et des Samoans. Le fait bien établi [de la liberté sexuelle des jeunes filles de l'archipel] ne fut pas attribué à Mead – en tant qu'anthropologue porte-parole des Samoans – mais aux Samoans elles-mêmes. Derek Freeman [1983], anthropologue [...], attaqua récemment les thèses de Mead, en dénouant les liens qui l'unissaient aux Samoans [elle devient sous ce jour une *American Liberal* isolée, dénonçant le puritanisme nord-américain et auteur d'une fiction sur le "noble sauvage"]. Freeman, nouveau porte-parole des [jeunes filles] Samoans, montra [qu'elles] étaient opprimées, agressées [etc.], et subissaient de terribles épreuves... » (Latour 1989 a [1987] : 132-133).

Il est rappelé par ailleurs comment les faits incompatibles respectivement consécutifs aux travaux de Mead et de Freeman s'inscrivent dans un réseau d'alliances et de controverses mobilisant, pour la première, Franz Boas (culturaliste s'il en fut) en lutte contre les eugénistes, et quant au second, les sociobiologistes qui combattent le déterminisme culturel (*ibid.* : 173-175). Les théories sont aussi des armes et des enjeux. Mais qui donc voudrait le nier ?

Dans le même esprit, on pourrait montrer en quoi le beau livre de Philippe Descola (1986) que cite Latour (1991) construit des faits polémiques « pour » batailler contre les ethnologues représentants du « matérialisme culturel » étasunien et son « déterminisme famélique » (Descola 1988 b ; sur l'adversaire d'outre-Atlantique, cf. évidemment Harris 1979) ; ou comment Guille-Escuret (1988 b) ou Tort (et col., 1985) sont des belligérants d'une guerre menée à la fois contre ce dernier camp et celui des sociobiologistes (anthropologues ou éthologistes). Autre chose : quel ethnologue français n'a pensé exposer aux étudiants en sciences sociales l'épineuse question des Yanomami (vivant entre Brésil et Venezuela), caméléons contraints – tels les Martiens de Bradbury ou les microbes « version Pasteur » / « version Pouchet » – à incarner des personnages aussi dissemblables et diversement « engagés » que les écrits de Jacques Lizot (1976, 1984...), Napoleon Chagnon (1968...), Ettore Biocca / Helena Valero (1968), Marvin Harris (1984), Smole, Ramos, Ferguson... ou *Le Sauvage à la mode* (Amselle, éd., 1979) ? *Sont*-ils en même temps toutes ces figures, avant la dernière description en date qui clôt pour un temps la controverse, un peu comme, dans l'expérience imaginaire de Schrödinger, le chat à la fois mort et vivant jusqu'à l'observation du physicien qui « réduit le paquet d'ondes » ? « Eux-mêmes », les Yanomami de l'histoire immédiate, risquent à vrai dire de mourir sous peu, mais c'est encore une autre histoire.

Deux remarques enfin. L'étude des « effets de vérité », surtout dans la description ethnographique – étude courante depuis longtemps aux Etats-Unis – vient en France à l'ordre du jour (Jamin & Zonabend, éd., 1985, et cf. la revue *Gradhiva*) ; en témoigne un ouvrage récent qui sur le registre sémiologique, analyse quelques textes illustres et intègre le point de vue constructiviste – en évoquant entre autres les thèses de Latour relatives aux sciences dures (Adam & col., 1990). Sur cette gamme aussi, les faits ethnologiques peuvent apparaître construits : « y aurait-il autant de Nuer-objets [des pasteurs nilotiques] que de façons d'en parler ? » (*ibid.* : 33). Et revenons maintenant, guidés par un indice, vers les Constitutions des non-Modernes : tout le monde sait que « les Bororo sont des araras (grands perroquets) ». Cet énoncé des Bororo du Brésil central fut rapporté par von den Steinen en 1894 et devint célèbre en donnant bien du grain à moudre aux anthropologues et aux philosophes : Durkheim et Mauss (1969 [1903]), Lévy-Bruhl, Cassirer, Vygotsky, Geertz (1973)... Voilà des humains qui « sont » aussi des non-humains ! Pensée « prélogique », ou primitive, ou symbolique... Pas de frontière nature-culture !? Mais vient Crocker ; une enquête sur le terrain lui permet de démontrer en détail ceci : « En s'identifiant *métaphoriquement* aux araras, les Bororo [seuls les hommes disent être « *comme* des araras »] cherchent tout simplement à exprimer l'ironie de leur condition masculine [ils dépendent de leurs femmes à l'instar des perroquets que celles-ci ont coutume d'apprivoiser] » (Crocker 1977 : 192). Dan Sperber (1982 : 54), à qui j'emprunte cet exemple, suggère que bien d'autres « mystères » de la pensée primitive sont passibles d'un tel traitement, qui les ramène au « sens commun ». Cependant, ajoute-t-il en substance, l'argumentation est ici à double tranchant : pour montrer le caractère métaphorique du plaisant adage, Crocker doit le différencier sur pièces d'autres énoncés absurdes à nos yeux et qui, eux, ne sont pas entendus figurativement par les Bororo. Est-ce à dire qu'on n'en sort plus ? Non ; mais qu'en tout cas, les Constitutions des « autres » sont à la fois variées et susceptibles d'analyses variables – ou plus, qu'elles se révèlent soit essentiellement différentes, soit « conséquences » d'autant de descriptions qu'elles ont de descripteurs concurrents.

Tous les anthropologues voient ce qu'ils décrivent ; ils décrivent aussi ce qu'ils veulent voir, c'est inévitable *et légitime*. Dans les limites cependant d'une certaine « résistance » extérieure à chacun d'entre eux : ils ne peuvent pas dire n'importe quoi. Voici du reste un scolie latourien : *« "les mondes réels", "the real worlds out there," sont la* conséquence *de rapports de forces stables, et non la cause qu'ils se stabilisent »* (Latour 1984 : 256) ; si bien qu'« (il n'y a que) des épreuves (de forces [...]) », d'où ceci : « Est réel ce qui résiste dans l'épreuve » (p. 177) ; « Le principe de réalité, c'est les autres » (p. 185)... Comme l'enfer. Comparer en passant avec ceci : « La pluralité des vérités, choquante pour la logique, est la conséquence normale de la pluralité des forces... » (Veyne 1983 : 100).

Que l'ethnologue prenne des instantanés du « monde tel qu'il est » pour les Dogon ou les Baruya, les Moï Sedang ou les villageois bourguignons – pour les énarques ou les chimistes du CNRS, aussi –, et dans pareils portraits va figurer l'ombre du photographe comme de ses concurrents. Il en va de même « d'une certaine façon » en physique, en biologie, etc., où les règles du jeu semblent toutefois plus ou autrement contraignantes ; c'est bien ce *mutatis mutandis* dont le poids fait question : négligeable ou décisif ? En décide à coup sûr une épreuve. Mais on ne saurait croire que toute l'anthropologie consiste dans la transcription point trop fautive des « théories indigènes » du monde, agies dans certaines pratiques (idées en actes : idéopraxies), dites dans certains discours (lesquels sont aussi des pratiques : « discursives ») – en somme, de quelques articles au moins des Constitutions exotiques. Car il y a plus d'une manière de les traduire, de les interpréter, on l'a vu plus haut ; et au surplus, dix façons de ne pas s'en laisser conter ou de se faire piéger par elles pour le chercheur qui veut en produire la théorie, souhaitée scientifique ; celle-ci ayant pour fin d'expliquer, parmi ses « faits », les théories indigènes des faits, doit évidemment s'en abstraire, un peu comme un métalangage, d'un langage-objet.

En voici un exemple illustre : depuis le Maori Tamati Ranaipiri et l'ethnologue Elsdon Best, depuis Mauss dans l'*Essai sur le don* (1923-24), Lévi-Strauss (1968 a [1950]) par sa critique du précédent, Sahlins (1976 [1972]) et bien d'autres – dans tous ces discours, comme l'écrit Mondher Kilani, « que de *hau* » ! A propos de ce concept maori et de la théorie indigène – ou des données « objectives » – de l'échange non marchand (ou, selon Remo Guidieri, de la sorcellerie) dont il semble être un élément, la controverse rebondit d'un texte à l'autre, comme d'ailleurs plus récemment le débat sur la controverse... Tout y passe : confrontation de traductions ou glose de leur impossibilité, révisions de frontières entre objet et opérateur d'explication (*quid* du *hau* en l'occurrence ?), approche herméneutique, explicative, réalisme substantialiste, réalisme structural, positivisme... Où et quels sont les objets de référence, le rapport entre langage de référence et langage interprétatif ? et ce n'est pas tout (cf. l'exposé pénétrant et la bibliographie de Kilani 1990).

Enfin, et nul ne l'ignore, le chercheur définit bien souvent l'objet de son discours en excluant, au moins pour un temps, le discours de l'objet. Lorsque Robert Cresswell (1985) poursuit une expérience indirecte (au sens de Claude Bernard et de Durkheim) : comparer, toutes choses presque égales d'ailleurs – un même écosystème, la forêt guyanaise –, les techniques peu différentes et les organisations sociales dissemblables de deux populations voisines mais d'origines fort distinctes (Wayana amérindiens, Aluku descendants d'esclaves noirs fugitifs)[4], je ne le vois pas douter un instant que le technique soit dans la culture et soit nature médiatisée, ou que s'y associent des choses, des corps, des savoirs. Ce faisant, il vise l'épreuve d'une loi, d'une relation invariante entre des phénomènes néanmoins discernés suivant la tripartition qu'il entérine par sa méthode (écologie naturelle / culture technique / organisation sociale) ; peu lui

4. Voir *supra* le schéma de la p. 99, chap. 3.

importent *à ce stade de la recherche* les Constitutions aluku et wayana. Mais l'anthropologue des sciences procède-t-il toujours autrement, qui doit aussi se garder d'une « théorie indigène » aux traquenards bien mieux cachés encore à ses yeux : l'épistémologie du philosophe ou celle, souvent tacite, du savant lui-même ?

> « Notre enquête a pour but d'ouvrir une voie différente [autre que l'emprunt du langage des scientifiques] : s'approcher des sciences, *contourner* le discours des savants, devenir *familier* de la production des faits, puis s'en retourner chez soi et rendre compte de ce que font les chercheurs dans un métalangage qui *ne doive rien* au langage qu'il s'agit d'analyser » (Latour & Woolgar 1988 : 23)[5].

On aperçoit au passage un nouvel affleurement de notre aporie récurrente : comment faire l'anthropologie des anthropologues sans rester pris dans leur langage.

S'il y a en tout cas des vérités construites quelque part -- même dans les sciences les plus « naturelles » –, on doit en trouver partout : symétriquement. Rabattre sur la Constitution moderne – « causée », nous dit-on, au temps de Hobbes et Boyle –, pour en confirmer l'artifice, celles, « amodernes », qui devraient en ce cas s'avérer conséquences des controverses anthropologiques, n'est-ce pas réintroduire l'asymétrie par la bande : doter abusivement leurs vérités établies du plus grand des « indices de réalité » ? D'autant que si la nôtre est justiciable d'un moment-origine, elle fut bien, aussi, construite. Mais alors les autres également – par qui ou par quoi ? A moins d'être réaliste en anthropologie et constructiviste pour le reste...

D'ailleurs, l'ethnologue le moins constructiviste doit reconnaître ceci : les « visions du monde » et les théories « indigènes » ne sont bien souvent présentables comme telles, dans la littérature spécialisée, que par l'opération du descripteur qui les agence. Celui-ci parle de collectifs mais ne parle qu'avec des personnes. Il tend dès lors à intégrer en un système unique et cohérent, dans un texte, des informations hétérogènes – observations de comportements en situations très diverses, de discours publics, conversations « privées », récits, propos directs ou rapportés, etc. –, cela donc sans différencier

---

5. Notons cependant, sur le langage des épistémologues et de certains scientifiques, une impression d'évidence – les théories de la connaissance contestées par Latour me semblent bien vieillies – que confirme le propos récent d'un historien des sciences dures : « le statut distinct de la science [son contenu cognitif "objectif"] a des défenseurs autrement plus coriaces que ceux auxquels s'attaquent les sociologues » (Chalmers 1991 : 100, développements pp. suiv.).

les forces et les formes des « croyances », des savoirs ou des engagements affectifs qui sont à leur principe. Mais le chercheur est-il toujours en droit de postuler cette indistinction quant aux modes originels d'existence des objets définis par les Constitutions dont il se fait ainsi le rédacteur ?

L'interprétation « ethnologique » du statut des faits scientifiques s'inscrit dans une tendance qui n'est pas totalement nouvelle en histoire des sciences dures : elle paraît, vue d'ici, au moins en germe chez Reichenbach, Kuhn, Holton, bien entendu chez les sociologues de l'« Ecole d'Edimbourg »... sans parler de sa généalogie ou son archéologie philosophiques ni de certains legs de l'*ethnomethodology* étasunienne. Le rapatriement, afin d'analyser nos sciences, de théories mûries par l'anthropologie, a du reste quelques partisans : ainsi la thèse de Durkheim-Mauss (1969 [1903]), selon laquelle la classification des choses reproduit celle de la société, fut-elle remise au rouet dans ce but par David Bloor (1982 b), qui s'inspirait en outre de l'ethnologue durkheimienne Mary Douglas ; et d'après Latour, les mêmes influences expliqueraient, par exemple, la teneur – et l'échec – d'une recherche récente sur le monde des physiciens des hautes énergies (Traweek 1988). Mais les conceptions en cause ici, disqualifiant ce sociologisme, vont plus loin et touchent de plus près l'anthropologie et ses fondements (si elle en a). Je les crois cependant assez subtiles pour ne pas s'arrêter à ce que Marc Augé appelle la fausse subtilité des renversements de perspective (cet auteur n'est d'ailleurs pas sans rapports avec de telles conceptions, verra-t-on *in fine*). Pour jouer mais se jouer de l'ethnocentrisme à rebours, faut-il reconnaître quelque part une vérité un peu plus vraie que les autres – ou une force un peu plus forte ? Le sociologue Raymond Boudon (1990 : 311-318), dans un gros ouvrage au demeurant fort incisif, me paraît faire un mauvais procès à Latour et Woolgar quand il leur impute un « *a priori* de la vérité unique », très répandu à vrai dire, qui supposerait qu'à leurs yeux, leur description ethnologique « soit la seule possible ou qu'elle soit supérieure aux autres » (p. 117). C'est ou bien faux ou bien trivial : toujours apparemment vrai d'un descripteur (« Tu n'aimes pas l'autre ! » reproche la dame, désolée, à son mari qui met une des deux cravates qu'elle vient de lui offrir).

> « Notre description de la construction d'un fait dans un laboratoire [...] n'est *ni supérieure ni inférieure* à celles produites par les scientifiques eux-mêmes. Elle n'est pas supérieure parce que nous ne prétendons pas disposer d'un meilleur accès à la « réalité », pas plus que nous ne prétendons échapper à notre description de l'activité scientifique [...] cette description elle-même deviendra

partie prenante d'un champ d'énonciation. Combien faudra-t-il prévoir de recherches ultérieures, [...] de redéfinitions du champ et de transformations de ce qui peut être compté comme argument acceptable pour que ce point de vue apparaisse plus *plausible* [mes italiques] que les autres ? » (Latour & Woolgar 1988 : 280-281).

« Aucune explication n'échappe aux rapports de forces que j'ai décrits [...] – la mienne pas plus mais pas moins qu'une autre » (Latour 1984 : 165) : voilà au moins qui donne à penser... même si cela va de soi.

Anthropologie paradoxale

Comment concilier ces raisonnements tantôt réalistes (semble-t-il), tantôt... non réalistes au sens courant du terme (faudrait-il dire nominalistes) ? Résumons-les.

1. Les faits sont des effets ; scientifiques (« naturels ») ou sociaux, « modernes », ils sont construits ; donc les faits ethnologiques le sont aussi, dans les controverses entre ethnologues notamment.
2. La « dichtyologie » des sciences et des techniques décèle dans notre monde des « quasi-objets », des réseaux sociotechniques : ontologie nouvelle – bien que sans « essences » –, neuve au regard de la Constitution « moderne », elle-même construite.
3. D'ailleurs, des presque-choses en réseaux, les ethnologues en décrivaient depuis longtemps chez les « non-modernes ». Ces entités « existent » donc partout et de tous temps (au moins à l'échelle du genre humain) : réalisme dichtyologique, y compris des ethnologues (réalité, ou crédibilité des faits : cette distinction n'est pas pertinente ici).
4. Les descriptions-explications (l'argumentation) schématisées en 2 et 3 ne sauraient se soustraire à la loi de 1 – pas moins mais pas plus, au reste, que 1 et 4.

Est-ce passer sous silence l'évolution d'une pensée ? Car soutenir 2 et 3 *en même temps* que 1 et 4 appelle quoi qu'on en dise quelques éclaircissements. L'anthropologie doit comprendre qu'il y a « co-production des collectifs et de leurs quasi-objets », mais « Aucune science ne peut sortir du réseau de sa pratique », écrit Latour (1990 : 155 et 137) : cette anthropologie-là – à la différence des autres – serait-elle « hors-concours », sorte de « contre-science » foucaldienne ? Est-ce de la dialectique, ou le bouclage et les fluctuations d'une théorie homéostatique – le constructivisme s'appliquant à lui-même qui devient réalisme d'un autre degré, objet, à son tour, d'analyse constructiviste, etc. ? Une forme radicale d'existentialisme (l'existence précède l'essence de tous les actants, humains, société, faits, matière et conscience : cf. Latour 1991 : 118 notamment) ? La partie émergée d'une « réduction ontologique » sophistiquée, à la Quine (1977 [1969]) ? Plutôt, semble-t-il parfois, une modalité du néopragmatisme « anti-essentialiste » qu'aux Etats-Unis défendent quelques philosophes renouvelant, dans la réflexion sur les sciences et l'éthique, la pensée de W. James, C. S. Peirce, J. Dewey, et qui dans l'hexagone se retrouverait chez des sociologues promouvant une conception inédite de la relation entre « personnes » et « choses », sujet et objet (Boltanski 1990, Boltanski & Thévenot 1991)... Laissons cela à d'autres, plus compétents, qui pourront en juger, mais ce n'est pas sans intérêt pour l'histoire des idées anthropologiques (et nous évoquerons sous peu une dernière interprétation). Je crois surtout saisir là des mouvements d'une pensée créative qui cherche et se cherche – pensée, bien souvent, d'un moraliste, c'est d'ailleurs tout à fait licite. Reste l'indéniable : le grand intérêt des études empiriques sur les réseaux sociotechniques et les quasi-objets dans le monde moderne, travaux qui ressortissent pleinement à l'anthropologie (voir aussi, par exemple, Akrich et d'autres *in « Des machines et des hommes »* 1990). On doit les connaître, on doit en discuter. J'ai seulement voulu, dans ces derniers paragraphes, y voir l'exemple *crucial* d'un problème qui fait écho à tous ceux qu'a évoqués ce livre ; difficulté que rencontre sous diverses formes toute réflexion sur les sciences, mais qui se complique dans le cas des sciences humaines et apparaîtra comme on va le comprendre encore redoublée pour l'anthropologie des anthropologies.

« Je peux maintenant donner à cette façon de faire l'histoire des sciences, que j'ai nommée histoire-construction, son véritable nom : *c'est l'histoire tout court*, mais étendue aux choses mêmes » (Latour 1989 b : 445). Qui n'a plus foi en aucune autre doit croire encore cette vérité-là : « Natures et sociétés deviennent les produits relatifs de l'histoire » (Latour 1991 : 175). C'est d'ailleurs l'histoire – mieux, la pratique historique – constituante qui éclaire enfin les quasi-objets, les réseaux constitutifs et pratiquement constitués de toutes les natures-cultures : le pullulement même de ces monstres hybrides, que notre Constitution avait favorisé, finit par la faire craquer. Voilà donc assignés tant la naissance que le trépas d'un « monde » à une discontinuité historique radicale, l'instauration puis la rupture d'une Constitution ; à quelque chose de plus qu'un changement d'« espace d'ordre » selon Foucault (disons, 1966, « Préface ») ? « Les objets semblent déterminer notre conduite, mais notre pratique détermine d'abord ses objets », écrivait Paul Veyne dans un texte qui célèbre la révolution foucaldienne en histoire. D'autres formules y figurent dont le ton comme le fond nous paraîtront désormais familiers.

> « [Voici] peut-être le problème fondamental de l'histoire-philosophie selon Foucault : [...] il faut à la fois nier la réalité transhistorique des objets et laisser cependant à ces objets assez de réalité objective pour qu'ils demeurent quelque chose à expliquer, et non pas fantômes subjectifs à simplement décrire ; il faut que les objets naturels n'existent pas et que l'histoire demeure réalité à expliquer » (Veyne 1978 : 228, n. 6).

On lirait plus avant (ou chez Veyne 1983) quantité de réflexions dans le droit fil desquelles pourrait s'inscrire, même si elle veut s'en démarquer (Latour 1988 a : 41, n. 22), l'anthropologie évoquée ici, qui affirme en outre sa parenté avec la « pragmatogonie » de Michel Serres (cf. Latour 1990, Serres 1987 ; Serres et Veyne, chacun à sa manière, ont d'ailleurs usé eux aussi d'un principe de symétrie généralisée fort manifeste).

Tout est historique. C'est l'histoire – l'intrigue – de la coproduction conflictuelle des discours et des choses dont ils parlent, des sujets et des objets, des natures et des sociétés, qui dans un tel monde établirait dorénavant les fondements d'une anthropologie des mondes et des savoirs sur le monde.

Cette ontologie-là, ou cette pratique, n'a rien de commun, c'est clair, avec celle de l'ethnologie comme *sociologie comparative*, y compris des sciences, qu'elle soit vraiment relativiste ou que, tel Bourdieu, son praticien espère rendre raison des singulières conditions sociales, certes de part en part historiques, en lesquelles s'engendre, s'ajoutant aux autres, un « champ » dont les produits – des connaissances « vraies » – transcendent pourtant leurs conditions historiques de production, d'où la spécificité partielle de pareil champ et la possibilité *in extremis* d'une sociologie vraie de la sociologie. Rien de commun non plus avec ce qu'est le réel pertinent : un appareil de l'esprit et ses prises sur le monde extérieur, pour une anthropologie se voulant psychologie scientifique comparative – la comparaison entre lieux ou temps y réduit les diversités en universaux du psychisme... Une science qui de son côté vise à l'horizon, parmi d'autres cibles, la mise au jour des réquisits cognitifs de son propre avènement : « "comment se fait-il que les hommes soient capables de penser scientifiquement" » – à savoir, de « répondre [toujours mieux] à des critères de réalité qui sont hors du temps » ? (Atran 1986 : 209.)

Histoire ou science, esprit ou société, rationalité et réel comme cause ou effet : ces questions apparaissent maintenant traversées par une discussion dont les acteurs se répartiraient d'abord entre deux pôles, universalisme raisonnablement rationaliste et historicisme relativement relativiste. Que de -ismes, que de -istes... Au risque d'agacer, ne soyons pas trop nominalistes : il faut bien invoquer des catégories générales d'usage courant dans nos disciplines, quoique leur consistance comme leur dénotation varient quelque peu selon l'utilisateur. Mais rassurons-nous. Il n'y pas là fuite en avant dans une cascade de problèmes et Achille, sur le terrain, rattrape bien la tortue. Permission ne lui est pas octroyée, cependant, de violer les règles en prenant des raccourcis. Or, s'il est un débat auquel la réflexion ne peut couper court, c'est bien celui qui habite l'ethnologie depuis les commencements, dont l'anthropologie des sciences, pour nous si révélatrice, se ressent comme d'un paradoxe à réduire, et que l'historien précité exprime nûment par une alternative : « Entre la culture et la croyance en une vérité, il faut choisir » (Veyne 1983 : 126).

Chaque « civilisation », en chaque « période », a ses valeurs – et ses valeurs de vérité –, la nôtre aujourd'hui, avec ses sciences et ses anthropologues, n'étant donc qu'une variété parmi d'autres de ces multiples univers historico-culturels d'une seule espèce qui coexistent ou se succèdent depuis la naissance de l'homme. Sous ce jour, l'unique vérité invariable est que la vérité varie (Veyne). Hegel ne dirait pas non ; d'ailleurs, pourraient renchérir hâtivement d'aucuns, les vérités scientifiques ne sont-elles pas toujours révisables ? Voilà pour le stéréotype du culturalisme-historicisme relativiste. On aura déjà compris qu'une telle conception du monde ou plutôt des mondes permet sans ambages de traiter comme tous les autres celui qui est aujourd'hui le nôtre : d'en faire « une culture » *en tous points* passible d'histoire ou d'ethnologie, mais recèle apparemment une contradiction, sinon un paradoxe. Ce que n'ont pas manqué de souligner ou parfois de dénoncer maints auteurs, philosophes ou *social scientists* aux positions pour le reste différentes – comme les formes, morale, culturelle, cognitive, du relativisme discuté –, parmi lesquels, ces temps derniers, Bouveresse 1984, Caillé 1988, Putnam 1984, Sperber 1982, Taguieff 1987... Paul Ricœur (1969 : 9), herméneute s'il en est, formulait ainsi le problème sous-jacent : « la compréhension met [...] en jeu tous les paradoxes de l'historicité : comment un être historique peut-il comprendre historiquement l'histoire ? ».

Pas de métaphysique : penser que chaque culture (et selon les moments !) produit littéralement son propre univers, incommensurable aux autres, c'est nier toute possibilité de communication interculturelle et en fin de compte interpersonnelle (où commence ou finit « une » culture dans le temps et l'espace ?)... A ce petit jeu bien connu, le « réel » de mes voisins de palier (sans parler de mes voisines) me devient vite aussi inconnaissable en droit que celui d'une coccinelle, le mien n'existe que quand je le perçois et me voilà solipsiste... comme tout le monde. Fort heureusement, les ethnologues relativistes ne sont tels que jusqu'à un certain point, faute de quoi ils cesseraient d'exercer. Je crois même qu'aucun d'entre eux n'adhère aujourd'hui tout à fait au stéréotype esquissé plus haut – contre quoi néanmoins s'escriment encore certains de leurs contempteurs. Si bien que la majorité des anthropologues français estiment probablement dépassé le débat entre relativisme et rationalisme, ou n'en ont cure, préférant parfois confier à leurs pratiques de recherche la charge de ses solutions empiriques (nous prouvons le mouvement en marchant... en zigzag parfois).

L'œuvre entière de Claude Lévi-Strauss par exemple, comme les innombrables exégèses critiques, apologétiques ou même hagiographiques qu'elle suscite depuis ses débuts, témoigne des difficultés qu'éprouve l'ethnologue conséquent à rapporter son travail à cette dyade thématique abstraite ; sans distinguer de surcroît les positions *a priori,* en actes et *a posteriori*. Mais naguère encore, la discussion battait son plein dans la littérature de langue anglaise, et elle se renouvelle dans certains secteurs des sciences humaines en France[6].

Sans doute, bien peu de nos anthropologues s'avoueraient « absolument » rationalistes, à la différence probable de beaucoup d'économistes et de certains sociologues, notamment ceux qui pratiquent la théorie des choix ou de l'action rationnels et l'individualisme méthodologique (voir cependant les mises au point détaillées qu'exposent Elster 1986 et Boudon 1990).

Le Lévy-Bruhl de la « pensée prélogique » est-il rationaliste ou relativiste ? Et Lévi-Strauss ? Le relativisme cognitif du premier (les « primitifs » et peut-être les Chinois ne *pensent* pas *comme* nous), quoiqu'on l'ait exagéré, n'est certes pas conciliable avec l'intellectualisme du second (les hommes ont toujours pensé aussi logiquement). Mais tous deux sont rationalistes au sens épistémique (presque par définition), même si Lévi-Strauss a pu faire montre de relativisme culturel ou moral – non sans de relatives contradictions, fort évidentes sous l'angle logiciste et soulignées voici vingt ans par Raymond Aron (1970). Remarquons en point d'orgue que la plupart des critiques relativistes du rationalisme sont fondées sur des

6. Cf. un célèbre article de Horton (1990 [1967]) ; Hollis & Lukes, éd., 1982, Ulin 1984, « *Rationalisme et relativisme* » 1988, Todorov 1989, et *La pensée métisse...* 1990, où figure une version française du texte précité de Horton...

arguments rationnels ; car – en outre – l'universalisme de la raison n'est pas exempt, lui non plus, de certains paradoxes : si tous les humains de toutes les cultures sont en fait égaux parce qu'également rationnels, comme les Occidentaux s'avèrent les seuls (ou les premiers) à l'avoir proclamé, ils se glorifient d'un principe autoréfutant qui implique qu'ils seraient un peu plus égaux et rationnels que les autres (cf. Caillé 1988 et Dumont 1983).

Quant à la morale et au respect de l'autre, ingérence ou non et nonobstant la distanciation objectivante (des goûts et des couleurs...), quiconque peut contribuer à l'abolition d'une pratique comme l'infibulation ou l'excision doit à mon sens le faire ; d'ailleurs, en deçà de ses paradoxes et des pierres de touche de l'histoire contemporaine, le relativisme éthique trouve empiriquement ses limites devant nombre de faits ethnographiques comme celui-ci, même si plusieurs interprétations en sont possibles : à la fin du siècle dernier, les Pawnee skidi (« Indiens des Plaines » orientales) abolirent « avec soulagement » leur coutume de sacrifier une jeune captive à l'Etoile du Matin, sous l'influence d'un guerrier fameux, soudain rebuté par ce rite (cf. Linton, 1923)... crise de sensiblerie occidentale, peut-être. Mais sur le fond, où est la frontière de l'acceptable ? Cela se discute cas par cas, bien sûr. Ici au moins, la morale est une casuistique.

Ce tour d'horizon suggère combien la simple alternative apparaît réductrice dès que l'on met les positions de principe à l'épreuve d'un soupçon d'analyse. Encore fallait-il le rappeler. Notre réflexion de fond se renouera maintenant d'autant mieux en traitant de travaux ethnologiques récents (pour une part déjà évoqués), où se précisent sur pièces les questions qui touchent au relativisme et ses dosages, à l'histoire ou aux sciences.

Il est plus d'une façon d'évaluer la distance des savoirs des ethnologues à ceux qu'ils étudient par prédilection. Entre nous et les « autres », sans qu'une claire hiérarchie soit toujours affirmée, l'écart est d'ordre intellectuel (mais pas forcément naturel, « racial ») : c'est ce que soutenaient quelques évolutionnistes classiques ou, autrement, Lévy-Bruhl avec des nuances qu'il faut lui reconnaître avant même ses propres révisions (cf. *« Autour de Lucien Lévy-Bruhl »* 1989) – et nous verrons qu'une telle attitude, devenue rare, est encore possible. Après Durkheim – la logique de la pensée scientifique est pour lui une forme plus accomplie de la pensée religieuse primitive –, la consécration de la « pensée sauvage » lévi-straussienne érige en paradigme une anthropologie dont, par delà les applications diverses de la méthode structurale, la psychologie de l'intellect constitue le fondement en raison (voir notre chap. 2).

C'est dès lors la structure non consciente de l'esprit, universelle et déductible en droit des modèles construits pour rendre intelligibles les réalités ethnographiques, qui engendre ces dernières, du moins en un sens, *au moyen* du monde environnant ; le « meilleur Durkheim », écrit Lévi-Strauss, c'est « celui qui admettait que *toute vie sociale*, même élémentaire, suppose, chez l'homme, une *activité intellectuelle dont les propriétés formelles ne peuvent, par conséquent, être un reflet de l'organisation concrète de la société.* Mais surtout, le texte des *Formes élémentaires* [comme d'autres du même auteur] montre les contradictions inhérentes à la perspective inverse, trop souvent adoptée par Durkheim quand il affirme le primat du social sur l'intellect » (Lévi-Strauss 1962 a : 138-139, mes italiques).

Sous ce rapport, la pensée sauvage n'est pas seulement celle des « Sauvages ». Elle est certes mieux discernable dans les oeuvres et les institutions des sociétés sans écriture, mais manifeste partout un fond commun à l'humanité, ses « enceintes mentales ». Non pas le règne des affects : une « *logique* du sensible » qui n'est pas *formellement* distincte de la nôtre, même si nous et quelques autres cultures l'avons, pour une part seulement, « domestiquée ». Elle préside à tous les systèmes symboliques gouvernant les représentations du monde avec leurs classements. Ainsi, à en croire la dernière phrase, très belle, de la *Potière jalouse*, la pensée mythique (où les opérations premières de l'esprit se déploieraient sans contrainte externe) ne s'oppose pas à la pensée analytique : « Surgie du fond des âges, tutrice irrécusable, elle nous tend un miroir grossissant où sous une forme massive, concrète et imagée, se reflètent certains des mécanismes auxquels est asservi l'exercice de la pensée » (Lévi-Strauss 1985 : 268 *in fine*).

Par là, se réduit sans s'abolir la distance entre le monde d'origine de l'anthropologue et ceux qu'il reconstruit sous l'effort de sa propre raison. Dans ce mouvement toutefois, un écart différentiel est produit qui distingue encore, non plus des types de « mentalité » – prérationnelle, rationnelle –, mais « deux modes distincts de pensée scientifique » (Lévi-Strauss 1962 b : 24), le plus ancien subsistant dans l'Occident moderne sous une forme résiduelle. A la science conceptuelle et objectivante s'oppose, par une série d'inversions typiques du binarisme de notre auteur, une « science du concret », science « première » qui travaille sur des signes – pas sur des concepts –, comptable non des propriétés profondes mais des qualités sensibles du réel : en témoignent les taxinomies et la spéculation mythique, dont on retrouve la logique dans les classifications « symboliques » usant d'espèces naturelles avant tout « bonnes à penser » puisque parfois sans utilité économique directe.

Ces couples d'oppositions et ces chiasmes sont illustrés par l'image célèbre du bricoleur (pensée sauvage) et de l'ingénieur (pensée domestiquée), que connaissent au moins les ethnologues français dans leur ensemble (1962 b : 26-44) ; la métaphore reste heuristique, ajouterait-on même que le « bricolage » demeure présent dans l'activité des sciences dures, ainsi en biologie (Jacob 1982) ou en physique : la théorie des « cordes », d'abord abandonnée dans un domaine – interactions fortes –, ressort des tiroirs quinze ans plus tard, vers 1980, pour s'appliquer à un autre, la gravité quantique (Changeux & Connes 1989 : 81-85). Dans son plus récent ouvrage – saisissant par la pureté du style et la clarté d'exposition, et consacré au thème de « l'impossible gémellité » dans la pensée amérindienne –, Lévi-Strauss compare une fois encore la science moderne à la pensée mythique.

> « Il me semble [...] que si, dans les sociétés sans écriture, les connaissances positives étaient très en deçà des pouvoirs de l'imagination et qu'il incombait aux mythes de combler cet écart, notre propre société se trouve dans la situation inverse, mais qui, pour des raisons opposées certes, conduit au même résultat. Chez nous, les connaissances positives débordent tellement les pouvoirs de l'imagination que celle-ci, incapable d'appréhender le monde dont on lui révèle l'existence, a pour seule ressource de se retourner vers le mythe » (1991, « Avant-propos » : 11), écrit-il.

Et de citer en exemple (pp. 10-13) quelques fameux apologues ou paradoxes de la physique – tel le « chat de Schrödinger » (voir une allusion ici, *supra*, p. 168) –, que, « sans espoir de se faire comprendre autrement, les maîtres de la science contemporaine proposent aux ignorants que nous sommes » (p. 10 ; à ses yeux, « le mythe est [pour simplifier] un système d'opérations logiques définies par la méthode du "c'est quand..." ou du "c'est comme..." – 1985 : 227). Or, ces procédés sont en fait ceux du *Gedankenexperiment*, l'« expérience imaginaire » (cf. ici, chap. 2, p. 69) dont parlait Mach et qui depuis Galilée jusqu'à la mécanique quantique en passant par Einstein, lequel en usa largement, est bien souvent *au cœur même* de la réflexion des praticiens de la science et de leurs discussions les plus techniques – sans donc viser d'abord le public profane (cf. de nombreuses publications scientifiques, et Sorensen 1991). Cela ne récuse en rien la réflexion de Lévi-Strauss – bien au contraire, puisque voilà le mythe (tel qu'il l'entend) inscrit de la sorte dans le noyau dur des sciences les plus dures ; mais j'y vois une autre trace du rôle sous-jacent des *thêmata* ou des dyades thématiques, et dans la pensée des chercheurs scientifiques, et dans le binarisme lévi-straussien (qui ne l'empêche pas comme on sait de raisonner parfois sur des triades ou des modèles analogiques), si ce n'est même dans celui des Amérindiens sur lequel s'exerce ce dernier – ou encore dans le mien – (cf. Holton 1982 et ici, chap. 1 *in fine*). On notera à ce propos que l'auteur des *Mythologiques* a pu considérer ces ouvrages eux-mêmes comme « ... un mythe : en quelque sorte, le mythe de la mythologie » (1971 a : 20). Ce qui rappelle certaines remarques de Wittgenstein : l'hypothèse sur l'origine d'un mythe apparaît bien souvent de nature mythique, la métamythologie est de la mythologie, estime ce penseur dont la philosophie se nourrit d'ailleurs largement de données anthropologiques et historiques concrètes, et qui voit notamment dans la psychanalyse une telle « explication des mythes par l'invention d'autres mythes ». En quoi le rejoint encore le Lévi-Strauss critique de Freud, cette fois dans *La Potière jalouse* (voir Wittgenstein, entre autres 1982 [1967], Bouveresse 1977 et Lévi-Strauss 1985 : 243-263) ; n'oublions pas cependant que Freud lui-même nommait les concepts de la psychanalyse « notre mythologie ». Que dire alors des interprétations dont fait l'objet la métamythologie lévi-straussienne ou l'hypothèse Shapin / Schaffer-Latour déjà évoquée ici, p. 166 ?

Il paraît en fait bien difficile de fixer dans cet esprit le partage entre la pensée sauvage et celle de ses analystes modernes. Le plus en vue des anthropologues déclarait jadis que si l'on visait la mise au jour des mécanismes intimes de tout intellect humain, il revenait au même que la pensée des indigènes américains prît forme sous l'opération de la sienne, ou celle-ci sous l'opération de la leur (cf. Lévi-Strauss 1964 : 21). Là contre, on a pu argumenter, mais paraphrasons P. Dumouchel (Colloque de Cerisy 1985 : 15) : la question est indécidable ; jamais personne ne saura en quelle proportion une théorie des sciences humaines généralise indûment les singularités de l'esprit individuel qui la conçoit – disons, ses prédilections soit pour le binarisme, soit pour Œdipe –, ou si ces dernières constituent, parmi d'autres, une corroboration de la théorie. Le contraire présupposerait, paradoxalement, que fût évaluée *a priori* la vérité de la théorie. Ce n'est pas, toutefois, un obstacle dirimant à l'exercice de l'anthropologie théorique. Mais il faudrait saisir les conditions de semblable exercice dans le cas présent : seules y seraient explicables les opérations de l'intellect (y compris, donc, la pensée sauvage ; Lévi-Strauss 1971 a : 596-597 ; voir aussi 1962 a : 99-100). Pourquoi ? En raison de leur nature, *qui est celle-là même de l'activité qui s'emploie à les comprendre* et qui diffère du domaine de l'affectivité, laquelle reste *ipso facto* inconnaissable aux sciences humaines, en tout cas dès qu'on ne peut la réduire au « travail de l'entendement ». Pourtant, n'y a-t-il pas contradiction ? Car si Lévi-Strauss (1962 b) a pu critiquer par exemple les analyses sartriennes, c'est bien quand elles prétendent différencier, des sociétés historiques, les cultures primitives, sans histoire intériorisée – mais dans le cadre d'une philosophie qui, selon lui conforme dans le fond à celles de ces cultures, *échoue à les expliquer en raison justement d'une pareille ressemblance.*

> « C'est précisément parce qu'on retrouve tous ces aspects de la pensée sauvage dans la philosophie de Sartre [1960] qu'elle nous semble incapable de la juger : *du seul fait qu'elle en offre l'équivalent, elle l'exclut*. Pour l'ethnologue, au contraire, cette philosophie représente (comme toutes les autres) un document ethnographique de premier ordre, dont l'étude est indispensable si l'on veut comprendre la mythologie de notre temps » (Lévi-Strauss 1964 : 21, note, mes italiques ; encore un mythe de la mythologie ?).

Il y a peut-être des façons de gagner (pour un temps) un niveau où le mystère s'éclaire. Lévi-Strauss, écrit Dan Sperber (1982 : 96), « ... a tendance à représenter un objet concret au moyen d'une de ses propriétés abstraites ; cela le rend particulièrement apte à pénétrer la pensée de ceux qui, *à l'inverse*, tendent à représenter une propriété abstraite au moyen d'un objet concret... » (mes italiques). S'ensuivrait que sa pensée s'accorde fort bien à celle des peuples narrateurs de mythes : accord fondé non sur la similitude mais sur la complémentarité dans la ressemblance. Toujours les dyades et les chiasmes ; il demeure que cette pensée produit une différence positive de taille dans la connaissance, comme le montre entre autres, face à certains problèmes ethnographiques, leur explication en termes de « déductions empiriques » et « transcendantales » (évoquées plus haut, chap. 4, pp. 140-141). Passons à d'autres rapprochements de différences et ressemblances.

Sperber, lui aussi, devant le même type de faits, propose de réduire la distance entre « eux » et « nous ». On reviendra en pays de connaissance : le « modèle Sperber » s'oppose exemplairement au « modèle Latour », tous deux bien différents de la démarche lévi-straussienne. D'autres lignes de partage avec d'autres approches seront pour finir revues de plus haut. Mais ces trois perspectives – Lévi-Strauss, Sperber, Latour – ont au moins en commun de franchir par des voies nouvelles certains fossés qui autrefois séparaient censément les Occidentaux, modernes et rationnels, de ceux dont ils semblent à première vue les plus éloignés. Il n'en va pas ainsi (car elle réactive d'anciens passages) de la thèse que soutient Paul Jorion (1989 a) à partir de données qui seront tout à l'heure la pierre de touche d'une rapide confrontation. Pour ce dernier auteur, les anthropologues doivent faire acte de contrition : ils auraient tout à gagner d'une révocation de ce dogme qu'est devenue « l'unité psychique de l'Homme ». Il faut à cet effet rénover les hypothèses injustement discréditées de Lévy-Bruhl sur la discontinuité des modes de pensée. Notons au passage une interprétation « politique » du déclin – le mot est faible – de ces hypothèses :

> « ... la stratégie intellectuelle par laquelle Claude Lévi-Strauss a su s'imposer durablement comme figure dominante de l'anthropologie française (et notamment la filiation qu'il se reconnaît avec Mauss, et par là avec Durkheim), devait le porter à une forme de critique aussi radicale qu'expéditive de Lévy-Bruhl » ; « Comme le formule joliment James Clifford, "la brillante opération intellectuelle par laquelle Lévi-Strauss déblayait le terrain dans les années 1950 reposait sur un certain nombre de simplifications et d'éliminations" » (D. Merllié, *in « Autour de Lucien Lévy-Bruhl »* 1989 : 429 et n. 35 ; Clifford 1987 : 187).

Or, les « faits » de relativisme cognitif méritent à plusieurs égards réexamen et analyses nouvelles, nous dit Jorion (1989 a). Leurs solutions – en matière de représentation formalisée des connaissances – contribuent au progrès de l'intelligence artificielle qui à son tour leur donne poids (cf. aussi, dans cette discipline, les travaux qu'effectue Jorion : 1989 b, chap. 9 surtout). Mais par surcroît, les données ethnographiques, autant que les avis de certains anthropologues, accréditeraient d'emblée un tel relativisme, et notamment les prétendues taxinomies vernaculaires, passées en revue grâce à une documentation recoupant largement celle qui appuie les arguments contraires de l'ethnoscience (résumés dans notre 4ème chap., pp. 129-131. Il n'y aurait pas là des *classifications* « indigènes » du monde, indicatives d'une logique universelle du « sens commun », mais des *inventaires* fondés sur des associations et des connexions simples, symétriques, non sur des relations d'ordre et d'inclusion. Le rôle de l'*affect* y apparaîtrait fort important : les regroupements des objets de pensée dans la « mentalité première » seraient gouvernés par l'équivalence des réponses *émotionnelles* qu'ils suscitent (certains chercheurs anglo-saxons travaillant sur le symbolique nuanceraient peut-être cela, mais ne le contrediraient pas).

Dans cette optique, le processus de « désenchantement du monde » (Weber) qu'implique l'abandon au moins partiel de ce mode de pensée par certaines sociétés se révèle consécutif à l'« apprivoisement » des forces naturelles – jadis ou ailleurs si anxiogènes – par la technique ; mais le progrès récent des techniques de l'intelligence (informatique) avère la fonction essentielle de l'affect dans les chenaux d'association notionnelle pour tout système cognitif, artificiel ou naturel. La familiarité de Jorion avec les théories freudienne et lacanienne n'est sans doute pas étrangère à ces vues.

Beaucoup de spécialistes s'inscriraient en faux contre une telle position ; il ne m'appartient pas cependant d'arbitrer. Mais ce cas signale une exigence de méthode. Que des conceptions un moment « perdantes » soient remises à neuf ne plaide en soi ni pour ni contre leurs rénovateurs. Ou bien c'est le résultat « scientifique » qui compte : la cohérence interne et la fécondité heuristique ou empirique du procédé, mais on doit alors juger les idées à l'aune de leur progéniture, non de leur généalogie. Ou bien comptent l'histoire et l'ethnographie des controverses : les stratégies et les arguments qui s'y affrontent successivement ; et ceux-ci comme celles-là sont dès lors à décrire et analyser, non à *critiquer* – pas plus qu'on ne peut *juger* sur ce plan leurs progénitures et généalogies.

En outre, qu'il y ait partout quelque bricolage n'est plus pour nous surprendre, après les allusions à certains emplois inattendus, en physique, d'éléments épars, « déjà là » car pour un temps mis au rancart : procédé qu'on retrouve évidemment dans nombre de disciplines plus « douces ». Une remarque sagace du sociologue allemand Wolf Lepenies, dans un ouvrage étonnant d'érudition, recoupe ce constat.

> « L'un des phénomènes qui font nettement apparaître les tensions caractérisant la relation entre les sciences et la littérature est celui du "stockage" [...], bien connu dans l'histoire des sciences [...] : un programme théorique qui a été réfuté ne disparaît pas tout simplement de la discipline [...] mais il peut hiberner dans des abris d'où il lui arrive de revenir dans le discours scientifique. Les abris peuvent se trouver soit dans la discipline d'origine soit dans celle d'à côté : [...] stockage interne ou interdisciplinaire. [Une partie de] l'histoire de l'œuvre de Buffon en fournit un exemple frappant » (Lepenies 1990 : 3).

En aucun cas, par conséquent, maintes appellations plus ou moins contrôlées dont usent couramment nos textes et débats ne sauraient faire office d'analyses que l'anathème subroge à tort : l'évolutionnisme n'est pas, sans détour, un péché, ni le réductionnisme, le positivisme, le psychologisme, le structuralisme, le matérialisme – marxiste ou non...

Il convient en revanche d'apprécier la part et les modalités

« d'économie de la pensée » organisant, parmi les démarches ainsi qualifiées, celles qui sont à présent confrontées : ou dans quelle mesure s'y mêlent le théorique et l'historique.

La stratégie de recherche propre au « modèle Sperber » veut en tout cas faire l'économie du relativisme cognitif – et comme on s'en souvient, de certaines « entités immatérielles » relevant d'une ontologie factice du social (voir cependant le chap. 4). Le point de vue cognitiviste – et le postulat d'un universalisme de la raison – tend à abolir les différences qualitatives en tirant la mentalité « traditionnelle » vers la mentalité « moderne » – c'est faute de mieux que j'emploie les adjectifs. Ce mouvement s'illustre, en termes abstraits, par une conception originale, pour l'essentiel, du symbolisme et des croyances « apparemment irrationnelles » (Sperber 1974, 1979, et 1982 chap. II). Bien en amont de leurs applications – notamment aux « taxinomies populaires », faits polémiques –, les vues réalistes de Sperber et d'Atran (1986) renvoient à la nature humaine comme résultat d'un processus d'évolution darwinienne. Celui-ci sélectionne directement les « dispositions cognitives » de l'homme, d'emblée adaptatives mais ayant pour effets secondaires *(side-effects)* des « susceptibilités cognitives » qui dotent l'espèce d'autres propriétés (cf. Sperber 1985 a).

Depuis longtemps, c'est vrai, le néo-darwinisme a dépassé les apories de l'hypersélectionnisme d'A. R. Wallace. On admettra de nos jours aisément que sous la pression sélective, puissent s'élaborer des organes (ou des combinaisons d'organes) dont les *capacités* fonctionnelles latentes excèdent l'« utilité » adaptative immédiate (d'où les points de vue rétrospectifs : « exaptations », « préadaptations », « monstres prometteurs », « fulgurations »...). Ainsi doit-on sans doute comprendre (en simplifiant beaucoup trop) que par exemple, les « dispositions » cognitives résultant de l'adaptation des ancêtres de *homo sapiens* à la chasse coordonnée – modes de représentation et d'action technique – aient pu aussi sous-produire des effets secondaires : des « susceptibilités » qui se traduisent par l'aptitude à imaginer des mythes, à composer *La Flûte enchantée* ou à croire en un divin message d'amour universel... Facultés dont certaines – pas toutes – acquièrent à leur tour, dans un nouveau contexte, une valeur adaptative. Quelques pas de plus pourraient nous conduire à la logique de « l'effet réversif de l'évolution », repérée par P. Tort chez le « second » Darwin (et dont la métaphore topologique est le ruban de Möbius) : la sélection naturelle sélectionne des aptitudes culturelles qui finalement s'opposent à la sélection naturelle... d'où, sans rupture, par une transformation continuiste, le début d'une autre histoire ; mais c'en est une (cf. Tort 1983, 1988...).

La pensée symbolique ne saurait être prérationnelle, puisqu'elle suppose au contraire un traitement rationnel préalable, fût-il minimal (cf. Sperber 1979). Elle découle d'une « disposition » du système cognitif réservée peut-être à notre espèce : l'aptitude à se représenter ses propres représentations – à produire des « méta-représentations » (*id.* 1982 : 74).

La symbolicité, par exemple, est une propriété, non des phénomènes ou de leur perception, mais de *représentations conceptuelles* que produit l'esprit, dont chacune consiste en un ensemble de propositions, certaines décrivant une information nouvelle et d'autres liant celle-ci au savoir déjà acquis. Quand cette liaison s'établit mal, notamment parce qu'elle aurait des conséquences paradoxales, la représentation conceptuelle qui décrit l'information nouvelle n'étant pas, de ce fait et en l'état, assimilable par la mémoire, devient à son tour *l'objet* d'une seconde représentation – méta-représentation –, *symbolique, cette fois*. Le dispositif symbolique récupère de la sorte ces déchets de l'activité conceptuelle pour les soumettre à un traitement propre (Sperber 1974 ; 1975 : 5).

Plus généralement, la « disposition » qui rend possibles les méta-représentations permet d'enchâsser dans une représentation bien formée des représentations « défectueuses » (ou « semi-propositionnelles », susceptibles de plusieurs interprétations en termes de vrai / faux, voire d'aucune). C'est un avantage. Elle ménage ainsi, au moyen d'idées et de concepts « à moitié compris », une position d'attente ou une étape sur la voie de la compréhension « propositionnelle » intégrale des faits, comme dans les sciences (en vrai ou faux, une seule interprétation ; cf. Sperber 1982, chap. II ; 1985 a *in fine*). Mais cette disposition entraîne aussi une « susceptibilité » cognitive remarquable : car du même coup, la possibilité est donnée à des « mystères conceptuels » – qu'aucun traitement ne saurait jamais résoudre – d'envahir les esprits humains (1985 a : 84-85).

C'est là une modalité de l'écologie-épidémiologie des idées ; à l'inverse des *connaissances empiriques*, factuelles, les croyances religieuses – qui découleraient de cette « susceptibilité » et non, directement, d'une « disposition » – seraient des « mystères pertinents », culturellement gagnants car en étroite connexion avec les autres représentations mentales d'un sujet sans jamais être justiciables d'une interprétation définitive (cf. *ibid.* : 85).

Contrairement au rationalisme structuraliste, celui du cognitivisme sperbérien voit dans le symbolisme l'action d'un appareil *spécialisé* de l'intellect, non d'opérations *générales* de l'esprit. Mais à la différence de ceux qui prétendent que la rationalité est progressivement acquise dans l'histoire de l'humanité – comme de la personne (cf. Piaget) –, pareille conception fait des seules *connaissances empiriques* l'objet d'une telle assimilation graduelle. Ces savoirs sont organisés « ... en schèmes qui permettent [progressivement] à l'individu de traiter une plus grande quantité d'informations au moyen d'un dispositif rationnel qu'il possède au départ », cela sans induire nécessairement un décroît des proportions globales de la pensée symbolique (Sperber 1979 : 36). Passons maintenant au fait polémique : c'est un cas de force majeure.

Interlude : un casoar « mauvais genre » peut-il avoir raison d'un dinosaure « dernier cri » ?

Pourquoi le casoar n'est pas un oiseau : c'est la question que posa Bulmer (1967), ethnographe des Karam de Nouvelle-Guinée, au sujet du traitement réservé par cette population, dans ses classements zoologiques, à un animal assez proche de l'autruche et rangé comme celle-ci parmi les oiseaux coureurs, du moins selon la systématique de notre population savante. Problème (peut-être) : les Karam ne comptent pas ces grands bipèdes à bec incapables de voler dans les rangs des vertébrés volants (groupe qui, suivant leur taxinomie, englobe ce que nous appelons aujourd'hui les autres oiseaux et les chauves-souris). Bref, pour eux, le *kobt* n'est pas un oiseau, un *yakt*.

Bulmer entendit l'expliquer à la fois par la singularité empirique locale du casoar et par son rôle privilégié dans les rites et les mythes, en considérant toutefois sa place unique dans la taxinomie comme l'effet plus que la cause de ce statut symbolique – à son tour déterminé par des faits sociologiques. (Les casoars « sont » des « cousins croisés » des Karam ; en Nouvelle-Guinée encore, mais aux Baruya, ces animaux n'apparaissent toujours pas oiseaux ; et tous, mâles ou femelles, « sont » cette fois des « femmes » ; leur chasse rituelle joue un rôle dans « la production des Grands hommes » – voir Godelier 1982 a, 2ème partie surtout.) Ultérieurement aux explications de Bulmer, Dan Sperber (1975) a proposé d'analyser toutes les données du symbolisme de la faune en fonction de ses vues relatives au « symbolisme en général » ; car l'ensemble des informations disponibles rendrait doublement paradoxales les conceptions soutenues notamment par Mary Douglas (1971 [1966]). Dans cette optique, peut-être l'écologie des idées saurait-elle traiter du traitement symbolique que réserve l'appareil cognitif des Karam ou des Baruya aux représentations concernant leurs casoars et leurs institutions ; mais il n'est heureusement pas nécessaire ici d'en dire plus.

— Pas un oiseau ? Voilà qui n'a rien d'illogique, diraient Atran et Sperber (entre autres) : *kobt*, en karam, désigne à la fois une « espèce » et un « genre », ou mieux : une espèce unique en son genre – ; et son genre ; ces termes définissant deux niveaux hiérarchiques de la classification indigène, le second plus général que le premier, sans forcément correspondre aux catégories ainsi nommées par nos naturalistes. De semblables genres monospécifiques existent en tout lieu dans les classifications locales du vivant (non humain, encore que...) ; et pour la nôtre aussi. Ils ne mettent aucunement en cause – ajouteraient les mêmes – le fait qu'en cette matière, le *principe* taxinomique s'avère transculturel ; « une taxinomie est une classification hiérarchisée telle qu'à un niveau donné de la hiérarchie toutes les catégories s'excluent mutuellement. Tous les exemples connus de classification de la faune se conforment essentiellement à ce modèle [...], avec un nombre variable de niveaux selon les cas » (Sperber 1975 : 12); d'ailleurs, pourrait-on renchérir, « si l'on présentait aux Karam un émeu ou une autruche, il paraît plausible qu'ils les classeraient aussi avec le casoar » (Atran 1986 : 198).

Mais si Bruno Latour passait par là : tout cela est fort bien, s'exclamerait-il, et fort objectif ; jusque-là au moins vous semblez faire l'économie du relativisme et du social... mais ne voyez-vous pas que la question de Bulmer « ... manque tellement de symétrie qu'il ne se la pose que pour certains aspects de la classification karam. Toutes les catégories qui sont les mêmes que les nôtres ne requièrent aucune explication. La nature les explique.

> "Aux échelons les plus élevés de la taxinomie des Karam, toutefois, les *faits biologiques objectifs* ne dominent plus la scène [...]. C'est à ce niveau que la culture prend le relais et détermine la sélection des caractères pertinents"[Bulmer 1967 : 6, cité et traduit par B. Latour ; coupure et italiques de JLJ].

[...] Heureux Anglais ! Personne ne vient enquêter chez eux pour savoir par quelle bizarrerie ils ont pu mettre le casoar dans les oiseaux. En Angleterre, seuls "les faits biologiques objectifs" [...] dominent la Tamise et aucune explication culturelle n'est nécessaire... » (Latour 1988 a : 36-37).

— Mais ça n'est pas la même chose ! Il y a certes quelque rapport ; bien sûr, « ... le mode taxinomique est logiquement arbitraire... » (Sperber 1975 : 13), puisque les objets techniques et, plus généralement, artificiels, ne sont pas classés de cette façon par les humains (cf. Atran 1986 : 41-42) ; bien sûr, ce mode est « ... empiriquement sous-déterminé » (Sperber 1975 : 13 : en effet, le contenu de ses classes peut varier, les hybrides sont souvent traités dans les classements populaires comme des espèces...). « On peut cependant invoquer en l'absence de nécessité logique ou empirique une nécessité psychologique : une préférence de l'esprit pour le mode taxinomique, impérative dans le cas de la faune *où les données s'y prêtent aisément* » (*loc. cit.*, mes italiques). Oui, « les *dispositions* globales [les dispositions cognitives du sens commun] qui caractérisent la structuration en rangs hiérarchiques de la classification biologique populaire apparaissent universelles, traversant tout esprit, toute société » ; mais « Ces dispositions semblent céder leur place aux *susceptibilités cognitives* qui marquent le développement de la taxinomie scientifique dans la culture occidentale » (Atran 1986 : 199, mes italiques) ; car à partir d'un tronc de dispositions fondamentales – le sens commun –, « l'arbre de la connaissance » se ramifie en « deux branches de susceptibilités » : « croissance relativement débridée du symbolisme » d'un côté, et de l'autre « greffes scientifiques bien élaguées » *(loc. cit.)*.

— Admettons ; mais là n'est pas le problème ! « Prenons un exemple entre mille proposés [dans un livre admirable] sur les dinosaures à sang chaud [Desmond 1975]. Pourquoi, pour certains paléontologues, Archéoptéryx est-il un oiseau ? » (Latour 1988 a : 38). Cet animal fossile du Jurassique a été en effet considéré comme le premier oiseau connu, avec encore certains caractères des reptiles dont il serait issu (priorité que voudrait depuis peu lui ravir un nouveau *Protoavis*). « Cette classification est encore moins évidente que pour le casoar. Archéoptéryx a bien des plumes, mais son squelette le rend inapte au vol » – semble-t-il de nos jours. « En fait, il ressemble furieusement à un dinosaure [...]. Pour ceux des paléontologues qui tiennent que les dinosaures ont le sang froid [comme les reptiles ou les poissons], ce ravalement d'Archéoptéryx au rang de dinosaure est une absurdité ; les plumes suffisent à en faire l'ancêtre de l'oiseau. Pour les tenants des dinosaures à sang chaud », chaud tel celui des oiseaux et mammifères, « les plumes jouent un tout autre rôle et mènent à d'autres logiques » : elles servent de régulateurs thermiques permettant à l'organisme de « rester petit et rester au chaud » – contrairement à des congénères dinosauriens sans plumes qui ne compensent les pertes de chaleur qu'en devenant énormes ; et ses pattes antérieures emplumées font office de filets à insectes. « A force d'agiter les bras pour lancer en avant son filet naturel, ne le voyez-vous pas commencer à voleter maladroitement ? A force de battre des membres emplumés, il finit par battre de l'aile ! Le problème de la préadaptation est résolu » (Latour 1988 a : 38 ; sur la préadaptation, cf. *supra*, pp. 185-186). « Nos auteurs [les amateurs de dinosaure chaud] n'y vont pas par quatre chemins et bouleversent la taxinomie : "[Ils proposent que] la classe des Oiseaux [ne fasse plus] pendant à celle des Mammifères. Ce privilège va maintenant à la classe des Dinosaures, *dont les Oiseaux sont aujourd'hui les vivants représentants* [comme l'un des trois groupes de cette classe]" » (Desmond 1975 : 145, cité et traduit par B. Latour 1988 a : 39, coupures de JLJ ; sur cette intéressante révision qui d'ailleurs s'esquissa il y a longtemps, et ses rapports avec le cladisme – chap. 3 *supra*, pp. 82-84 –, cf. Gould 1982, chap. 26 ; Tassy 1991).

Nous y avons mis le temps mais on y est : « Ne pas considérer *du même œil* la transformation de l'oiseau en dinosaure moderne et l'expulsion du casoar, par les Karam, de la catégorie oiseau, c'est se priver d'une source d'émerveillement » (Latour 1988 a : 38-39 pour tout ce passage, dernières italiques dans le texte).

— S'émerveiller, pourquoi pas, mais restons lucides, l'asymétrie est là : va pour la *transformation* paléontologique et taxinomique mais d'où tenez-vous *l'expulsion* karam ? Les Karam en savent beaucoup sur leur faune et leur flore même si le casoar est à leurs yeux un genre monospécifique marginal. « Il serait inexact, cependant, de dire [qu'ils] ont anticipé le travail des zoologistes, ou que les uns avaient raison là ou les autres avaient tort. *Seuls les zoologistes peuvent avoir tort.* Les Karam, eux, ne peuvent pas se tromper, ni donc, à strictement parler, avoir raison dans leurs taxinomies. Lorsque le zoologiste distingue une espèce, il fait une hypothèse forte *et infirmable* sur les relations génétiques et phylogénétiques d'un ensemble d'animaux. Quand les Karam distinguent une espèce, ils décident que parmi toutes les différences observables dans la faune, certaines seront pertinentes pour leur système de définitions taxinomiques. Une telle décision peut être subtile ou pas, utile ou pas, mais elle ne peut pas être juste ou fausse » (Sperber 1975 : 22, mes italiques).

— A la rigueur ; il n'y a pourtant pas là de différence qui compte vraiment, sauf à vouloir coûte que coûte perpétuer le « Grand Partage » entre « nous » et « les autres ». Car en fait, ce que vous dites ici des Karam est pleinement généralisable. « Les classifications relient des points entre eux, un point c'est tout. Les réseaux peuvent être comparés en fonction de leurs tailles, du nombre de points reliés, du volume des échanges, mais ils ne peuvent être classés en fonction de leur plus ou moins grande logique *ou vérité*. Les systèmes de classification sont comme les réseaux routiers. » Aux Etats-Unis ou au Botswana, ces derniers « tracent des chemins tous également droits, dont la direction, la taille et la viabilité sont nécessaires à la société *qui se définit par eux* ». Le choix des chemins entre casoar, oiseaux, Archéoptéryx et dinosaures « ... dépend non du hasard, *non de la convention, non de la nature*, mais des points qu'on souhaite relier, *de la répartition de ce qui est important et négligeable* [chez les Anglais comme chez les Karam] ». Et c'est bien parce que, « ... en principe, tous les programmes de vérité [se valent], qu'ils se battent avec autant d'acharnement et finissent par en éliminer certains. *Personne "n'a raison," mais certains "ont raison d'autres" personnes* » (Latour 1988 a : 39, 40 et 42, mes italiques). La séance est levée.

Les ethnologues peuvent-ils, comme les zoologistes, avoir tort ? Dans quelle mesure mettent-ils en œuvre leur *disposition* au savoir ordinaire et leurs *susceptibilités*, soit pour le traitement symbolique, soit pour la connaissance scientifique des faits ? Les classements typologiques divers dans lesquels leurs théories prennent les cultures humaines, comment sont-ils liés à la société et aux groupes – y compris d'anthropologues – qui se définissent par eux ? Comment certains « ont-ils raison de » certains autres (comme le programme de vérité de notre taxinomie savante tend à l'emporter sur la logique du casoar karam, ou comme dans un débat du genre de celui qui précède) ? Et qui nous dira enfin sans cercle vicieux ni vertu dormitive pourquoi, chez les Karam, le casoar n'est pas un oiseau, alors que c'en est un pour d'autres autochtones néo-guinéens ! Peut-être bien personne ; mais la compétence des spécialistes n'est pas à suspecter d'office, car rien ne garantit la possibilité d'une telle explication. Nous y viendrons pour finir.

6

Conclure : donner le change ou changer la donne

Qu'indiquent d'abord notre interlude et ses drôles d'oiseaux ? Aux yeux des chercheurs mis en scène, le collage travestit sans doute en partie leur pensée dans son ensemble ou son évolution, par l'effacement obligé des nuances et des démonstrations. Mais ces auteurs voudront bien admettre, j'espère, que le plus important à présent n'est pas là – ou sinon, m'excuser. L'essentiel consiste en ce que l'interlude réfracte, je crois sans contrefaçon, les correspondances entre plusieurs oppositions : celles des anthropologies possibles – qu'elles portent sur l'exotique ou le reste –, de leurs réels tacites, de leurs vues quant à la science, et quant aux sciences comme objets ou comme modèles.

Même si les positions peuvent y paraître, au choix, complémentaires ou rivales, celle qui pour cette fois avait le dernier mot tire les « modernes » du côté des « non-modernes », à l'inverse de l'autre ; et surtout, elle réduit « le » Grand Partage à « des » petits partages : les réseaux seront comparés « en fonction de leurs tailles, du nombre de points reliés, du volume des échanges..., pas de leur... vérité ».

Parcimonie

Une telle économie, plus radicale encore que l'élision du réalisme culturel, procède – outre la philosophie morale qui me semble l'animer – de ce renversement, déjà signalé, des statuts de la nature et de la société : non plus causes, mais effets, celles-ci « deviennent des produits relatifs de l'histoire », comme on s'en souvient (*supra*, p. 174 et suiv.).

L'histoire, certes ; mais en même temps, ce sont bien des

modalités du principe de parcimonie qui guident ici les démarches comparées. Passer par quelque entremise du compliqué au simple en récusant les apparences sur quoi s'arrête le bon sens – maître de tant d'erreurs –, voilà encore cette idée régulatrice de la science. Elle est à l'œuvre depuis Occam et son rasoir, au moins – on ne multipliera pas les êtres innécessaires, par exemple nature ou culture comme causes efficientes, ou les deux –, mais aussi Mach et son « économie de la pensée » ou déjà Galilée *(« La natura non opera con molte cose quello che puo operare con poche »).* Cela toutefois, sans pouvoir se passer d'épreuves, telle est également la règle du jeu. Faute de quoi l'hypothèse la plus économique serait évidemment celle de Dieu comme cause perpétuelle de toutes choses (elle ne m'a pas été nécessaire, rétorque Laplace à Napoléon, mais c'est qu'il la juge « hors jeu »). Ce que prônent notamment l'anthropologie sperbérienne soucieuse de répudier les « entités immatérielles » qui surchargent les sociologies (cf. ci-dessus et chap. 4), tout comme la nouvelle ethno-histoire latourienne des réseaux hybrides, reste bien de l'ordre d'une « cure d'amaigrissement des explications » (Latour), plus sévère encore dans le second cas où pourtant l'on renvoie à « l'histoire des choses elles-mêmes ».

Quand on revient à notre dyade de référence, où se situe alors, entre science et histoire, l'anthropologie radicale « modèle Latour » ? Et le modèle anthropo-cognitiviste ? Pour circonscrire en synthèse mais non sans nuances un champ de réponses possibles, il faut gagner quelque surplomb. De là, nous apercevrons l'horizon du panorama.

Idéographie

Imaginons un espace limité d'abord par deux pôles : nature et sociétés (voir ci-contre, fig. I ; j'emprunte les débuts de l'imagerie qui suit à Latour 1991 et Baton & Cohen-Tannoudji 1989). Les « réalités » déterminantes sont « plutôt » du côté de la nature comme donné – l'« esprit-cerveau » inclus – pour l'anthropologie cognitive telle que nous venons de la voir ici (fig. I, en 1). A l'autre extrême (en 2), se trouveraient plutôt les sociologies comparatives en quoi consistent les pratiques et les « postulats de réalité » de certains ethnologues : ceux qui admettent une ontologie propre du social et même, qui raisonnent en termes de déterminismes sociologiques (disons, pour aller très vite, Durkheim ou Radcliffe-Brown...).

Mais l'anthropologie « dichtyologique » ? C'est encore une *limite* de l'espace de comparaison, auquel néanmoins, suivant en cela

Figure I

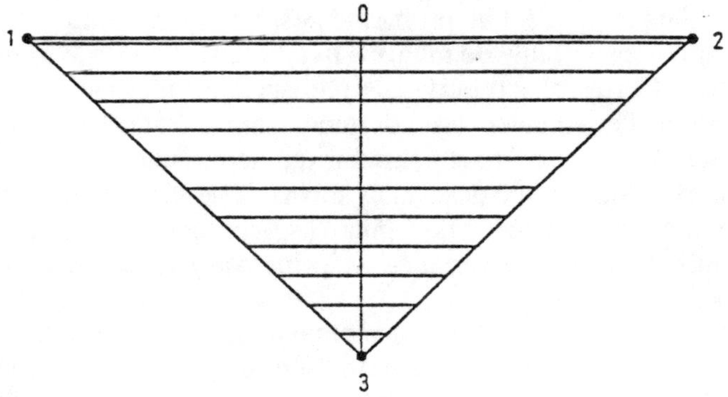

Figure II

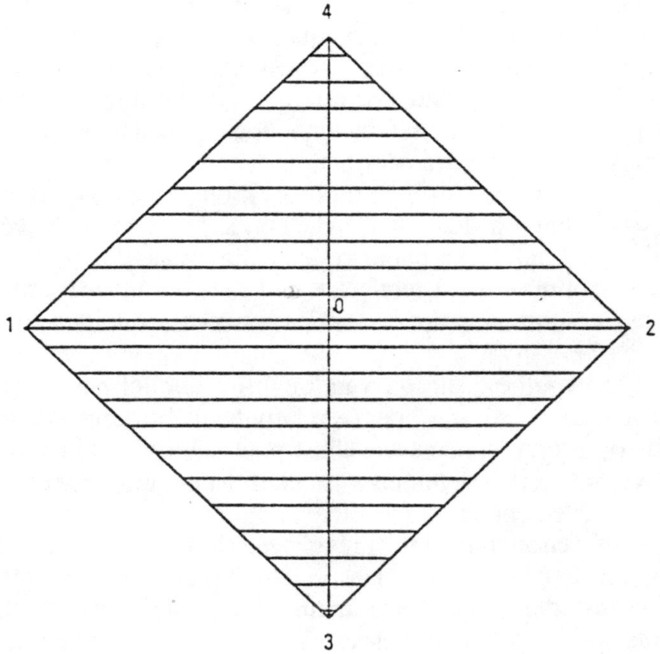

Figure III

l'exemple de Latour lui-même, nous devons ajouter une dimension (fig. II, inspirée de Latour 1991 : 74, 78, 107, 129 et 142). Si bien que se dessine une droite verticale, bissectrice de la première, jusqu'à 3 : « latitude » où se projettent les « quasi-objets », axe des « médiations », d'où part l'explication qui obtient comme « résultats » les extrêmes 1 et 2 (natures et sociétés). D'autres démarches ethnologiques pourraient être comprises dans le plan 1-3-2, nous le verrons. Mais réglons ici un problème laissé en suspens. Le point de vue 3 – appelons-le faute de mieux « hyperconstructivisme » – est-il relativiste ? Certes, il « relativise » réel social et réel naturel. Mais cela – pour en signaler une dernière interprétation, hardiment analogique – à la manière d'Einstein, qui se passe de l'éther de la physique classique, entité désormais superflue, en faisant de l'espace et du temps des grandeurs non plus absolues mais relatives à des référentiels donnés : l'invariance de principes *plus importants* est sauvegardée à ce prix.

Latour (1988 b) revendique personnellement cette source d'inspiration dans une fort brillante analyse sémiologique dont l'objet est un ouvrage non technique du grand physicien, texte en même temps pris en modèle pour l'anthropologie des sciences (entre autres). L'invariance ontologique des réseaux de la dichtyologie n'est assurée que si l'on prive tout le reste – nature et culture, chez nous et ailleurs – de valeur absolue, ce qui permet, « au centre », de superposer des comptes rendus « transformés sans déformation » provenant de plusieurs cadres de référence, et de comparer ainsi les « petits partages ». Pas de relativisme, donc, puisque s'établit de la sorte, moyennant une transformation (comme je crois celle de Lorentz pour Einstein), un lieu d'observation panoptique, transculturelle, « absolue » justement. Cependant, le problème soulevé plus haut, p. 171 et suiv., me paraît rester entier : paradoxalement, les réseaux « exotiques » existeraient « tout faits » dans les « théories indigènes » : plus « vraies » que les modernes quoique toujours construites ?

En toute hypothèse, mieux vaut qualifier une telle approche de « relationniste », au sens de la relativité d'Einstein, comme le suggère son propre concepteur. C'est pour souligner maintenant la prégnance de certains *patterns* scientifiques que je viens d'en évoquer tardivement pareil caractère.

Car nous retrouvons cette prégnance, et d'abord en prenant à nouveau par le travers, mais dans le même plan, notre premier axe (1-2), qui restera toujours l'axe de référence. Au dessus de celui-ci, cette fois, prolongeons le second (3-0) d'une distance égale, jusqu'à 4 (fig. III). En cette nouvelle limite, nous placerons l'« hyperréalisme », sans attacher d'importance aux connotations du terme employé là encore faute de mieux. Y seraient situées les théories qui visent (à long terme) le dévoilement des « structures profondes » *communes* à la nature physique, au vivant, aux sociocultures – et en cela fort économes. Des réalités cachées, non « matérielles », bien différentes, mais à l'opposé (dans l'outre-nature), des « quasi-objets » de Serres ou de Latour (dans l'infra-nature) : proches de quelques « super-objets », des « *logoi*-archétypes » dont parlent René Thom et les thomiens, qu'avoisinent certaines réflexions participant de l'anthropologie ou qui s'en inspirent (cf. chap. 2 et 3, mes interrogations sur le « second » Lévi-Strauss et son « réalisme structural intégral » ; chap. 4, théorie des catastrophes, et allusions de Scubla au dépassement des limites du cognitivisme...). Au moins dans l'implicite, c'est vers de pareils confins que tendraient, en venant de 2, les ethnologues qui substantialisent le social ou le culturel, mais comme s'ils y devinaient la projection d'une architecture intime, et plus « réelle » quoique non forcément matérielle, de l'univers : de la vraie nature des choses ; vision morphologique et quasi goethéenne, croisant peut-être la biologie théorique d'un Waddington[1]. Mais cela conduit à envisager une autre borne de l'espace en construction.

Risquons encore une analogie. « Super-objet » comme « quasi-objet », chacun à sa manière, représentent l'unité profonde que voilerait une dualité apparente (nature / culture). Par là, ils rappellent fortement les réalités imaginables – si l'on y tient – dont la dualité des phénomènes, onde / corpuscule, serait en physique quantique la seule manifestation empirique à jamais observable, en tout cas dans le cadre du paradigme à présent dominant[2]. Or, les principes d'incertitude et de complémentarité – Heisenberg et Bohr – sur lesquels s'est pour une part fondée cette physique « dualiste » ont été, bon an mal an, transposés à l'anthropologie ; à l'ethnopsychiatrie, spécialement, par Georges Devereux (1977 [1970], 1985 [1972], voir notre chap. 4, p. 144), et sous son influence, encore de nos jours par Margarita Xanthakou (1989, 1991) ou, dans une perspective clinique, Tobie Nathan (1977, 1986)... Rappelons d'ailleurs de fugaces métaphores, déjà mentionnées : Lévi-Strauss

1. Ou le réalisme de certains mathématiciens, cf. par exemple la discussion de Changeux & Connes 1989 ; et certains scientifiques vont jusqu'à entrevoir, derrière les structures invariantes des théories avérées, le « code de construction du Démiurge ».

2. Cf. d'Espagnat 1980 et Baton & Cohen-Tannoudji 1989, parmi nombre d'ouvrages de haute vulgarisation parus en France depuis une décennie.

(1973 : 356) parlait il n'y a pas si longtemps des « relations d'incertitude » entre « structure et procès » – « on ne peut apercevoir l'un qu'en ignorant l'autre » –, qui pourraient expliquer la « complémentarité entre histoire et ethnologie » (voir aussi Lévi-Strauss *in* Bastide, éd., 1962 : 44-45, et en un sens Bateson : « deux explications valent mieux qu'une »).

Que serait au juste la méthode complémentariste en sciences humaines ? Imaginez un ornithologue désireux d'étudier le comportement d'un oiseau *qui ne chante que dans l'obscurité* (je crois bien avoir lu cette parabole quelque part, mais où ?). Quand il le voit, il ne peut pas l'entendre ; quand il l'entend, il ne peut pas le voir. Jamais l'ornithologue ne verra ce que fait l'oiseau *pendant* qu'il chante. De même, en vertu de la « relation d'incertitude », on ne peut déterminer *simultanément* la position et le *spin* (disons le moment cinétique) d'un électron. Tout se passe comme si c'était l'expérience à laquelle on l'assujettit qui le forçait à acquérir soit un moment cinétique, soit un lieu *précis*. Jamais on ne peut fixer en même temps les valeurs de ces deux paramètres. Niels Bohr appellera plus généralement « complémentaires » deux représentations complètes et nécessaires, mais s'excluant mutuellement (par exemple, la corpusculaire et l'ondulatoire) d'une même réalité inaccessible à l'expérience. D'où la belle idée d'« horizon de réalité », introduite par F. Gonseth (1947) dans la perspective du « réalisme lointain » puis exposée notamment par les physiciens Baton et Cohen-Tannoudji (1989 ; voir aussi les développements de

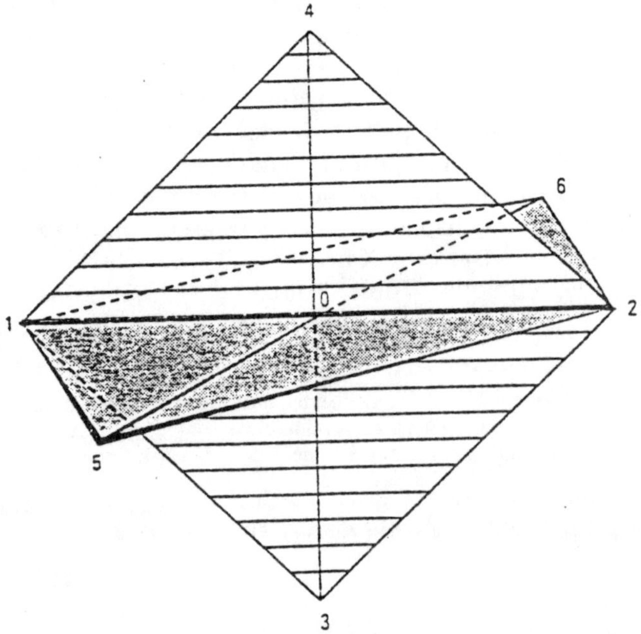

Figure IV

Cohen-Tannoudji 1991). La connaissance s'ancre dans les phénomènes perceptibles jusqu'à notre « horizon naturel » de réalité. Au delà de celui-ci (ou en dessous), arrivent peut-être des « événements » dont en tout cas, seules nous apparaissent les « traces phénoménales » situées, justement, « à l'horizon ». Parfois, un de ces événements « invisibles » et sans doute à jamais conjecturaux ne peut être décrit adéquatement (le mieux possible) qu'à partir de *plusieurs genres de traces* sur l'horizon. C'est quand il y a, selon les circonstances, deux espèces de traces, irréductibles l'une à l'autre comme « réalités » de l'événement problématique, que celles-ci et leurs descriptions respectives sont dites *complémentaires*. Exemples : bien sûr, les réalités tantôt corpusculaire, tantôt ondulatoire des êtres quantiques ; *mais c'est aussi le cas, si l'on veut, des phénomènes et descriptions respectivement psychologiques et sociologiques touchant un « événement » humain* (et n'oublions pas ce qu'il advient lorsqu'on avance vers l'horizon terrestre).

Selon de telles vues, on peut même faire abstraction de tout réalisme : considérer en un sens positiviste et instrumental (rien de mal à cela) le rapport entre deux disciplines, deux ordres de discours, deux types d'explication et leurs « rendements marginaux » respectifs – encore une façon de placer quelque part l'économie de la pensée.

> « [Il y aurait] autonomie absolue des approches [ethno-sociologique, psychologique], de leurs catégories et concepts respectifs, et à la fois étroite interdépendance des "faits" qu'ils construisent en s'appliquant aux mêmes "données brutes" : à savoir les comportements humains au sens large (des pratiques aux rêves) observés par l'ethnopsychanalyste [ou en général] par l'anthropologue. Ainsi est tracée une nette, une nécessaire frontière qui sépare deux approches *ipso facto* non simultanées ; [mais aussi], on dispose d'un pont [...] à franchir quand l'une des explications (la sociologique ou la psychologique) atteint sa limite, ne peut être poussée plus avant sans perte de tout rendement explicatif – ou même sans détruire son propre objet, dont le résidu va constituer l'objet du discours complémentaire (destruction-substitution qui crée littéralement la frontière des disciplines) » (Xanthakou 1991 : 1, commentant la méthode illustrée et prônée par Georges Devereux).

Pour intégrer cette nouvelle limite à l'espace de comparaison, il faut le doter d'une dernière dimension, la troisième, ce qui crée un plan perpendiculaire au premier (ci-contre, fig. IV, point 5). La droite horizontale 1-2 constitue maintenant, comme de juste, l'« horizon » aux yeux de l'observateur « complémentariste » situé en 5. Que représentent de ce point de vue les segments 1-0 et 0-2 ? Le socioculturel à droite, et à gauche le psychique pour un ethnopsychologue pratiquant la méthode de Devereux.

Tous deux sont envisageables comme schémas conceptuels complémentaires produisant leurs « faits » respectifs. Mais le réalisme matérialiste apercevra, sous le « psychisme », l'appareil neurologique de l'individu, retrouvant ainsi en 1 la nature humaine et la matière « naturelle » qui lui est sous-jacente, puis, en option, dans le socioculturel, au point 2, un autre niveau d'organisation de la « nature » ou de la matière, les systèmes de systèmes vivants. Cela conduit à préciser qu'en principe, le rapport de complémentarité peut relier par dyades – surtout – bien des explications, bien des phénomènes ; Bohr, déjà, le voyait connecter la physiologie et la psychologie – ainsi que les différentes cultures humaines –, Jordan ou Gonseth, le conscient et l'inconscient...

Aussi avions-nous suggéré que dans certains cas, l'une des possibles anthropologies du technique consisterait à coordonner – en les ouvrant l'une vers l'autre aux limites de leurs rendements heuristiques – l'explication « techno-logique » et l'explication « socio-logique » de telle ou telle observation-description fournie par les données de l'histoire ou de l'ethnologie (l'emprunt de l'étrier crée la féodalité – cf. White 1962 –... jusqu'à ce qu'il vaille mieux considérer que la seconde « crée » le premier, et ainsi de suite). On verrait alors le technique parcourir l'horizon 1-0, puis le sociologique 0-2 et 2-0, ou à rebours, etc. Ce mouvement amorcerait-il une dialectique génératrice de « catégories d'interface » *inédites* entre deux ordres d'un « réel de départ » (comme Xanthakou – 1991 – semble le suggérer pour l'ethnopsychiatrie) ? Si oui, rejoindrait-il les plans 3-1-2, ou 4-1-2 ? Qui sait...

Rien n'empêche d'imaginer que sur 5-0 se placeraient de ces approches baptisées « recherches interdisciplinaires » parce que diverses formes d'ethnologie et d'autres disciplines s'y relaient en étapes successives : *certains* types d'« ethnomédecine », d'« anthropobiologie »... ou d'« ethno-archéologie » à la rigueur (voir chap. 3, p. 89 et suiv.)... la question étant de définir, en pratique, parmi les modalités des démarches que l'on veut ainsi faire s'enchaîner, celles qui seraient dites à bon droit respectivement complémentaires – car d'autres pourraient se révéler simplement compatibles, ou incompatibles bien que commensurables... Par hypothèse, on admettra que quelques programmes, au moins possibles, qui coordonnent plusieurs ethnologies à des « sciences clientes » (chap. 3) se répartiraient sur 5-1-2... Et d'autres sur 6-1-2 (fig. IV, toujours) : ces derniers seraient qualifiables de « transdisciplinaires », en tout cas par leur visée.

Si l'on reste en effet dans le même plan du même schéma, franchir 1-2 nous amène, au voisinage de 6, vers une ethnologie vue comme sociologie comparative qui semble aujourd'hui empiéter sur des champs d'investigation construits de leur côté par leur propre mouvement (l'empiétement peut du reste apparaître inverse, et l'histoire des sciences en ferait des retrouvailles entre écologie et sociologie). Sociologie comparative ? Oui, et au sens le plus fort : cette perspective se fonde sur le postulat d'*irréductibilité du fait social* dans ses manifestations tant culturelles *que naturelles*. On aura déjà compris qu'au point 6, se localiserait une anthropologie écologique radicale (voir notre chap. 3, pp. 93-99 et notamment les synthèses de Guille-Escuret 1988 b, 1989). Pourquoi d'ailleurs ne pas la dénommer écologie sociologique ou même sociologie du vivant, puisqu'elle tend vers un objet-limite unitaire, une « sociologie de la nature-culture » où se retrouveraient l'ethnologie, la science des écosystèmes et la socio-écologie animale. Après tout, le primat du fait relationnel est affirmé dès le siècle dernier, chez Darwin, Marx, Haeckel comme dans les sciences dures, et l'auteur précité rappelle à point nommé que la première thèse de sociologie soutenue en France concernait les sociétés animales (Espinas 1877).

Une optique aussi englobante ne contraint nullement, en principe, aux fâcheuses réductions – il en est de bonnes – de l'écologisme ou du « matérialisme culturel », tendances qui, à l'instar de la sociobiologie moderne *stricto sensu* – le gène sans gêne –, doivent rester à ce jour et à ma connaissance hors d'une représentation de l'*anthropologie* française. Au contraire, la socio-écologie de la culture-nature implique par exemple une vocation à rendre compte des spécificités partielles du collectif humain (et des autres), sans toutefois imposer *a priori* quelque hiérarchie métaphysique des causes ou des niveaux d'organisation. Ainsi, pour une technologie culturelle possible et de longue date réelle en France, le technique – notamment en ce qu'il est lié chez l'homme au langage – s'inscrirait sur 0-6, en tant que médiation matérielle et idéelle : « rideau d'objets... » à travers lequel « le groupe humain assimile son milieu extérieur [qui est également] porteur des objets et des idées de groupes humains différents », « chaque objet étant imprégné des traces laissées par *tout* le milieu intérieur », écrit André Leroi-Gourhan (1973 [1945] : 332 et 343, ital. dans le texte) – auteur dont au reste le matérialisme me semble par instants de pure commodité méthodologique (les ustensiles étant indicateurs réifiés d'opérations intellectuelles).

Ubiquités

Une fois ajoutées quelques liaisons présomptives (fig. V, ci-contre), voilà notre échafaudage dressé, préparant de futures constructions. Pour en préciser le rôle, restons un peu, à titre d'illustration, avec ce que tout anthropologue français connaît de l'ethnologie des techniques.

On peut lire chez Leroi-Gourhan telle ou telle page, déjà évoquée dans ce livre, qui l'inscrirait pour un temps sur le plan 1-4-2 – et plus près soit de 4 (concept de tendance : cf. Bergson ?), soit de 2 –, ou même sur l'arête 4-6 (fig. V).

> « ... le niveau de technicité est potentiellement équivalent chez tous les hommes, il n'y a donc d'autre "hiérarchie" que socio-économique [...]. La notion d'artisanat fait intervenir la société globale sur le plan à la fois des institutions sociales et des opérations économiques [...]. C'est proprement rapporter la "hiérarchie" technique au niveau du *milieu favorable* [...] et s'apercevoir que le "groupe technique" ne peut être séparé de la société totale » (1971 [1943] : 41). « Le *milieu intérieur* apparaît comme essentiellement vivant [...]. Ce n'est [...] pas par une simple coïncidence que s'impose l'image d'un tissu organique ; les plans d'organisation biologique ont une valeur extensive : biologistes, physiciens et mathématiciens retrouvent par les lignes générales musiciens et archéologues » (1973 [1945] : 334). « Il y a [...] tout un côté de la tendance technique qui tient à la construction de l'univers même, et il est aussi normal que les toits soient à double pente [etc.], qu'il [l'est] pour les gastéropodes de tous les temps d'avoir une coquille enroulée en spirale » (*ibid.* : 338). « La tendance et le fait sont les deux faces (l'une abstraite, l'autre concrète) du même phénomène de déterminisme évolutif » (1971 [1943] : 28).

Un mot d'abord sur l'intéressante question des métaphores organicistes. Traces de la prépotence épisodique de certaines sciences pourvoyeuses de modèles, elles peuvent à ce titre sembler désuètes (voir cependant R. Thom). Mais le « démon de l'analogie » n'est en soi pas plus incongru ici – car seule importe sa fécondité si l'on sait le répudier à temps –, et se montre à nos yeux tout aussi significatif du voyage des concepts, que lorsque le système des règles de mariage était rapproché des lois des systèmes de communication, le mythe, d'un langage au second niveau et les mythèmes, des phonèmes ; ou que dans les figures de l'infrastructure et la superstructure (comme, en version originale, de ce contraste aux nuances un peu différentes : *Grundlage / Überbau* ou *Aufbau*, fondations et édifice), ou bien de la culture comme « précipité » de la cognition et de la communication dans une population humaine (Sperber)...

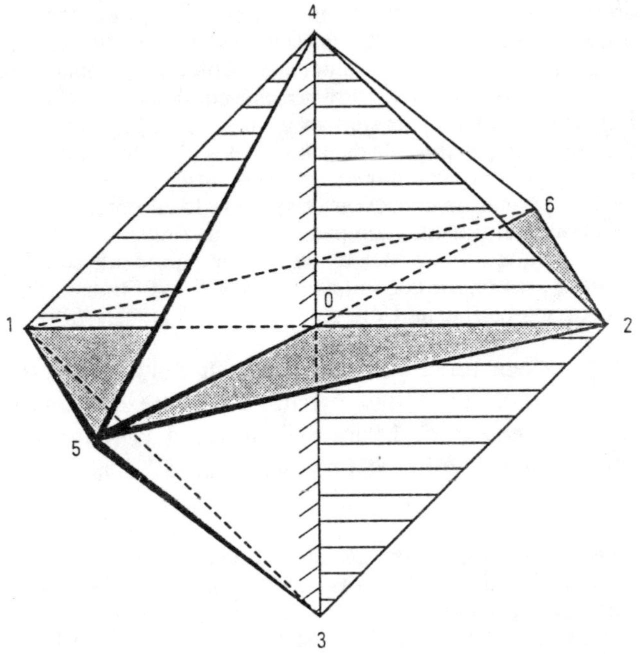

Figure V

De même que, sans quitter son domaine d'objets, le discours d'un chercheur peut, on le voit, faire des incursions ou nomadiser dans différents secteurs de notre espace imaginaire, un champ « empiriquement » défini – la technologie culturelle dans le présent exemple – déplace parfois son relief préexistant sous l'éclairage imprévu d'une méthode exogène (je ne signale que pour mémoire une tendance actuelle menant à l'analyse du technique par le biais de l'anthropologie cognitive). Ainsi Lévi-Strauss a-t-il pris, en passant, la mesure des faits techniques à l'aune de son structuralisme, dans le courant d'une réflexion qui habiterait quelque halo autour du point 1 ; mais sur lequel de nos plans ? Peut-être 1-4-0, là où sont envisagés les effets des structures communes du monde et de l'esprit... (L'esprit de l'observé, de l'observateur, ou des deux.)

> « [Au lieu de prendre des techniques isolément], quand on les situe dans cet inventaire général des sociétés que l'anthropologie s'efforce de constituer, elles ressortent sous un nouveau jour, puisque nous les imaginons comme l'équivalent d'autant de choix

que chaque société semble faire (langage commode, qu'il faut dépouiller de son anthropomorphisme) parmi des possibles dont on dressera le tableau. En ce sens, on conçoit qu'un certain type de hache de pierre puisse être un signe : dans un contexte déterminé, il tient lieu, pour l'observateur capable d'en comprendre l'usage, de l'outil différent qu'une autre société emploierait aux mêmes fins. Dès lors, même les plus simples techniques [...] revêtent le caractère d'un système, analysable dans les termes d'un système plus général. La manière dont certains de ces éléments ont été retenus, d'autres exclus, permet de concevoir le système local comme un ensemble de choix significatifs, compatibles ou incompatibles avec d'autres choix, et que chaque société, ou chaque période de son développement, s'est trouvée conduite à opérer » (Lévi-Strauss 1973 : 19-20 [Leçon inaugurale au Collège de France, 5 janv. 1960]).

L'esprit de ces remarques est bien sûr celui – inspiré par la linguistique structurale – qui préside en partie aux analyses des *Structures élémentaires*[3]. Mais on retrouve à la lettre les mêmes analogies, et plus hardiment exploitées, dans ceci, qui éclaire la démarche ou sa progression :

« Décrire la diversité des institutions, des coutumes [...] comme le résultat d'autant de choix, opérés par chaque société dans une sorte de répertoire idéal où l'ensemble des possibles serait inscrit par avance, semble [...] un abus de langage. Pourtant, des cas existent où cette figure de style *se prête au contrôle expérimental.* [Ainsi], quand des mythes proposent plusieurs règles d'action, et quand l'observation vérifie que des sociétés, relevant du même ensemble culturel que le mythe considéré, ont effectivement mis en application l'une ou l'autre. [Cela implique de toute façon] qu'un moment survient tôt ou tard où la pensée mythique conçoit ces règles comme autant de réponses possibles à une question » (Lévi-Strauss 1983 a : 215, mes italiques ; suivent des modalités de l'expérience annoncée, qui portent sur des faits polynésiens et nord-américains déjà évoqués ici).

D'autres exemples montreraient à l'envi ce qui ressort de ces deux-là : avec le mode de figuration proposé, je n'entends en aucune manière assigner chaque anthropologue à résidence – les intéressés s'en soucieraient d'ailleurs fort peu – dans tel ou tel recoin d'un schéma roide et préétabli, pas plus que n'est montée quelque maquette de l'empirie ethnologique. S'agit-il alors d'une cartographie des discours théoriques ou des paradigmes ? Pour une part,

3. Il n'est pas vain cependant de discerner en quoi ce propos se rapproche et à la fois se distingue de la méthode préconisée par l'ethnologue-historien des techniques F. Sigaut (1985 : 10-14).

mais en très gros. Car l'anthropologie – plus encore que d'autres sciences humaines au vu de la disparité cataloguée sous sa patente – pose à son topographe, sur ce chapitre, quelques problèmes.

Les paradigmes artificieux

L'incommensurabilité des grandes théories, conception dont Kuhn et Feyerabend sont les promoteurs les mieux connus (cf. ici, chap. 1 et 2), n'est pas pertinente aux yeux d'autres connaisseurs de la question, historiens, philosophes et praticiens des sciences. Beaucoup préfèrent en effet voir se succéder des théories dont chacune fait des précédentes – ou d'autres, moins puissantes – ses approximations, ses « cas particuliers », d'une « justesse » plus locale, à des échelles plus réduites (principe de correspondance ; cf., de nos jours, la position de Magnan 1988). On notera au passage – sans égard pour les arguments avancés par les spécialistes – que cela relève d'un positivisme totalement instrumental, « opérationnaliste » : à telle échelle, telle « recette » est avérée, bonne, correcte, parce qu'en pratique elle « réussit » dans ses limites, et peu importe le type d'explication qui la définit, ou de collectivité qui se définit par elle. (Einstein, à ce jour gagnant par l'échelle, englobe Newton – encore suffisant pour lancer un satellite –... lequel, à ce compte, inclut l'astronomie cosmogonique maya prédictive d'éclipses ; mais peut-on dire que Lévi-Strauss contient Malinowski ?) C'est d'ailleurs la version la mieux popularisée du progrès scientifique. Lévi-Strauss, on l'a vu, invoquait peut-être une variante de cette idée, sans doute majoritaire chez les chercheurs, dans une réflexion déjà ancienne sur les sciences humaines (*in* Bellour & Clément, éd., 1979 : 164). Il est vrai que sous quelques rapports, son analyse structurale de la parenté a « débordé », par exemple, celle de Radcliffe-Brown, satisfaisante si l'on veut mais plus confinée. Cela apparaît bien dans les divers traitements du problème de l'avunculat – système d'attitudes liant l'oncle maternel au neveu utérin –, quoi qu'on ait pu penser de l'interprétation des sources ethnographiques par les auteurs en question. En effet, l'existence ou l'absence de cette institution dans certaines conditions, qu'éclaira comme en ses autres contextes le structuralisme lévi-straussien, restait inexpliquée par le fonctionnaliste britannique, qui lui-même opérait en la matière de façon moins fragilement conjecturale que l'évolutionnisme du XIXe siècle ou d'un Junod, captif d'une hypothèse *ad hoc*, l'antériorité historique de régimes matrilinéaires, voire du matriarcat. (Cf. Lévi-Strauss 1958 :

47-62, 1973 : 103-135 et 1983 a : 93-105 ; Radcliffe-Brown 1952 : 72-92...)

Mais voilà : en règle générale et serait-ce paradoxal, c'est précisément au sein des sciences « souples » que, par contraste avec les sciences raides, le caractère non commensurable des noyaux durs théoriques me semble le plus évident, et à l'extrême, dans l'assemblage hétéroclite des anthropologies. Celles-ci, plus souvent que les disciplines mieux formalisées, jouent sur deux tableaux : certains modèles explicatifs édictent des contraintes fortes et exclusives, mais leur polysémie permet aussi au discours de s'en affranchir dès la rencontre de trop rudes résistances. Je crois l'avoir montré çà et là dans tout ce qui précède. Le même Lévi-Strauss n'affirmait-il pas lors d'un entretien récent : « Dans les sciences véritables, les niveaux d'observation ne s'excluent pas ; ils se complètent. Nous n'avons pas encore atteint cette maturité » (Lévi-Strauss & Eribon 1988 : 145 ; ils se complètent... oui, dans la science « déjà faite »). Et, comme on l'a vu (chap. 1 et 2), nos « exclusions », qui suggèrent ci-dessus l'incompatibilité, ne sont pas que de niveaux d'observation. Souvent, les sciences vagues ont un langage flou (bien que parfois fort efficient) ; mais aussi, par endroits, des îlots de dureté – ou quelques noyaux solides (Michel Leiris, outre la meilleure littérature, pratiquait si l'on veut une science très douce, mais combien ferme était sa pensée !). Chaque pensée théorique, réaliste ou non, se doit d'ignorer les objets qu'elle ne s'est pas donnés. Mais les ethnologues ne sont jamais très sûrs d'avoir choisi le « bon » objet – ou la bonne ontologie. Pourquoi ne pas l'avouer ? Lévi-Strauss encore, pensant peut-être au combat contrarié des ludions de *Locus solus* :

> « Il n'y a aucun accord entre nous [sur notre niveau de référence]. Nous oscillons, si l'on peut dire, comme des ludions, entre les divers niveaux de référence possibles » (*in* Bellour & Clément, éd., 1979 : 185).

C'est là un aspect du problème. D'autres expressions en sont possibles.

> « Quand, par hasard ou par nécessité, [les ethnologues] se rencontrent "quelque part", l'affrontement finit par tourner court du fait de l'évasion d'un des protagonistes dans une autre dimension » (Guille-Escuret 1986 : 146)...

Voilà simplement, sans plus renvoyer à de savants « règlements de comptes entre épistémologues » (Largeault 1980), pourquoi l'on peut dépeindre à la fois des ethnologues si diserts dans leurs discussions, mais leurs théories d'arrière-plan, si rarement commensurables – du fait surtout de la diversité des ontologies au sens défini depuis la page 134 –, et leur « communauté », tellement divisée en paradigmes.

C'est justement parce qu'ici, nombre de discours théoriques sont, dans leurs principes, incommensurables que les paradigmes, même mis en concurrence, peuvent longtemps coexister. Car pour qu'on les reconnaisse *incompatibles*, encore faudrait-il que les uns ou les autres soient bel et bien *commensurables* : arbitrés selon les mêmes règles, parlant de « la même chose » – ou avec des lexiques intertraduisibles suivant certaines normes –, ayant en commun au moins leur cadre de référence (Leroi-Gourhan aimait répéter que quand on parle, mieux vaut savoir de quoi l'on parle). A travers ces grilles assez rudimentaires mais commodes – pour le moment –, la conception lévi-straussienne du symbolisme, par exemple, apparaît incompatible avec celle de Sperber (parce qu'elles sont commensurables), mais l'une ou l'autre, et le marxisme en anthropologie, sont incommensurables (ce dernier paradigme a d'ailleurs regroupé quelques théories mutuellement peu compatibles). Ce qu'il reste convenu d'appeler les cultures humaines n'étant en tout cas ni des théories – sortes de machines à penser que la pensée doit inventer –, ni des grammaires, je ne vois rien d'incompatible entre ce qui précède et le refus d'un relativisme culturel radical, proclamant l'incommensurabilité des cultures.

Faut-il souhaiter, à des fins de clarification, le « durcissement » théorique de toutes les démarches anthropologiques (en supposant qu'il soit possible) ? Autant, comme Alphonse Allais, vouloir ôter au caoutchouc cette élasticité qui le rend impropre à tant d'usages. Formalisons, oui, et mieux que par de simples sténographies, durcissons tant qu'on pourra, l'esprit de finesse, le langage et le raisonnement « naturels » auront toujours leur part. Quant à la notion de paradigme – paradigme elle-même devenue de l'histoire et de la sociologie des sciences –, est-elle ici vraiment adéquate ? Pas moins, en tout cas sur le fond, que quand on l'applique au champ dont elle procède. Il faut la prendre comme elle se donne, un peu instable et toujours à réviser (cf. chap. 1), outre qu'elle « cristallise » inégalement selon les temps – aujourd'hui en France, de nouveaux credo scientifiques paraissent bien en peine de rallier des ethnologues en masse (crise précédant toute « révolution » ? presbytie de l'« histoire immédiate » ?)... Ainsi, les paradigmes des sciences humaines – disciplines aux théories pourtant fort volatiles, croirait-on – peuvent longtemps, à forces égales, mener des vies parallèles, on vient d'en rappeler quelques symptômes et motifs, bien qu'ils partagent l'usage de certains outils, disons, la structure en un sens très général (mais c'est vrai aussi dans les sciences naturelles). De tout cela, témoignent les exemples du marxisme et du structuralisme ethnologiques (chap. 2). Et quant à ceux-ci, même en deçà de mes nuances, ce n'est ni par compulsion de répétition, ni je crois par aveuglement que j'en ai fait, pour l'anthropologie française dans son histoire récente, des paradigmes : ils sont comme tels dépassés, bien que par aucun autre.

Rébellions

Quelle est alors la population habitant l'espace de nos comparaisons (fig. V, p. 203) ? Mais tout bonnement les ontologies, les réalités à dévoiler ou à construire qui parfois sont explicites dans les dispositifs de crédibilité constitués par chaque paradigme ; pour disparates que soient les premières, et non commensurables ces derniers, les discours anthropologiques n'en oscillent pas moins – « comme des ludions » – entre différents plans de référence d'un tel espace. On notera à ce propos que si la perspective « complémentariste » – vue du point 5, figure V – représente plutôt une généralisation *méthodologique*, celle-ci entend combiner des ontologies, ou s'en passer positivement, ce qui est encore un parti pris sur le réel pertinent. Restent cependant nos problèmes qu'il faut, sinon régler – grand dessein cantonné dans de lointains horizons –, pour le moins conduire à maturité en formulant des questions ouvertes. Il va de soi que nos petits dessins ont dans cette entreprise un rôle fort restreint, en tout cas transitoire. On ne doit les prendre ni trop au sérieux, ni pour un exercice gratuit. Ils épousent les contours d'un objet encore bien vague, et avec les astreintes de toute image plane, d'allure quelque peu « structurale » en l'espèce ; leur seule vertu est de relancer la réflexion sous sa forme écrite (autrement contrainte) après l'avoir forcée dans le carcan d'une mise au point schématique. Aussi est-ce la nécessité même de franchir ces limites qui apparaîtra désormais de façon plus circonstanciée.

Tentons d'abord pour ce faire d'entrer encore dans l'image – malgré leurs cris – quelques objets de l'anthropologie. Et revenons aux quasi-objets (p. 203, fig. V, plan 3-1-2). C'était jusque-là un domaine dont Bruno Latour semblait détenir l'apanage, avec Michel Callon de qui cependant le pari me semble plus délibérément méthodologique qu'ontologique. Mais il n'est pas trop tard pour essayer certains rapprochements, par delà les (presque-)objets « régionaux ».

> « Les prêtres et devins [au Bénin ou ailleurs en Afrique] commentent inlassablement [devises et légendes] comme si, devançant l'effort de l'ethnologue, ils avaient toujours su que le langage des dieux ne sert qu'à expliciter la pratique des hommes et entrepris pour leur compte l'exploration d'un monde ou les mots et les choses ne sont pas séparés, ni les mots et les choses des dieux, mais où l'individualité humaine, incapable de s'identifier totalement aux mots, aux choses ou aux dieux, ne cesse pourtant de s'y réfléchir pour se comprendre. » « L'objet fétiche-symbole, le dieu-objet, est peut-être précisément l'objet visible où se rejoignent, se confondent et se matérialisent les dimensions que n'arrive pas à percevoir dans une totale transparence la vision ordinaire [...] nous avons avancé l'expression d'"objet social total" à son propos... » « La relation a besoin de la matière à la fois pour se représenter, pour se dire et pour s'actualiser, et la matière a besoin de la relation pour devenir objet de pensée... » (Augé 1988 : 14, 143 et 140).

Ces phrases de Marc Augé sont autant de synthèses de la réflexion que, depuis ses premiers ouvrages (1975, 1977) avec le concept d'« idéo-logique » (cf. ici, chap. 2, p. 75) ou plus récemment, sur le « Génie du paganisme » (1982), il développe pour « comprendre en termes sociaux le sens des pratiques individuelles et inversement » (1988 : 15). Citons-le encore : « l'objet symbolique, quant à lui [s'il « fait référence à la fois au monde naturel et au monde social »], est unique, mais il possède, conjoint et condense les deux dimensions que le langage de l'observateur est contraint de distinguer » (*ibid.* : 53). N'a-t-on pas le sentiment d'être ici dans un monde de « réseaux » (à la fois choses, corps humains ou animaux, dieux et objets, médiations entre soi et autrui), trame du « tissu sans couture des natures-cultures » – et donc en compagnie des dichtyologues de l'exotique rejoints par Bruno Latour ? Voisinages d'autant plus étroits que çà et là dans ses travaux précités (1982 surtout), ou d'après des textes portant sur certains aspects familiers du monde moderne, Augé semble disposé à faire de son ethnologie une grille de lecture de toutes les collectivités humaines. Mais ce n'est évidemment pas si simple. Car je ne sais si les « organisations-représentations » indissociables données dans le symbolique sont pour lui des moyens d'intelligibilité, des ontologies régionales ou des théories-objets à analyser. En bref : de l'explication, où sont les objets, où sont les opérateurs ? La matière d'œuvre, et les outils de la pensée ? Faux problème pour l'ethnologue, peut-être ; rappelons toutefois certaine controverse à propos de la fonction théorique du *hau* chez Mauss (cf. *supra*, p. 170), tout en renvoyant à quelques paradoxes inhérents aux approches autoréflexives...

Si – ou quand – la « théorie indigène » est importée par Marc

Augé comme moyen pour éclairer, notamment, les réalités du *hic et nunc*, la localisation proposée à l'instant dans le schéma V (plan 3-1-2) paraît en gros adéquate, et le serait pour toute anthropologie procédant de même avec telle ou telle Constitution exotique (cf. *supra*, pp. 165 et 169). En revanche, si (ou quand) pareille ontologie étrangère ou prémoderne est soumise à une analyse en termes de déterminismes sociologiques ou psychologiques – comme peut-être il appert de certaines pages que notre auteur consacre au statut de l'idéo-logique ou du symbolique –, alors nous serions plutôt dans un halo nimbant sur plusieurs plans d'autres lieux de nos images (par exemple, limite 2 ? droite 1-2 ? fig. V)... ou ailleurs que dans celles-ci, avec nombre de réflexions afférentes au « symbolisme ».

Car bien sûr, l'alternative ci-dessus énoncée analytiquement semblera dépassée dialectiquement quand on voudra faire fond sur le mouvement qui, du va-et-vient entre ses termes, finit par engendrer certains concepts d'espèce nouvelle, lesquels étaient absents de l'un comme de l'autre et réduisent l'opposition initiale. Je n'aurai garde cependant d'abuser d'une pensée que je connais mal et d'une notion galvaudée – la dialectique –, clé censée ouvrir toutes les portes mais qui parfois ferme des boîtes noires bien fragiles.

Quoi qu'il en soit, voilà pour le moment une anthropologie peut-être rétive à nos lits de Procuste, ou *a minima* des plus difficiles à domicilier dans l'habitat figuré, fût-il dispersé. Ce n'est évidemment pas la seule au sein de la recherche française. Où placer, entre autres, les interprétations qui, après d'illustres devanciers, appliquent à l'étude des cultures exotiques les catégories de la psychanalyse, lacanienne ou plus exclusivement freudienne ?

> On pourra lire sur ces questions, parmi des publications récentes, les ouvrages, pour le premier cas (lacanien), de Charles-Henry Pradelles de Latour (1991, parenté, rite et politique chez les Bamiléké du Cameroun) ou pour le second, de Jacques André (1987, interprétant les « meurtres en famille » et l'« inceste focal » à la Guadeloupe), Bernard Juillerat (1986, et 1991 : traitement de l'ontologie au sens fort – métaphysique – qui transparaît dans des mythes yafar de Papouasie Nouvelle-Guinée)... Patrice Bidou (1993, *à paraître*) tente pour sa part de réintroduire le sujet dans les études de mythologie, en repensant sous des perspectives analytiques le clivage mythe / conte (domaine amazonien). Signalons également les travaux entrepris sous l'initiative conjointe du CNRS et de la MIRE (une mission interministérielle) au sein d'ateliers « Psychanalyse et Anthropologie » (voir *Le Père...*, 1989).

Sans doute pourrait-on rapprocher ce type d'investigation du pôle « psychisme et nature (humaine) » limitant notre axe de référence (point 1 de la droite 1-2, fig. V, p. 203). Il se fonde en effet sur le postulat d'un universel de l'appareil psychique tel qu'il est censé fonctionner : la conformation invariante de l'inconscient, qui génère – et se génère dans – les organisations-représentations configurant les sociocultures. Par là même, de telles conceptions aspirent elles aussi à réduire l'opposition entre nature et société – tout en se fixant en un lieu d'où s'exclut relativement la dimension historique et l'*explication endogène du changement ou de la variété des cultures.* De là certaines résistances qu'elles opposent à notre mode de représentation géométrique.

Assurément, la perspective complémentariste en ethnopsychanalyse embrasse, elle, sans privilégier un ordre de détermination, le double point de vue ethnopsychologique et ethnosociologique, ainsi que nous l'avons rappelé. Intègre-t-elle donc et l'invariant psychique, et la variation socioculturelle, tant comparative qu'historique ou au moins diachronique ? Dans une certaine mesure. « L'inconscient ethnique » – notion purement méthodologique – se distingue, d'un côté, de ce que tout inconscient a d'universel, et de l'autre, de ce qu'il doit à la psychogénèse sans pareille de chaque individu – la part idiosyncrasique de l'inconscient. Ainsi discerne-t-on le « refoulé ethnique » : il se compose de tout le « matériel » que, en fonction d'un état culturel particulier (aux contraintes et aux valeurs spécifiques), une génération induit la suivante à refouler, comme elle-même l'a « appris » de ses prédécesseurs. C'est notamment cela, l'acquisition d'une culture. (Cf. Devereux 1977 [1970], Nathan 1977, Xanthakou 1991...)

> « Chaque culture permet à certains fantasmes, pulsions et autres manifestations du psychisme d'accéder et de demeurer au niveau conscient et exige que d'autres soient refoulés. C'est pourquoi tous les membres d'une culture possèdent en commun un certain nombre de conflits inconscients » (Devereux 1977 [1970] : 5).

Il apparaît bien, suivant de telles vues, que pour actualiser de l'humain virtuel, la personnalité *et son inconscient* se transmettent avec *une* culture, par « apprentissage » en quelque sorte... et changent *comme change la culture* (d'autres auteurs expriment évidemment des idées comparables, mais tout semble ainsi bien plus clair). En découle à mon sens la possibilité d'*historiser partiellement l'inconscient* : encore un symptôme de l'historisation des anthropologies. Doit-on cela au versant « sociologique » du complémentarisme, dont la catégorie d'« inconscient ethnique » assurerait la connivence – telle une interface – avec l'autre versant, psychologique ? L'historicité est-elle consubstantielle à tout objet de l'ethnosociologie – ou à toute explication sociologique ? Où sont d'ailleurs, en l'occurrence, les causes présomptives du changement ? Voici pour finir des questions redoutables.

Mondes historiques...

J'en reviens par ces questions au fil conducteur, la tension significative entre science et histoire : régimes de connaissance éligibles *de facto* dans tout champ de la recherche empirique, ou contenus de connaissance relatifs à deux aspects de tout objet empirique (pensé au travers de la dyade thématique « stabilité contre changement »). Cette double pression dans ses diverses modalités serait hautement distinctive des « cultures nationales en anthropologie », à saisir en même temps que la dynamique des institutions de recherche et des stratégies de chercheurs : c'est le présupposé que j'énonçais dans la partie introductive de ce livre. J'ai dès lors insisté, au cours d'autres chapitres, sur le mouvement qui depuis quelques décennies « historise » notre anthropologie, pour le distinguer ensuite d'une tendance à recentrer plus directement la recherche sur les invariants de l'esprit et les contraintes mentales qui limitent la variabilité culturelle de la « nature humaine » ; et ce contraste général a été, dès le début, cadré dans l'opposition typique des paradigmes marxiste anthropologique et structuraliste lévi-straussien. Nos derniers chapitres, en traitant du reflux de l'anthropologie sur nous-mêmes, sur nos sciences et sur elle-même, font passer le fil d'Ariane par un entrelacs qu'il serait vain d'occulter ; vain et préjudiciable, puisque l'on en sort mieux armé pour reformuler ce qu'il reste de nos questionnements.

Aussi aura-t-on deviné d'après tout ce qui précède que la métaphore topologique – l'une de nos armes (fig. V) – doit en principe réserver un secteur particulier aux anthropologies les plus « historisées » : région que je situerai vers le pôle du raisonnement ou de l'ontologie sociologiques (point 2). Pourquoi cet emplacement ?

Les auteurs sont légion qui, arguant de motifs divers, soutiennent l'irréductibilité réciproque du monde naturel et du monde historique ou socioculturel, en deux mots celui des « affaires humaines ». On y a fait ici même allusion plusieurs fois, surtout lors de rappels introductifs (chap. 1) et dans l'ouverture du précédent chapitre. Mais c'était là invoquer des allégations opposant les formes d'intelligibilité – ainsi, compréhension et explication – ou les degrés de complexité des objets (degré très élevé dans l'univers « historique » et qui serait source de sa contingence). Et cela, sans toujours préciser suffisamment en quels sens, peut-être différents, s'historisent respectivement les démarches regroupées sous le titre « Ethnologie, histoire... » (chap. 3). Sur ces points, c'est donc maintenant qu'il faut revenir.

Tout au long d'un livre déjà cité, intéressant à plus d'un égard, l'ethnologue Alain Testart (1991 a) entend invalider la distinction, selon lui dénuée de fondement car ancrée dans un « préjugé majeur », qui honore avant tout la physique au détriment des sciences sociales (l'anthropologie en l'occurrence). La démonstration reste classique et convaincante, comme je l'indiquais plus haut, tant qu'elle amasse les preuves d'une capacité de l'anthropologie sociale à se conformer de façon très générale à des normes couramment admises de la scientificité. Voilà jusque-là une argumentation bien faite pour réduire aujourd'hui la révérence transie ou l'indifférence affectée, sinon résignée, de certains *social scientists* envers les sciences dures – changements que peut également entraîner le procédé inverse, le latourien, et qui contribuent à son succès : « Ce n'est que cela, la Science ? Que ne nous l'a-t-on dit plus tôt ! » Mais vient le moment du « petit partage ». Testart signale en fin de course (1991 a, chap. 18) certaine différence entre la « généralité logico-mathématique » caractérisant les lois de la physique, et la « généralité spécifiable »... dont les sciences sociales ne sortent pas (ou pas encore).

> « L'anthropologue ou l'historien, confronté à une figure particulière, opère au contraire [du physicien] dans un territoire non balisé ; le particulier qu'il est conduit à observer ne s'inscrit pas nécessairement dans une conception préexistante des possibles et il ne sait a priori quelle singularité il peut mettre au jour. [...] En sciences sociales [on pourrait dire] qu'il y a une spéciation, une irréductibilité foncière du particulier [...]. Il en résulte que chaque cas particulier doit faire l'objet d'une élucidation spéciale. Il faut spécifier dans chaque cas comment la loi générale s'applique. J'aimerais à ce propos parler de *généralité spécifiable* » (Testart 1991 a : 151, mes italiques).

Or, le plus important est pour nous que cette différence – ici reconnue bien rapidement après de profondes ressemblances – constituerait *un critère décisif* aux yeux d'autres chercheurs solidement engagés dans des réflexions du même type et qui la verraient sans doute ruiner à elle seule les thèses mêmes de Testart. Voici ce qu'écrit le sociologue Jean-Claude Passeron, parmi les « propositions » et les « définitions » qui ramassent les conclusions d'un gros et riche ouvrage systématique sur le « raisonnement sociologique » (1991) :

> « [Cours du] Monde historique : *Ensemble des occurrences observables lorsqu'elles ne peuvent être désassorties de leurs coordonnées spatio-temporelles sauf à perdre le sens que l'on vise en assertant sur elles.* [...] (c) L'ensemble des faits dont le sens suppose [...] une indexation sur des coordonnées spatio-temporelles, constitue *le seul monde empiriquement pertinent* pour la description du déroulement et de la diversité historiques. La contemporanéité ou la passéité des faits entrant dans un tel « ensemble de faits » n'intervient pas davantage que leur proximité géographique ou culturelle à l'observateur dans la définition de l'historicité qui fait l'objet des sciences sociales » (Passeron 1991 : 398, italiques originales).

Doit-on croire à un accord parfait ? Certes, il y a quelque convergence entre ces auteurs : tout en retrouvant l'un et l'autre les thèmes consacrés d'un débat séculaire, Testart parle de « généralité spécifiable » comme Passeron invoque le « raisonnement sociologique, qui vise à des généralités spécifiques et conditionnelles... » (*ibid.* : 80). Mais du même contenant le premier fait un verre à moitié plein quand le second décrit un verre à moitié vide. Pour notre anthropologue, les sciences sociales sont des sciences comme les autres, à ceci près... pour Passeron, sociologue, c'est précisément « ceci » qu'il convient de clamer bien haut :

> En préalable, « Le *fait épistémologique-princeps* qui est au principe de ce livre [l'ouvrage de Passeron] est celui de l'indiscer-

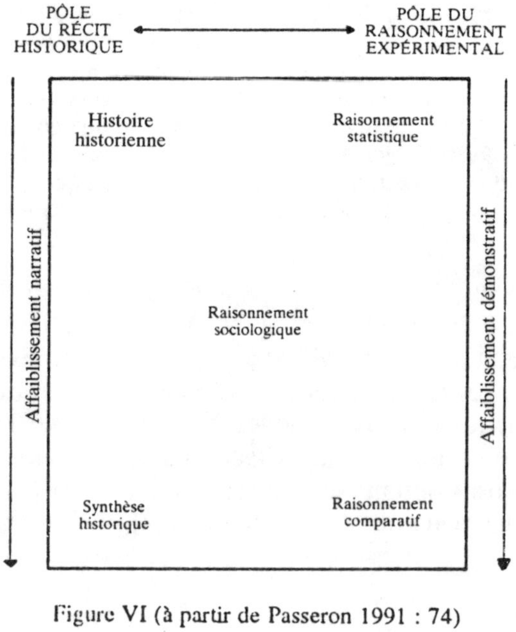

Figure VI (à partir de Passeron 1991 : 74)

> nabilité assertorique de l'histoire et de la sociologie » (p. 8) ; en conclusion, « *les sciences historiques*, au sens où l'on entend ici cette expression, comprennent, outre *l'histoire*, ces formes moins averties mais tout aussi dépendantes de l'historicité de leurs objets, que sont *la sociologie* et *l'anthropologie...* » (p. 357) ; et au milieu, « Une discipline est historique dès que ses énoncés ne peuvent, lorsqu'il s'agit de les dire vrais ou faux, être désindexés des contextes dans lesquels sont prélevées les données ayant un sens pour ses assertions » (p. 78) ; d'ailleurs, « On constate tous les jours avec quelle facilité un chercheur en sciences sociales peut toujours objecter, à un constat empirique qui le contredit, que le constat n'est pas fait dans le contexte que supposait la validité de sa proposition » (p. 64), ce qui, entre autres symptômes, confirme cet avant-propos : « Lorsqu'une maladie est chronique, comme dans toutes les sciences sociales qui se retournent sur leur lit d'inconfort épistémologique depuis le XIXe siècle, il existe certainement des virus ou des microbes à identifier, mais on peut aussi supposer dans ces organismes trop vulnérables une absence d'anticorps » (p. 14 ; en aucun cas ce n'est moi qui souligne).

Quel est par suite le sort de la sociologie et des autres sciences historiques ? Il faut à coup sûr se garder aussi bien de « l'herméneutique inspirée » que de la « myopie scientiste », toutefois sans trop se bercer d'illusions. Ces disciplines occupent un « entre-deux » du raisonnement. Leur « type de scientificité », celui des « sciences empiriques de *l'interprétation* » (p. 13, en ital.), est tributaire de « la forme du cours du monde historique » qui leur impose un « langage typologique » ; mais « les méthodes d'observation et de traitement de l'information empirique propres aux sciences sociales [les] distinguent de leurs sœurs herméneutiques trop proches, évidemment abusives » (p. 13). Notons pour notre gouverne que J.-Cl. Passeron, sociologue qui sait ce que parler veut dire, emploie le mot « *type* de scientificité » dans un discours qualifiant les discours qu'il dit contraints eux-mêmes à un « langage *typologique* ».

L'étendue où ces démarches auraient une marge de manœuvre très relative, c'est « l'espace non poppérien du raisonnement sociologique », forme de « raisonnement naturel ».

Non poppérien, bien sûr, puisque la réflexion évoquée ci-dessus implique et veut explicitement démontrer que les énoncés portant sur le monde historique ne sont pas « falsifiables » (cf. Popper et notre chap. 1). Un tel espace oppose, en abscisse, le récit historique au raisonnement expérimental, et hiérarchise en ordonnée les formes de discours pratiquées par les sciences sociales, « selon qu'elles affaiblissent plus ou moins la forme pure soit de l'histoire historienne soit du raisonnement statistique » (p. 73) : c'est cela que représente la figure VI (ci-contre) ; je l'emprunte à Passeron en y ajoutant la double-flèche horizontale.

Le raisonnement sociologique « vient se loger en médiateur au cœur de ces deux mouvements ». Tel quel, il « est présent dans toutes les sciences sociales, à un moment ou à un autre de leurs argumentations ; il tisse, souvent silencieusement, les mailles du récit le plus historique. Mais il est vrai que la sociologie trouve en lui la définition la plus précise de son régime disciplinaire » (p. 73).

Que de discussions en germes (mais renvoyant à des arguments bien traditionnels) dans ces passages des deux livres cités... Par exemple, et cela intéresserait notre propos, sur le fait que selon toute apparence, le réalisme de fond revient ici à l'ethnologue – Testart – et le positivisme (du moins l'antiréalisme), au sociologue.

Ce dernier opte pour le *langage* d'un empirisme logique mâtiné par les fortes singularités de Popper et de Wittgenstein, tout en croisant – sans oublier Quine, comme il se doit – Bachelard et Kuhn : l'ethnographie dispose à son sens d'un langage de description un peu moins instable que ceux de la sociologie ou de l'histoire, mais là encore, trop fluctuant ; impossible, en conséquence, dans les trois cas, de voir s'affirmer durablement un « paradigme » dominant qui organiserait le consensus théorique et l'accroissement cumulatif des connaissances. Il y a bien en l'occurrence des « percées théoriques » ; pas de « science normale » ni de « révolutions scientifiques » bachelardiennes ou kuhniennes (cf. ici, chap. 1).

Mieux vaut s'en tenir à l'essentiel. Sans doute significatif pour l'histoire récente des « communautés » savantes respectives de nos deux auteurs, est le fait que, chacun vers son côté, ceux-ci veuillent « tordre le bâton » en un sens contraire aux tendances qu'ils déplorent aujourd'hui chez leurs collègues (des penchants pour l'« historisme » dans un cas, pour le « scientisme » dans l'autre). Mais surtout, retenons qu'à travers les frontières de disciplines qui se jouxtent, parfois se recoupent, l'un et l'autre s'accorderaient *a minima* sur le constat – discriminant pour le second – du règne des « généralités spécifiées et conditionnelles » dans les sciences sociales.

La position de Passeron lui épargne toute conjecture sur le mode d'existence du « monde historique » (j'accrois désormais ma liberté d'interprétation). Seuls comptent, par l'opération du langage choisi, les relations entre des énoncés, des propositions, des assertions empiriques à l'aune de protocoles d'épreuve : rien ne peut se dire de l'adéquation du langage au monde (cf. Wittgenstein, lequel, avec son collègue Quine, paraît fort occupé ces temps derniers à répondre aux convocations d'ethnologues et sociologues français). Pourtant, c'est *la même opération* qui *par définition* affecte aux sciences sociales toutes leurs caractéristiques : définition du « cours du monde historique » (voir plus haut) dont la « forme » n'est autre que celle... des discours qui en traitent. La signification d'un énoncé, c'est la méthode de sa vérification, je présume. L'« objet » des sciences historiques, c'est la procédure différentielle – au regard d'autres « mondes » – qui teste ce qu'elles assertent à son propos. *Pourquoi* le monde historique « est »-il comme il est : pas comme le reste du monde empirique, sans doute congru, lui, çà et là, à l'espace poppérien du raisonnement physicien ? Ce dont on ne peut parler, il faut le taire (encore Ludwig W.).

Alain Testart, pour sa part, s'est de longue date réclamé du marxisme, dont la problématique, d'ordinaire, marque ses écrits. Il tient déjà de cette affiliation une théorie, voire une philosophie de l'histoire, en tout cas de l'évolution sociale. Mais en outre – et, en partie, de ce fait –, à ses yeux le monde « est », comme il est « un » : un seul monde qui cependant n'est connu qu'en fonction des interrogations diverses qu'on lui adresse, différents rapports entre sujet et objet – donc plusieurs sujets-types, plusieurs objets-types – s'établissant dans la dialectique même de ces questions-réponses. Ce mouvement-là, c'est la connaissance. D'où pluralité des constructions du monde connaissable – et pluralité tant des disciplines scientifiques que des problématiques développées en leurs champs respectifs (je signale, une fois n'est pas coutume, que c'est *grosso modo* la philosophie très générale dont habituellement je m'accommode le moins mal). Mais de là, aussi, quand on suit Testart en se rappelant le reste, ses « Premières conclusions sur les sciences sociales : [...] l'absence totale de fondement du privilège dont elles se targuent d'un statut épistémologique qui leur serait spécifique » (1991 a, intitulé du chapitre 6). N'ayant pas de statut propre en ce domaine, d'où leur viennent donc ces « généralités spécifiées » dont elles font de nécessité vertu ? Du monde qu'elles construisent – ou qu'elles choisissent d'investir.

Toujours selon cet auteur, l'espace où s'édifie un pareil monde, « ... à la différence de celui de la physique, est hétérogène, discontinu, clivé, tel un univers que l'on pourrait partager en une multitude d'univers distincts, ayant chacun son mode de structuration interne et sa logique propre » (Testart 1991 a : 148). L'univers de référence impose ici de par sa nature la nécessité « ... d'observer longuement le sujet social dans la diversité de ses incarnations et de ses discours tandis que l'on peut en physique se contenter d'"expériences imaginaires" » (p. 148 ; sur le dernier point, cf. *supra*, pp. 180-181).

Voici du reste une célèbre expérience imaginée, qui illustre très clairement certaine limitation des modèles en usage dans les sciences historiques (ou une qualité de leurs univers). Suscitons par la pensée un Polytechnicien féru d'Intelligence Artificielle et devenu récemment Spécialiste de l'Audition Cognitive chez la Puce. Admirons son Protocole expérimental : s'emparer d'une Puce (en faisant fi de ses objections). Lui sectionner froidement les pattes postérieures, *certeris paribus.* Après 17 sec. 3/10ᵉ, s'écrier d'une voix ferme : « Saute ! » *Si le Sujet reste empiriquement insensible à un tel stimulus auditif,* énoncer et consigner l'assertion suivante : *« Quand on coupe les pattes de derrière d'une Puce, elle devient sourde. »* Fin de l'Expérience. (Je dois avouer qu'une utilisation allusive de ce thème connu figure dans le livre de Passeron, p. 367.)

Il y a là un problème de fond, qu'ont aperçu quelques bons auteurs : entre le modèle de la surdité pucéenne et ceux qu'appliquent souvent les sciences historiques (parfois dites sociales), des analogies existent.

> « Il importe de voir que la causalité joue un rôle privilégié dans ces dernières [les sciences sociales], à cause de la nature même de leur objet, *lequel est en permanence surdéterminé* : ce qu'un éventuel modèle laisse de côté détermine autant (voire d'une autre manière) que ce qui y figure » (Gusatz *in* Stengers, éd., 1987 : 83, ital. dans le texte ; se référer à Granger 1977 : 140 ; on trouvera chez ces deux auteurs – pour s'en tenir à eux et aux dernières années – maints arguments présentés par Testart et Passeron, ceux-ci m'ayant du reste fourni quelques-uns des leurs).

Sur la causalité, déjà Sir Bertrand Russell remarquait en connaissance de cause : « Les philosophes, à quelque école qu'ils appartiennent, s'imaginent que la causalité est l'un des axiomes ou postulats fondamentaux de la science, alors qu'il est assez manifeste que, dans les sciences les plus avancées comme la mécanique céleste, le mot de "cause" n'apparaît jamais » (Russell 1918 : 180, cité par Gusatz *in* Stengers, éd., 1987 : 75 ; voir aussi Thom 1983 a). Mais cela ne disqualifie *en rien* l'usage d'un tel concept dans d'autres disciplines. « Ce qui est laissé de côté détermine autant ou d'une autre manière », vient-on de lire chez Gusatz : oui, pour ce qui est des meilleurs cas, puisque dans cet esprit, l'exemple du Polytechnicien pucéologue, hypothèse d'Ecole et pire des cas, ne constitue qu'une variante extrême : celle de l'inventeur de modèles dont la lumière d'expériences complémentaires – supposées possibles, bien choisies et convaincantes – révélerait rétrospectivement qu'il « se trompait » de variables.

Les idées de l'anthropologie achoppent parfois sur de semblables « erreurs de méthode », inévitables, qui çà ou là produisent une *felix culpa* : « Seule l'agriculture produit le surplus et le temps libre, qui produisent l'inégalité structurelle, et bientôt la propriété "privée"... – Mais que faites-vous (entre autres) des chasseurs-cueilleurs travaillant trois heures par jour et de ceux, inégalitaires, qui savent stocker ? » (cf. ici, chap. 3) ; « L'avunculat est le vestige d'un passé matrilinéaire ou matriarcal... – Mais que faites-vous, etc. » (cf. *supra*, p. 205) ; bref, que faire des puces avec toutes leurs pattes, sourdes comme des pots mais qui sautent encore, et des puces culs-de-jatte qui savent accorder les pianos ?

Le risque est grand de pareils errements quand on veut, et c'est en science souvent légitime et reconnu de bonne guerre, « sauver les phénomènes » : permettre au soleil de poursuivre sa ronde autour de la terre. « Pas de parenté chez les chasseurs-cueilleurs non-stockeurs ? Allons donc ! Et les Aborigènes australiens ? – Leurs premiers ethnographes crurent voir de la parenté là ou il s'agissait d'autre chose, mais depuis, ces gens ont changé » : hypothèse pleinement ad hoc, mais pleinement justifiée si les principes théoriques « sauvés » de la sorte sont un jour reconnus fructueux (cf. chap. 2, sur Cl. Meillassoux, et voir Geffray 1990). On aura remarqué que les « théories » implicites dans les deux premiers exemples anthropologiques ci-dessus admettraient des réfutations « poppériennes » : mais oui, si l'on peut tester leurs énoncés « toutes choses absolument égales d'ailleurs », étant supposées des corrélations significatives entre variables pertinentes, et le caractère « discret » – les valeurs bien séparées –, ou au moins non équivoque, de ces variables, outre la faculté de désindexer vraiment de leur contexte originel les notions employées. Désindexer : toutefois, l'« inégalité sociale » et aussi, disons, le potlatch, le big man ou même le « clan » sont-ils à l'ethnologie ce que l'« holotype » est à la zoologie : un spécimen qui permet de définir toutes les propriétés distinctives de l'espèce dont il est membre ?

Mais il faut également se demander où diable sont les sciences qui fonctionnent vraiment ou toujours de façon poppérienne... Car cela paraît de bonne méthode que de supputer en la matière un idéal régulateur, ou bien de nouvelles images d'Epinal, cachant quelque « secret professionnel » – comme le feraient le relativisme culturel extrémiste ou l'« observation participante » des ethnologues.

Serait-ce alors la complexité du monde historique, aux effets aggravés par l'impossibilité, en partie subséquente, de le plier au verdict de l'expérience reproductible, qu'il faut mettre en avant ? Peut-être, mais on a fait valoir aussi d'autres arguments. On sait que d'après certains auteurs (épistémologues et, aujourd'hui, « philosophes de l'esprit » ou cognitivistes), il y aurait discontinuité radicale entre les sciences sociales et les sciences plus dures, en raison du

« ... caractère intrinsèquement mental des phénomènes sociaux et psychologiques » (Searle 1985 : 119). Et bien des disciplines partageraient en quasi-totalité les autres traits des savoirs sur la société : biologie, géologie, météorologie... (voir *ibid.*, ou l'œuvre de Jerry Fodor). Ces attitudes reposent sur des considérations générales, relatives à diverses hiérarchies des niveaux d'organisation de l'univers comme aux « principes-ponts » qui assurent (Searle 1985) ou aux « découplages causaux » qui bornent (Pagels 1990) les réductions d'un niveau à l'autre : du macrophysique au microphysique, du psychologique au neurologique...

Sur un registre assez voisin, pour Lévi-Strauss – par exemple –, les sciences de la nature travailleraient avec les symboles des choses, tandis que l'ethnologue aurait affaire à des symboles de symboles et à différents niveaux de conscience ou d'inconscience, les uns en cachant d'autres, « comme en abîme » (1971 a : 574, et *in* Bellour & Clément, éd., 1979 : 164) ; on retrouve une idée similaire chez des ethnotechnologues qui analysent, d'une part, les techniques comme phénomènes physiques perçus au travers de leur propre appareil sensoriel, et d'autre part, les « représentations indigènes » de ces techniques. L'argument de Lévi-Strauss est d'ailleurs lié au précédent – la complexité –, tous deux semblant fort prisés des anthropologues, au moins, français, comme les formules qui suivent :

> « Je ne crois pas que nos sciences humaines et sociales puissent jamais prétendre au statut de sciences véritables. J'ai tout de même essayé de faire un petit pas dans cette direction. [La prétention n'était donc pas totalement irréaliste (JLJ).] Chez nous, les variables sont trop nombreuses, l'observateur inextricablement mêlé à ses objets d'observation ; enfin, *les moyens intellectuels dont il dispose, étant de même niveau de complexité que les phénomènes étudiés, ne peuvent jamais les transcender* » (Lévi-Strauss, dans Lévi-Strauss & Eribon 1988 : 146, mes italiques).

Mais je m'interroge : si « ... les mythes signifient l'esprit, qui les élabore au moyen du monde dont il fait lui-même partie » (cf. notre chap. 2), et si Lévi-Strauss, *étudiant* des mythes, peut au moins, par ses résultats, monter d'un niveau d'ordre dans la gamme des produits de l'esprit – élaborés au moyen du monde, y compris des mythes, monde dont son propre esprit fait lui-même partie –, transcende-t-il ou non ces phénomènes ? Qu'est au juste « le mythe de la mythologie » ? (Cf. *supra*, pp. 181-182.)

C'est en tout cas de pareils traits (complexité, représentations-objets), propres, eux, à toutes les sciences humaines, que découleraient les difficultés qu'éprouvent celles-ci à stabiliser leur cadre de référence. Mais sciences humaines et sciences sociales – quand on les distingue (cf. ici, chap. 1 et 4) – visent-elles en dernier ressort des mondes « historiques » au même degré ? Et nos morphologies métaphoriques (fig. I à V) ?

... et sciences historisées

Pensons à l'« histoire structurale », sans oublier l'expression « sciences humaines ». Nous allons y consacrer bon nombre de pages : c'est un thème crucial en cette fin de parcours.

> « L'histoire des historiens n'a pas besoin qu'on la défende, mais ce n'est pas non plus l'attaquer que de dire [...] que certains faits relèvent d'un temps statistique et irréversible, d'autres d'un temps mécanique et réversible ; et que l'idée d'une histoire structurale n'a rien qui puisse choquer les historiens » (Lévi-Strauss 1973 : 26).
> « [Lévi-Strauss] a toujours soutenu qu'il y a des rapports de compatibilité ou d'incompatibilité entre les structures ; par conséquent, même si l'histoire est pur enchaînement d'accidents, la relation entre une structure dans son état avant changement et son état après ne peut être fortuite : elle est régie par un principe d'ordre, qui interdit à n'importe quoi de se transformer en n'importe quoi. Autrement dit, l'histoire en tant qu'événement est aléatoire, mais le changement, lui, ne l'est pas » (Taylor 1988 : 183).

On ne saurait mieux dire. C'est à la « syntaxe des métamorphoses », inhérente au structuralisme, qu'en appelle ouvertement Anne-Christine Taylor. Elle poursuit en alléguant que cette syntaxe fonde la notion « de groupe de transformation » (je dirais plutôt qu'elle en offre une métaphore), qui serait essentielle pour Lévi-Strauss ; mais « Bien entendu, un groupe de transformation n'est en aucun cas assimilable à un modèle de l'histoire » :

> « c'est une pure combinatoire de variantes réelles, ou de virtualités de variantes, au sein desquelles l'histoire choisit éventuellement celles qu'elle réalisera. Mais n'est-ce pas reconnaître alors que l'histoire s'"incarne" dans les structures ? Et faudrait-il dans ces conditions distinguer deux formes d'histoire, d'une part l'histoire contingente ou événementielle, domaine de l'historien, et d'autre part l'histoire structurale, qui serait la saisie diachronique de ses états déployés dans le temps ? » (Taylor 1988 : 183 ; à comparer avec l'évocation, par Lévi-Strauss, du cladisme rapproché en partie de l'analyse structurale – ici même, pp. 82-84).

S'il y a là l'énoncé d'une opposition entre la foisonnante histoire des historiens (voyez le pôle « histoire historienne » dans la fig. VI, p. 214) et l'intraitable diachronie à la mode anthropologique (structuraliste), voici déjà deux séries de remarques. D'abord, l'historien le moins porté aux fameuses « grandes théories » de l'histoire, affaire surtout de philosophes, est aujourd'hui bien conscient, je suppose, de ne pouvoir ni devoir s'en tenir à la pure « narration véridique » : la *Guerre du Péloponnèse*, ou même au passé *wie es eigentlich gewesen*, « comme il s'est réellement déroulé », que von Ranke voulait paraît-il retracer. Plus : ce ne sont certes pas les historiens français d'aujourd'hui que l'on peut réputer ignorants ni même insoucieux des modèles, typologies ou méthodes élaborés par leurs collègues – et surtout, compatriotes – anthropologues ou sociologues[4]. C'est en revanche un célèbre anthropologue étasunien qui rappelle à ses pairs la leçon d'un de nos grands historiens : « Marc Bloch nous a appris que, faute de nous faire "comparatistes", nous ne saurions être que des "antiquaires" » (Sahlins 1989 : 35). Et François Furet, grand nom de notre historiographie :

> « L'historien de ce qui constituait jadis le règne de Louis XIV est moins un historien du XVIIe siècle que, par exemple, un spécialiste de l'absolutisme ou du phénomène de Cour. [...] l'histoire a cessé d'être contenue tout entière dans une pensée généalogique, selon laquelle l'avant explique l'après, et doit être par conséquent minutieusement reconstitué, jusqu'au point de son plus infime surgissement... [Voici] ce qui est réellement nouveau : que tout est devenu historique [...]. Ce qui n'a pas bougé pendant des siècles est aussi digne d'examen que ce qui n'a pas duré » (Furet 1989 [1982] : 12, 13 et 14).

En second lieu, nombre d'ethnologues – tout comme d'ailleurs Sahlins – révèlent par la pratique que, chaque jour davantage, leur travail de terrain « ... est indissociable de la perspective historique : il l'a rendue nécessaire et, de plus, a constitué la grille permettant la lecture et l'interprétation des documents » (Picon 1983 : 9). Mieux encore, pour certains d'entre eux, « l'ethnohistoire ne désigne pas un type particulier d'histoire » (c'est seulement, « selon Sturtevant [1966 : 6], "l'étude de l'histoire des peuples normalement étudiés par les ethnologues" ») ; « ce qui la caractérise c'est bien plus une différence au niveau des moyens d'accès au passé – genre, nature et

4. Cf. M. Bloch, L. Febvre, les Annales et la « Nouvelle histoire », les travaux de Braudel, Duby, Vilar, Burguière, Le Goff, Le Roy Ladurie, etc., ou les Antiquisants nommés dans le chap. 3 *in fine*, outre d'utiles synthèses fort accessibles sur les écoles historiques (Bourdé & Martin 1983, Le Goff, éd., 1988...).

quantité des sources – qu'une différence qui se situerait au niveau de l'objet lui-même » (*ibid.* : 291, et 15-16 pour la parenthèse).

Cette « seconde façon [pour l'ethnologue] de faire de l'histoire » – la première s'intégrant dans l'indispensable investigation bibliographique qui précède toute enquête sur le terrain –, « ... est valable dans tous les cas, sauf bien sûr quand les documents n'existent vraiment pas... » (*ibid.* : 19) ; et encore y a-t-il, ajouterai-je, des historiens qui mettent savamment à profit l'absence même de documents en la palliant par des inférences : Georges Duby (1978) analyse de cette manière les lacunes documentaires – marquant 150 ans dans le Nord de la France – relatives au schème tripartite de l'imaginaire médiéval.

Nous sommes ici à nouveau dans les rangs des anthropologues qui se font historiens sans cesser pour autant d'employer les raisonnements et catégories de l'ethnologie (voir les auteurs déjà cités chap. 3 : « De l'histoire des autres au retour sur soi », et plus récemment Marie Mauzé 1992[5], outre des collaborations entre disciplines – C. Bernand & S. Gruzinski 1988). Des ethnologues peuvent même, comme en témoignent notamment les travaux de Françoise Zonabend (1980) – en un champ aussi exploité par l'historiographie que le domaine rural français –, pratiquer une anthropologie de l'histoire ou de la temporalité *vécues* par les collectivités humaines ; ces recherches montrent comment chaque groupe s'oriente dans plusieurs cadres chronologiques également signifiants pour leurs référents mais d'échelles et d'espèces variables : communautaires, ou familiales et généalogiques, par exemple. Démarche qui présente, entre autres intérêts, celui de se prêter à des comparaisons avec certains faits bien connus mais culturellement très divers : fort classiques pour l'ethnologie sont devenues, dans cet ordre d'idées, les conceptions couplées du « temps écologique » et du « temps structural » chez les Nuer soudanais (cf. le mémorable ouvrage d'Evans-Pritchard – 1968 [1940]).

Ainsi doit-on saisir, à travers ces références, un des aspects sous lesquels s'historise l'anthropologie pendant que l'historiographie s'est « anthropologisée » en quelque mesure : des ethnologues se font « historiens des autres » et, souvent du même coup, analystes des formes locales d'historicité. Tout cela apporte des nuances à la formule d'A.-C. Taylor qui, reprenant une réflexion de Lévi-Strauss, différencie « l'histoire contingente » et « l'histoire structurale »

---

5. Notons au passage que la dernière nommée compte, avec Emmanuel Désveaux (1988 : livre traitant d'ailleurs de « mythes et temporalité »), parmi les très rares ethnologues français spécialistes des Indiens d'Amérique du Nord.

(Taylor 1988 : 183, voir plus haut). Cette Américaniste évoque d'elle-même, au reste, de tels échanges et empiétements (pp. 187-188). Surtout, elle souligne fort bien que pour les anthropologues, il existe plus d'une forme d'explication historique, puisqu'elle en énumère au moins six, à partir d'une « élémentaire “expérience de pensée” » touchant le « pourquoi » de la guerre permanente chez les Jivaros d'Amazonie (p. 155). Remarquons maintenant ceci. Sans même parler des trois premiers types d'explication – illustratifs de l'histoire des idées mais désuets en ethnologie –, les autres : diffusionniste (historique ou structural), fonctionnaliste, marxiste, reposent tous sur ce que j'ai appelé plus haut une « ontologie de type socioculturel », et non psychologique, ou sociobiologique comme le préféreraient des anthropologues d'outre-Atlantique spécialistes de l'Amérique tropicale (quant à l'écologie, c'est une autre histoire). Il s'agirait là de sciences « sociales », si l'on veut, plutôt qu'« humaines ». Semblables explications – « par » l'histoire, ou « de » l'histoire comme l'est le marxisme (cf. Godelier, cité p. 54, chap. 2) – doivent-elles soit à leur objet, soit à leurs outils, de résider dans un « entre-deux » : comme le « raisonnement sociologique » (fig. VI), entre le récit d'une contingence et l'« expérimentation », ici structurale ?

> « ... qu'elles soient disposées ou non sur un axe temporel n'affecte en rien la nature des variations d'une structure, et ne modifie pas la qualité des relations que ces variations peuvent entretenir les unes avec les autres. Dans une approche diachronique, le “manipulateur” des structures est l'histoire, tandis que dans l'approche synchronique, c'est l'ethnographie ou encore l'imagination du chercheur ; mais cela ne change rien, au bout du compte, au statut des variations considérées » (Taylor 1988 : 183).

Et viennent à présent certaines des conclusions de notre anthropologue usagère d'histoire :

> « ... la contingence est une affaire *d'épistémologie* et non *d'essence* : au lieu qu'elle soit une propriété de l'*histoire objective*, elle tient au *degré de complexité de l'objet que se sont donné* l'anthropologie comme l'histoire » (*loc. cit.*, mes italiques) ; « La confusion qui règne dans nos disciplines sur le problème de l'histoire tient certes à ces multiples incursions, à ces emprunts, à ces glissements de frontières [...] ; mais plus encore, sans doute, au fait qu'on qualifie du même terme d'*histoire* deux projets de connaissance qui, au moins tendanciellement, ont toujours été très différents, puisqu'ils font appel à des modèles et à des mécanismes explicatifs tout à fait distincts » (*ibid.* : 187-188, ce n'est pas moi qui souligne).

Que la contingence tienne nécessairement au degré de complexité de l'objet construit, j'en doute, mais nous verrons. Quant aux avatars présents du problème de l'histoire dans nos disciplines, je n'en disconviens pas, « ça fait désordre ». Mais s'agit-il ici de penser l'anthropologie telle qu'elle devrait être – en fonction d'une perspective posée comme canonique, cf. chap. 5 – ou d'analyser ce qu'en font et disent en faire les ethnologues, voire les historiens ?

Je crois que dans les deux cas, options de méthode affichées ou pratiques effectives d'analyse et de controverse, le fait de contingence finit par s'imposer, serait-ce comme « effet de contingence », à toute « ethno-*sociologie* » comparative (mais nous savons déjà que celle-ci n'est pas la seule anthropologie possible).

> « ... l'analyse structurale ne récuse donc pas l'histoire. Bien au contraire, elle lui concède une place de premier plan : celle qui revient de droit à la *contingence irréductible sans laquelle on ne pourrait même pas concevoir la nécessité*. Car, pour autant qu'en deçà de la diversité apparente des sociétés humaines l'analyse structurale prétend remonter à des propriétés fondamentales et communes, *elle renonce à expliquer*, non certes les différences particulières dont elle sait rendre compte en spécifiant dans chaque contexte ethnographique les lois d'invariance qui président à leur engendrement, *mais que ces différences virtuellement données au titre de compossibles ne soient pas toutes avérées* » (Lévi-Strauss 1966 : 408, mes italiques).

Y compris pour l'analyse structurale elle-même, surgit donc la contingence dès qu'apparaît l'évidence d'un défaut du réel historique ou comparatif sur le réel possible dans une sorte de tableau périodique virtuel des faits ethnographiques combinés... Problème qui n'est pas totalement étranger à celui de la *complexité* de l'objet, mais semble en grande partie distinct – et sur lequel pourrait bien achopper même l'anthropologie cognitive (cf. chap. 4), malgré l'ambition d'un Sperber plus optimiste que Lévi-Strauss ; la théorie doit en effet pouvoir, selon lui, expliquer l'entière variabilité des cultures, avec ses limites, et pour ce faire, répondre à ceci : qu'est-ce qui est empiriquement possible – ou impossible ? (Sperber 1982 : 17). Cependant, si même un structuraliste émérite entre tous et au sommet de son art recherche un réel caché à partir d'un observable ethnographique toujours contingent, voici ce qui en ressort, d'après ses réflexions les plus récentes.

> « L'analyse structurale des mythes instruit [...] de deux façons. D'abord chaque mythologie locale, confrontée à une histoire et à un milieu écologique donnés, nous apprend beaucoup sur la société dont elle provient, expose ses ressorts, éclaire le fonctionnement, le

> sens et l'origine des croyances et de coutumes... [...] A une condition toutefois : ne jamais se couper des faits. [...] on renoncera à entreprendre l'analyse structurale des mythes d'une société si l'on ne dispose pas d'un contexte ethnographique, ou en tout cas indépendant des mythes eux-mêmes. [...] Toutefois, quand la comparaison de mythes relevant d'un ensemble de cultures particulières, même circonscrites à une aire géographique et à une période de l'histoire, risque de devenir trop générale, rien n'est perdu, mais à la condition d'être conscient que ce mouvement réduit progressivement la pensée mythique à sa forme. Il n'est plus question de savoir *ce que les mythes disent, mais de comprendre comment ils disent*, même si, saisis à ce niveau, ils disent de moins en moins. On attendra alors de l'analyse structurale qu'elle éclaire le fonctionnement – à l'état pur, pourrait-on dire – d'un esprit qui, en émettant un discours vide et parce qu'il n'a rien d'autre à offrir, dévoile et met à nu le mécanisme de ses opérations » (Lévi-Strauss 1991 : 253-255 ; voir aussi 1971 a : 560).

Au risque d'abuser des citations de Lévi-Strauss – mais autrement périlleuse serait la paraphrase –, j'en déduirai ce qui suit. Une même analyse structurale du mythe, selon qu'elle utilise l'histoire et l'ethnographie tout en les informant, ou que celles-ci lui font défaut, balancera entre un « pourquoi » particulier et un « comment » général (*why-question*, *how-question*, diraient les anglophones). Le premier incrimine des « causes locales » ; le second s'appuie sur des principes structuraux « universels » qui à la fois ont tenu lieu d'hypothèse de travail (cf. ici, chap. 2). Illustrons cela.

Pourquoi la poterie était-elle absente chez les Gé (Brésil central) comme dans certaines régions occidentales de l'Amérique du Nord ? Parce qu'en de telles occurrences, les hommes concevaient une incompatibilité « philosophique » entre ce procédé technique et celui du four-de-terre dont en revanche ils faisaient usage (Lévi-Strauss 1971 a : 553) ; dans l'exclusion logique interviennent quantité de moyens termes, comme la pratique et les représentations du cannibalisme, les choix culinaires, le rôle des femmes... Mais pourquoi cette même technique – la poterie –, générale dans la région du Gran Chaco (ouest du Paraguay et nord de l'Argentine), n'y proscrivait-elle pas toujours, en toute mytho-logique, l'emploi du four-de-terre, qui en bien des cas lui était concomitant ? Je ne lésinerai pas sur les raccourcis :

> « Incompatibles sous le rapport de l'axe terre-ciel, le four-de-terre et la poterie deviennent [...] compatibles sous le rapport d'un axe dont la terre occupe un sommet, l'autre étant affecté à l'eau et au monde souterrain » (Lévi-Strauss 1971 a : 554). « [La transformation invoquée] repose sur un schème plus général où l'accent de

> la spéculation mythique se déplace : de la conquête du feu au ciel par les terriens, il passe à l'octroi fait aux terriens de l'argile et de l'art mystérieux de la poterie par des êtres surnaturels, à la fois aquatiques et chthoniens » *(loc. cit.)*.

Mais pourquoi l'accent de la spéculation mythique porte-t-il sur l'axe de l'incompatible – ciel / terre – pour des cultures amérindiennes bien définies mais séparées par un immense espace (du nord-ouest d'une Amérique au centre de la seconde), et pour d'autres, sur celui du compatible – terre / profondeurs aquatiques et chthoniennes ? Et ainsi de suite... Pourquoi le casoar, on l'a vu plus haut, est-il un oiseau pour nombre de populations papouasiennes mais pas pour leurs voisins karam ? Tôt ou tard, peut-être faudra-t-il supputer des causes historiques et contingentes – parfaitement extérieures à l'« explication structurale » – en avançant de ces hypothèses à portée locale auxquelles un structuraliste des plus expérimentés sait fort bien recourir.

> « On serait alors tenté de voir dans les Salish et les Penutian les témoins nord-américains [du Pacifique aux Montagnes Rocheuses, en haut] de vagues de migration anciennes dont une partie serait restée prisonnière entre les montagnes et l'océan, tandis que le reste, passant à l'est des Rocheuses, aurait déferlé jusqu'en Amérique du Sud, bien avant l'arrivée [en provenance de l'Asie comme tous les Amérindiens] des Athapaskan, des Siouan et des Algonkin [autres groupes linguistiques présents dans l'Amérique du Nord historique]. Dans cette hypothèse [qu'appuient pour une part certaines études glottochronologiques], l'étroite parenté qu'on observe entre les mythes d'une région septentrionale de l'Amérique du Nord et ceux de l'Amérique tropicale *apparaîtrait moins étrange* » (Lévi-Strauss 1984 : 67, mes italiques).

Mais le « comment » ? Il se trouve par contraste que l'« explication » structurale, c'est la recherche de lois, universelles à l'échelle du genre humain (mais peut-être pas seulement), ou tout au moins la construction, dans ce but, de « faits généraux » de structure, comme je l'indiquais dans un autre chapitre. Toujours à propos de la poterie, on peut démontrer que « ... dans un important groupe de mythes jivaro, la jalousie, la poterie et l'Engoulevent forment système » (Lévi-Strauss 1985 : 77). Pourquoi ? Bien évidemment, en un certain sens, à cause des particularités de l'environnement de ces mythes : milieu animal, « milieu » technique... et sociologique (rôles et images des femmes). Mais comment ces différents éléments sont-ils connectés, *comment* le mythe *dit*-il leurs rapports – et ici, dire, c'est faire ? Par un procédé dont la forme est celle de ce que le père du structuralisme ethnologique français a appelé « la formule canonique du mythe »[6].

Dans le cas présent en effet, que nous dit en substance le récit ? Que « ... la fonction "jalouse" de l'Engoulevent est à la fonction "potière" de la femme comme la fonction "jalouse" de la femme est à la fonction "Engoulevent inversé" de la potière » (1985 : 79 ; la dernière fonction est assumée par le Fournier, un autre oiseau, furnariidé celui-là, qui construit des nids en terre gâchée – un peu comme un four ou un pot –, et que ses moeurs rendent « Engoulevent à l'envers »).

Ce mythe est donc réductible, comme tout autre quand on dispose de données suffisantes, à une relation canonique qui s'écrit ainsi, telle la loi d'un groupe de permutation ordonnant les variantes du récit :

$$F\, x_{(a)} : F\, y_{(b)} :: F\, x_{(b)} : F\, [a^{-1}]_{(y)}$$

> Formule qui dénote des oppositions qualitatives : entre termes a / b (Engoulevent / Femme par exemple), entre fonctions x / y assumées par ces termes (ici jalousie / activité potière) et où $F\, [a^{-1}]_{(y)}$ signifie transformation finale de la valeur de (a) en sa valeur inverse $[a^{-1}]$ (Engoulevent —> Fournier = anti-Engoulevent), en même temps que commutation entre la valeur de terme (a) – qui devient fonction : fournier – et la valeur de fonction (y) – qui devient terme : Potière. Il est vrai que cette formule « universelle » connaît elle-même des variantes ; ainsi :
>
> $Fx(a) : Fy(b) :: Fy(x) : Fa^{-1}(b)$
>
> Mais l'essentiel de la structure formelle est bien là :
>
> « Cet emploi est légitime pourvu que les conditions initiales soient respectées : qu'un des termes soit remplacé par son contraire, et qu'une inversion se produise entre une valeur de terme et une valeur de fonction » (Lévi-Strauss 1985 : 207, sur des mythes reliant lune, météores, excréments, tête séparée d'un corps).

Voilà comment l'esprit humain fonctionne formellement dans le règne des mythes ; l'analyse structurale « dévoile et met à nu le mécanisme de ses opérations » à certains stades d'une recherche : quand le mythe « ... n'a rien d'autre à offrir » (1991 : 255). Et ce n'est pas tout. Car, même si l'on se limite encore au cas de la « poterie américaine », celui-ci révèle, outre le jeu des couples d'oppositions, des inversions symétriques, ou des torsions et boucles terminales de la formule canonique, l'action de déductions « empi-

6. Voir sa première occurrence d'accès facile en France dans Lévi-Strauss 1958, chap. XI, « La structure des mythes » [1955] : 252-253 ; puis cf. 1966 : 212, et 1985, 1991, *passim*.

riques » et « transcendantales » que nous vîmes à l'œuvre en d'autres circonstances (chap. 4, pp. 140-141).

> « La fonction "jalousie" de l'Engoulevent relève [d'une] déduction empirique : interprétation anthropomorphique de l'anatomie et des mœurs observables de cet oiseau. Quant au Fournier, [son emploi] à titre de fonction vérifie le système des équivalences, par transformation en déduction empirique de ce qui n'était au départ qu'une déduction transcendantale (que l'Engoulevent puisse, comme l'affirme le mythe, être à l'origine de la poterie) : au regard de l'expérience, le Fournier est un maître potier comme, au regard de l'expérience, l'Engoulevent est un oiseau jaloux » (Lévi-Strauss 1985 : 80).

De là, grâce à des raisonnements que le lecteur mis en appétit aura l'agrément de découvrir dans l'ouvrage cité – *La Potière jalouse* –, plusieurs confirmations à des niveaux plus généraux de ces modes d'activité de la pensée mythique, illustrés par des récits qu'habite la notion de tube : sarbacane en Amérique du Sud, pipe en Amérique du Nord, et par l'opposition contenant / contenu... Jusqu'à ce qu'il ressorte derechef, à l'un des pôles de la démarche, que « les mythes signifient l'esprit qui les élabore au moyen du monde dont il fait lui-même partie ». Et qu'au second pôle, agit un déterminisme d'espèce différente, en vertu de l'alternance que l'on retrouve dans toute analyse structurale, même affectée aux œuvres de créateurs éponymes :

> « ... l'analyse structurale peut légitimement s'appliquer à des mythes issus de la tradition collective et des ouvrages d'un seul auteur, car le programme ici et là *sera le même* : expliquer structuralement ce qui peut l'être et qui n'est jamais tout ; pour le reste, s'employer à saisir, tantôt plus et tantôt moins, *un autre genre de déterminisme* qu'il faudra chercher *aux niveaux statistique et sociologique ; ceux qui relèvent de l'histoire personnelle, de la société ou du milieu* » (Lévi-Strauss 1971 a : 560, mes italiques ; voir aussi, dans notre chap. 3, l'évocation des remarques du même auteur sur le mythe historisé, la notion de « maison », les contextes où l'on demande à l'histoire d'être « en prise directe sur le mythe »...).

Que cet « autre genre de déterminisme » n'ait pas, dans les ouvrages de notre auteur, le statut opérant du premier, je le suggérais ailleurs dans ce livre. Mais il constitue – au moins – un palliatif aux limitations de l'analyse structurale, qui à son tour peut en éclairer l'exercice. Ce qui nous ramène, cette fois explicitement, à l'histoire des structures.

La perspective diachronique, hors même la causalité historique sans phrase que nous avons vu s'y manifester, n'est certes pas absente des approches du type lévi-straussien. Elle peut s'y introduire en tant que projection, sur l'axe du temps, de relations synchroniques actuelles.

D'abord, que celles-ci apparaissent, dans une configuration culturelle, spécialement discordantes ou « grimaçantes de contradictions » – malheureusement, l'histoire existe à coup sûr, qui flétrit les systèmes –, et le structuraliste, en prenant ces « anomalies » pour indices, voudra çà ou là reconstituer quelques étapes antérieures d'une histoire des structures – *conjecturale* et « régressive »[7]. Mais plus généralement et même si l'on déborde maintenant des seuls écrits certifiés par le label structuraliste, toute classification, taxinomie ou typologie ordonnant des ensembles structurés *peut* aussi, bon an, mal an, se lire comme une généalogie (voir à nouveau l'exemple du cladisme et les analyses de Tort – 1989). Si bien qu'en certains cas, l'information historique qui fait défaut est inférable par l'ethnologue : celui-ci met en série chronologique les « instantanés » tirés d'un groupement synchronique de cultures distinctes mais avérées ou supposées assez « proches » les unes des autres pour qu'on puisse projeter leurs images sur l'axe temporel où elles seront vues comme autant d'étapes d'un processus d'évolution hypothétique. Pareille méthode me semble à l'œuvre outre-Manche et outre-Atlantique dans les recherches désormais classiques de E. Leach sur des sociétés birmanes, de M. Sahlins sur les organisations politiques traditionnelles en Océanie... Mais aussi, en France, dans certains travaux non moins mémorables de M. Godelier (1982 a...) sur les systèmes à *Big men* et à « Grands hommes » en Mélanésie (notamment). De même, prolongeant la réflexion comparative des deux précédents dans le cadre des *Highlands* néo-guinéens, Pierre Lemonnier par exemple a récemment publié (1990) une éclairante synthèse ; or, elle est à mon sens lisible, soit comme la confrontation synchronique d'organisations significativement différentes sous leurs similitudes ; soit comme le déploiement évolutif d'une combinaison d'éléments dont l'ethnographie révèle plusieurs états du développement historique possible et plus ou moins accompli.

Mais l'histoire structurale élimine-t-elle la contingence ? Oui, en théorie – pour *certaine* théorie : traversant son tamis, le changement ne devrait plus apparaître aléatoire. En pratique, non. Et cela n'est pas fonction de la complexité de l'objet construit – en tout cas, pas

---

7. Remontée du présent vers le passé : cf. Lévi-Strauss 1958, chap. VII, procédant ainsi à propos des organisations dualistes et matrimoniales des Sherente du Brésil central.

directement. Oui, « ... un principe d'ordre [...] interdit à n'importe quoi de se transformer en n'importe quoi » (Taylor 1988 : 183 ; encore que tout dépende de ce qu'on appelle transformation... et, partant, de la durée de l'observation). On ne peut cependant le vérifier que *rétrospectivement*. Nombre de mythes nord-américains n'ont-ils pas intégré quelques protagonistes de contes français, que les « voyageurs » commerçant avec les Indiens transplantèrent dans ce nouveau contexte – d'où un relatif « dérangement » du système par les aléas de l'histoire ? Sans doute, mais Lévi-Strauss montre que ces personnages y occupèrent une place déjà prête, en s'ajustant aux structures préexistantes, comblant des lacunes, emplissant des creux (1991, chap. XVI : « Mythes indiens, contes français ») – tout comme, prétendent des chroniques elles aussi rétrospectives, les Aztèques « reconnurent » Quetzalcóatl sous le dehors d'étranges et pâles barbus venant de l'est. Cela s'est produit ; c'était donc possible (le réel présente ce grand avantage : être observable). Pourquoi ? Fonds historique commun dès le Paléolithique, avant les migrations de l'Ancien Monde vers le Nouveau ? Evolutions convergentes, par cascades de causes parallèles ? Comment : grâce aux structures universelles de l'esprit humain. Rétrospectivement, tout est déterminé. Prospectivement aussi : mais là, rien n'est vraiment déterminable.

On sait que même la mécanique céleste, considérée jusqu'à nos jours en principe immuable de par ses lois dynamiques – en tout cas celle du système solaire –, apparaît maintenant marquée de chaos déterministe dans son évolution, *ipso facto* devenue imprédictible à long terme. Néanmoins, je tiens encore à souligner que cela, pour être un argument *utilisable* dans le débat sur les sciences humaines ou sociales, ne saurait suffire en soi à discréditer tout effort de celles-ci pour se conformer à une scientificité plus « classique ». Il n'est pas impossible de revendiquer à leur profit d'autres modèles de rigueur et d'efficience.

L'histoire historienne et l'histoire structurale vont toujours de pair, affirmait Claude Lévi-Strauss à la suite des phrases citées au début de ce sous-chapitre.

> « ... il n'est pas contradictoire qu'une histoire des symboles et des signes engendre des développements imprévisibles, bien qu'elle mette en œuvre des combinaisons structurales dont le nombre est limité. Dans un kaléidoscope, la combinaison d'éléments identiques donne toujours de nouveaux résultats. *Mais c'est que l'histoire des historiens y est présente* – fût-ce dans la succession des chiquenaudes qui provoquent les réorganisations de structure – et que *les*

chances sont pratiquement nulles pour que réapparaisse deux fois le même arrangement » (Lévi-Strauss 1973 : 26, mes italiques).

L'anthropologue et l'historien – voire le paléontologue et le physicien des « systèmes désordonnés » ou des transitions de phases ordre-désordre – doivent-ils suivre Vigny : « Aimez ce que jamais on ne verra deux fois » ? Quant au premier, ce qui j'espère se confirme progressivement aux yeux des lecteurs harassés est ceci. Il tend à adopter le raisonnement de type structural – ou l'« hypothèse du monde » la plus « organiciste » dirait S. Pepper (1942) dans une acception particulière – quand il se réfère à la nature humaine par le biais des universaux de l'esprit. Lorsqu'en revanche, l'ethnologue est contraint – ou désireux – d'en appeler au règne d'un social déterminant, ou au moins d'un type logique autre que « l'esprit humain », il est porté aux explications situant des causes locales d'effets observés dans des faits du même genre : « socioculturel », qui en tout dernier ressort sont à vrai dire singuliers. Alors prévaut le temps statistique et irréversible – thermodynamique, pour rappeler une métaphore célèbre –, et le raisonnement sociologique, sur le temps mécanique et réversible – celui des horloges. Ou du mythe : le temps structural si l'on veut (que préfèrent les collectivités qui « ne veulent pas d'histoire », autre problème). Bien sûr, dans les vues lévi-straussiennes, les deux modalités de raisonnement sont étroitement articulées. Les analyses structurales ne sont pas génétiques, mais il y advient, comme dans des mythes d'origine de l'agriculture soumis à la « preuve par la Sarigue », qu'« Une relation logique se projette dans le temps sous la forme d'un rapport de causalité » (Lévi-Strauss 1964 : 191). Relation : c'est bien la mise au jour d'une loi qui est recherchée. En ce sens, l'analyse lévi-straussienne vise, du côté de chez Psyché, des « descriptions rapides » – non réductionnistes et dont l'arbitraire est voulu minimal – de morphologies empiriques : cela, René Thom (1983 a : 12), entre autres, l'appelle justement « explication structurale » pour le distinguer du causalisme, réductionniste ou non. Exemple : $F = k mm' / R^2$, « loi » relationnelle (mais il est vrai quantitative) de la gravitation non relativiste... Dont les philosophes se demandent encore s'il s'agit d'une explication ou d'une description.

Il n'en va pas de même quand la cause d'un fait social est imputée à un fait social antécédent ou à des faits sociaux concomitants (logiquement antécédents). Ce qui n'exclut pas, bien entendu, que le *raisonnement* structural puisse s'appliquer au social, en tout cas que l'on s'y essaie... (sur un aspect de pareilles tentatives, l'idée devenue classique de la « digestion » de l'événement par la structure, et du transit inverse, le lecteur a trouvé quelques éléments de discussion dans le chap. 2).

Mais alors, que penser de ces questions d'histoire, de structures, et d'histoire structurale ? Ceci : que mon insistance à les gloser longuement dans les termes du structuralisme ethnologique avait pour causes (locales et en l'occurrence, finales) l'intention de préciser sur exemples la variété du mode d'historisation des anthropologies françaises ici considérées, et la volonté d'une double mise au point sur leur image.

Fin d'un parcours

On vient en effet de voir que *même* l'analyse structurale signée Lévi-Strauss, dont la référence ultime est la nature humaine *sub specie spiritus aeternitatis*, implique en pratique, *par la construction propre de l'objet de recherche*, certaines incursions du côté de chez Clio et tout ce qu'elles entraînent. D'où quelque nuance à apporter encore aux localisations dans le schéma morphologique (fig. V, p. 203). Mais du même coup, sous un autre angle, les correspondances qui organisent l'espace total de ce schéma semblent gouverner *aussi* l'espace intérieur d'une seule démarche théorique pourtant extrême (structuraliste) avoisinant l'un de ses sommets (point 1) ; comme si chaque discours ethnologique dans son mouvement interne pouvait se représenter par une sorte de modèle réduit – différemment courbé ou déformé selon les cas – de la figure qui lui réserve en extériorité un emplacement particulier, comme à tous les autres. Et cela peut fournir une validation relative de notre échafaudage iconographique.

« Chaque discours ethnologique », ai-je dit. J'ajoute trois séries de remarques. D'abord, tout point de ladite figure, par où passe telle ou telle anthropologie actuelle ou possible, devrait occuper une position donnée dans le plan du schéma VI (p. 214, sur le « raisonnement sociologique » d'après Passeron) ; lequel, donc, parcourant transversalement les droites de notre espace de comparaison, déplacerait aussi dans son propre champ l'intersection produite. En second lieu, on comprend pourquoi l'*anthropologie* comme *science humaine* se situe dans cette morphologie complète du côté de la « nature » *propre* à l'homme : son esprit, ses « langages » et, pour certains – à long terme –, ce que l'un et les autres « reflètent », l'organisation de la matière cérébrale ou neurologique... Tandis que l'*ethnologie* comme *science sociale* : « sociologie comparative », étude de tous les faits sociaux et de leur histoire, y compris hors de l'espèce humaine, élirait domicile, à l'opposé de l'anthropologie, dans l'entière moitié droite de la figure V, pour le moins (p. 203). Troisièmement enfin, à titre d'illustrations complémentaires, on trouvera aisément dans plusieurs démarches bien différentes entre elles comme du structuralisme, certaines modalités des dyades thématiques (et méthodologiques en l'espèce) internes à ce dernier mais générales dans notre représentation imagée du problème : science et histoire, histoire structurale et histoire historienne, stabilité et changement...

Ainsi les anthropologies marxistes de Claude Meillassoux et de Maurice Godelier pensent-elles de toute évidence, et nous l'avons vu au chapitre 2, l'objet « société » comme un tout organique articulé sous la détermination de l'économique, souvent par « causalité structurale » interposée dans le second cas (cf. une discussion du concept dans Descola 1988 a). En pratique, quand il s'agit d'expliquer sur pièces le changement (dialectique), ces anthropologies recourent cependant à des facteurs exogènes et en quelque mesure contingents : l'inégalité sociale viagère naissant – certes à partir de virtualités endogènes – du déséquilibre consécutif à la rencontre plus ou moins brutale avec une collectivité étrangère (cf. Meillassoux, entre autres 1975 : 1ère partie) ; ou les conséquences de l'introduction de cultigènes venus d'ailleurs, qui actualisèrent la dynamique virtuelle dans les systèmes sociaux néo-guinéens (cf. Godelier 1982 a, *in fine*). Ces idées de l'une et l'autre démarche voisinent ce que rend une métaphore lévi-straussienne : la « dormance » de la graine qui germe, à terme, si et quand les conditions du milieu le permettent. C'est aussi un *Deus ex machina* qui doit provoquer la « rupture » – d'où transformation – de l'« idéo-logique » suivant des réflexions de Marc Augé déjà évoquées ici (fin du chap. 2, p. 75).

Fort représentative de la généralité du problème me semble en dernier lieu une méthode de Robert Cresswell (*in* Cresswell, éd., 1975, vol. I : 38 et suiv., notamment). Celui-ci, pour développer l'étude des structures (non uniquement « conscientes ») et des *processus*, surtout techniques mais pas seulement, en est venu à distinguer les « séries logiques » et les « séries historiques ». Les premières traduiraient – je schématise – des évolutions tendancielles en quelque sorte « anhistoriques », dont le chercheur établirait, suivant des procédures circonstanciées, les rapports avec les secondes, historiques celles-là : « séries d'événements *particulières à chaque groupe* » (*ibid.* : 38, mes italiques). Inutile d'en dire plus : R. Cresswell le fera sans doute dans un ouvrage à paraître *(De l'outil à l'homme)*, mais on comprend d'emblée en quoi il y a là une position affirmée face aux conceptions couplées de la contingence et de l'*anankè*, la « nécessité ».

Celle-ci, comme la « tendance » chez Leroi-Gourhan (voir plus haut), manifeste la construction intime de l'univers – plan 4-1-2, ai-je supposé (fig. V). D'où cet ultime retour, sur le même plan, à Lévi-Strauss (pour qui le mythe est « à la fois historique et anhistorique » – 1958 : 231) : l'esprit élaborant les mythes au moyen du monde dont il fait partie, voici que « ... peuvent être simultanément engendrés, les mythes eux-mêmes par l'esprit qui les cause, et par les mythes, *une image du monde déjà inscrite dans l'architecture de l'esprit* » (1964 : 346, mes italiques). L'activité non consciente de l'esprit humain *en général*, chose parmi les choses, est-ce pourtant bien cela qu'en certaines conditions, réfractent, à travers l'analyse structurale, les mythologies *américaines* ?

Des ethnologues ont insisté sur une idée critique :

> « ... un récit mythique peut très bien à la fois divertir l'assistance, enseigner la toponymie aux enfants, réaffirmer le code des "bonnes manières" et tenter de légitimer les prétentions d'un groupe à la chefferie. Cette polyvalence du mythe est indispensable à son efficace sociale, mais on tend toujours plus ou moins à l'oublier lorsqu'on ne traite le mythe que comme un texte. Le mythe est une théorie orale de la pratique que nous traitons abusivement sur le modèle de notre pratique écrite de la théorie » (Bazin & Bensa 1979 : 23 ; de ces interprétations fonctionnelles, pratiques, politiques du mythe, offrent des exemples l'ouvrage et l'article de Bensa & Rivierre 1982 et 1988).

Pareilles remarques, qui recoupent les réflexions de P. Bourdieu sur la théorie de la pratique (1972), ses analyses du maniement stratégique de la parenté (*in* 1972, ou autres) et ses critiques du structuralisme lévi-straussien (1987, et *passim*), renvoient à des hypothèses que bon nombre de recherches empiriques ont rendues très fructueuses. Jack Goody, notamment dans un ouvrage célèbre (1979 [1977]), démontra d'autre part avec éclat l'action décisive de l'écriture – comme *technique de l'intellect* – sur l'évolution des modes de pensée (la « domestication de la pensée sauvage »). On a même récemment mis en lumière le rôle très important de l'imprimerie puis de sa diffusion – qui accroissent les possibilités de confrontation, donc de critique, des écrits ou documents – dans la révolution scientifique copernicienne et galiléenne, plus généralement dans la dynamique de la Renaissance (Eisenstein 1991 [1983]). La « raison » est, plus qu'on ne l'a cru, « graphique ». Il en résulte de profondes corroborations des effets essentiels causés par les techniques : si par exemple le casoar karam, je veux dire sa

« théorie » locale, n'a aucune chance face aux « nouveaux dinosaures » occidentaux, c'est bien en tout dernier ressort parce que la culture karam comme tant d'autres a ployé sous la supériorité technique de l'Occident[8].

Mais tous ces résultats, pour intéressants qu'ils soient, ne sauraient invalider les vues de Lévi-Strauss et de ses émules. Certes, leurs analyses (dont celle des mythes amérindiens) se fondent sur une raison graphique qui n'est pas celle des peuples dont ils étudient les œuvres : comment les effectuer sans le secours de l'écriture – de descriptions ou de raisonnements écrits, de listes, de diagrammes, de schémas, de tableaux synoptiques ? Mais après tout, les électrons, les gènes et les neurones – ou les dinosaures – écrivent-ils ? Oui ! Sur les cadrans, le papier millimétré des appareils enregistreurs, les écrans d'ordinateur, les rapports d'expériences ou de fouilles (comme les objets archéologiques) et dans les textes théoriques – ni plus ni moins par conséquent que les mythes ou les systèmes de parenté, les hiérarchies sociales, sur les pages d'un livre. Ce n'est pas la même chose ? Si, ce peut l'être, car tout dépend encore une fois de ce que l'on choisit d'étudier, des questions qu'on (se) pose à (propos de) la réalité.

Ainsi, quand, pareil à Lévi-Strauss, l'anthropologue s'intéresse moins à ce que les gens *font en pratique* qu'à ce qu'ils pensent ou prétendent *devoir être fait*, la « lecture » des récits et des *règles* de mariage paraît légitime pour déceler moyennant quelques précautions, sous ces données empiriques préparées pour leur traitement final, l'efficace de l'organisation mentale des humains. Que Lévi-Strauss lui-même – répondant sans doute aux critiques de Bourdieu – commente en ce sens la visée de ses investigations sur la parenté me semble, au passage, une preuve de plus de la hiérarchie de ses niveaux de référence : avant tout, même dans ce domaine, prime l'action inconsciente de l'esprit (cf. Lévi-Strauss & Eribon 1988 : 144).

Ce n'est donc pas sur ces questions, au demeurant passionnantes et je devais m'y arrêter avant de me taire, que je chicanerai le structuralisme. Je me demande simplement – et pour la dernière fois – si les opérations de l'intellect qui transparaissent des mythes indigènes d'Amérique sont vraiment purifiées de tout frottement perturbateur tenant aux nécessités *locales et historiques* de la vie sociale, « objectivées dans les institutions » (on reprend là une

---

8. Leroi-Gourhan : « ... en définitive, c'est l'outillage *[lato sensu]* qui résout les questions politiques... » (1973 : 320) ; on peut le déplorer, pas le dénier.

formule plus d'une fois transcrite dans ce livre). Je sais bien que son inventeur ou d'autres se sont essayés à transplanter l'analyse structurale des récits hors du cadre géographique dont elle procède ; et que « la terre de la mythologie est ronde ». Toutefois, cette terre reste ici de façon très prédominante le Nouveau Monde (les « hautes cultures » précolombiennes étant pratiquement exclues), sur quoi Lévi-Strauss et quelques anthropologues également américanistes ont tracé d'innombrables chemins, relais, raccourcis, ponts, cercles, boucles et carrefours. Doit-on en conclure que cela suffit – avec les sondages effectués en d'autres continents – à assurer la généralisation des données établies de la sorte sur la pensée native : celle de tous les peuples sans écriture, qui serait, *par hypothèse*, la plus révélatrice des structures profondes de l'intellect ? Ce n'est qu'une interrogation. Non sans quelque fondement, je crois : on se souvient des objections de Paul Ricœur et des répliques que leur fit Lévi-Strauss ; la discussion concernait surtout, à dire vrai, les frontières séparant les traditions orales des autres (Ricœur 1963 ; Lévi-Strauss 1963). Toutefois, il faut également rappeler certains indices ténus, mais plus significatifs s'ils se multipliaient dans divers contextes. Les « narrations formalisées », mythes compris, des Kanak de Nouvelle-Calédonie relèvent bien de la pure oralité ; or, d'après Bensa et Rivierre (1988), c'est leur « portée sociologique » qui se révèle « au principe de leur signification ». Sans doute les lévi-straussiens peuvent-ils en réponse arguer d'hypothèses, parfois vérifiables, parfois *ad hoc* : rien ne prouve qu'un maître échouerait à traiter ces récits autrement ; ou bien, c'est sur le même terrain mais dans d'autres récits que naguère, peut-être, s'est réfugiée la pensée mythique... à moins qu'ici, elle ne réside ailleurs que dans toute narration – c'est ainsi que, du reste en bonne méthode, on « sauve les phénomènes »[9].

Je me borne donc à une libre conjecture, trop succincte encore : que devrait-on supposer s'il devenait probable, en raison de graves difficultés à les découvrir en dehors des sociétés sans Etat des Amériques indiennes, que les structures de pensée mythique attestées chez elles leur sont propres ? C'est bien simple (en simplifiant) : il faudrait admettre, soit que ces structures ne sont pas des universaux intellectuels de notre espèce (données à rechercher alors par les moyens du cognitivisme, peut-être, appliqués entre autres domaines à la technologie culturelle) ; soit que les humains, fût-ce dans

9. Cf. Perrin & Pouillon 1989 et, sur différentes interprétations actuelles des mythes, voir la livraison thématique de *L'Homme* dont leur texte propose une présentation.

l'ensemble des civilisations sans écriture, ne pensent pas, formellement, partout de la même façon. Et dans ce dernier cas, de deux choses l'une. Ou bien, sans qu'on puisse en dire plus, ressurgirait, de l'abri où il hiberne (cf. *supra*, pp. 183-185), un relativisme cognitif vêtu de neuf (qui n'est pas un péché, mais une stratégie ou une vérité construite, *loc. cit.*) – et voilà un dernier affleurement du débat relativisme-universalisme, confirmant ses rapports avec notre question centrale (voir *supra*, p. 176 et suiv.). Ou bien on irait plus loin en assignant aux manifestations de ce relativisme des causes sociologiques, écologiques : locales et historiques... Même ces « formes » de la pensée subissant alors dans cette hypothèse le frottement perturbateur du milieu et des institutions.

Un tel exercice de science(sociale)-fiction permet de suggérer en quoi le seul contexte des anthropologies françaises d'aujourd'hui pourrait orienter jusqu'à nos réflexions les plus conjecturales. Mais de plus, il nous ramène, avant d'en finir pour de bon, à la question des rapports entre complexité et contingence (un universel déchu redevenant relatif au « contexte » dans toute son épaisseur), et science ou histoire... Par le biais d'un dernier adieu à nos chers dinosaures.

Pourquoi ces pauvres bêtes nous ont-elles quittés (hormis les oiseaux) ? Par le jeu bien sûr de la « Sélection naturelle ou lutte pour l'existence dans la nature », disait Darwin et disent encore, sur le fond, les Néodarwiniens. N'empêche ; il apparaît ces temps-ci convaincant pour de bons esprits que des causes extérieures singulières ont donné un sérieux coup de pouce en entrant dans ce jeu, si ce n'est plus : choc d'un énorme aérolithe ou rafales de formidables éruptions volcaniques (dans le Deccan), ou les deux (cf. entre autres Gould 1991). Sans ces facteurs « contingents », que serait-il advenu des mammifères qui ont pris la relève... et l'espèce humaine aurait-elle fini par voir le jour ? Non : à moins d'un miracle.

La contingence est encore présente, mais de façon moins brutale, dans les chaînes causales qui ont « élagué » l'arbre de l'évolution à un point stupéfiant. Il y eut une véritable décimation, d'espèces, de groupes, même d'embranchements, après le foisonnement du Cambrien, comme le montre également Gould (1991) en analysant une réinterprétation radicale des fossiles du fameux Schiste de Burgess : véritable révolution scientifique dont la quasi-absence de retentissement hors d'une sphère de spécialistes est, au passage, révélatrice de la hiérarchie des sciences en vigueur. Or, en premier lieu, pareilles « histoires » ne m'apparaissent contingentes, pour le cas dinosaurien du moins, que faute d'intégration dans l'objet qui les constituent comme telles, d'hypothèses *déterministes* concernant *aussi* les soubresauts volcaniques de notre planète ou sa trajectoire vis-à-vis de celles des autres corps célestes. A supposer possible une telle inclusion, l'objet que l'on se donnerait serait à la fois *plus complexe et moins contingent*... En le considérant isolé du reste de l'univers – ou sinon, le « hasard » de causes exogènes s'imposerait à nouveau... Faits donnés ou effets construits, en anthropologie aussi, la contingence ne varie donc pas en raison directe de la complexité d'un objet d'analyse – le problème est plus complexe. Sauf à entendre « complexe » dans le sens de « porteur de chaos et de désordre », déterminé mais indéterminable strictement, auquel cas affirmer la correspondance serait énoncer un pléonasme.

Mais en second lieu, notre exemple darwinien illustre une des réponses à nos questions de départ : de nos jours plus encore que naguère, *chaque* science de la stabilité est indissociable d'une science du changement – et même d'une *histoire*. En cela, l'historisation des sciences humaines et sociales sur ses divers registres semble un aspect de ce mouvement général. Certes, la stabilité n'est pas moins mystérieuse que le changement, Lévi-Strauss l'a souligné. Mais Einstein lui-même se mordit bien fort les doigts quand, une fois observés par des radio-astronomes des indices empiriques de l'expansion de l'univers et d'un *Big Bang* initial, il dut se repentir d'avoir jadis, alarmé par d'étranges résultats théoriques prédisant ces faits-là, introduit dans ses formules un facteur pleinement arbitraire à seule fin de sauvegarder l'idée de stabilité du cosmos... Un univers dont certains spécialistes se demandent aujourd'hui – c'est le fait pertinent – si son évolution n'est pas, dès les premiers temps, soumise à la contingence.

Notre paléontologue attitré (Gould 1991 : 313), enfin, aidera les anthropologues, avec une remarque d'immense portée, à s'affranchir de la hiérarchie établie des cadres de référence, comme, par avance, de celles qui pourraient la détrôner : « ... la réponse à des questions telles que "pourquoi les êtres humains sont-ils capables de pensée ?" réside tout autant (et dans un sens tout aussi profond) dans les voies tortueuse des contingences historiques que dans la physiologie des neurones ».

Ce que je crois comprendre en cette fin de parcours, c'est qu'il en va de même dans tous les domaines d'objets – y compris, mais ni plus ni moins, dans ceux des sciences humaines ou sociales. Je pressens même, pour rester schématique, que des figures du même genre que notre échafaudage géométrique pourraient s'appliquer à bien d'autres édifices du savoir.

Mais puisqu'il faut maintenant gagner encore un dernier surplomb, mettons ce livre – déjà fini – à bonne distance.

En premier lieu, que dans l'anthropologie française il y ait correspondance – pour le dire très vite car on a vu avec quelles nuances – entre les modèles « science ou histoire » et les référents « nature humaine ou sociocultures », cela n'implique aucunement l'affirmation d'une relation *nécessaire*. On peut en principe imaginer que soit définie comme suit, dans d'autres contextes ou dans un autre esprit, la thématique collective de toute l'ethno-anthropologie : « L'unité du social – ou du culturel – et la diversité des hommes », pour inverser tant une formule consacrée que la symétrie de notre propre espace comparatif ; nos dernières conjectures ont ouvert ci-dessus cette prospective par l'ethnologie-fiction des structures mentales « régionales » occultant les « vrais » invariants.

Car en second lieu, l'espace ainsi construit résulte d'une attitude que d'ailleurs nous avons vu prêter généralement à l'anthropologie : j'ai oscillé « comme un ludion entre différents niveaux de référence » ; ce fut annoncé à plusieurs reprises, et je crois l'avoir fait en toute conscience. Certes, d'un bout à l'autre, mes objets sont restés, disons, des théories qui se donnent pour objets ce qu'il est convenu d'appeler des faits ethnologiques. Comme l'indiquent les *incipit* du cinquième chapitre, à chacun ses « individués » : ceux du présent propos n'étaient pas des individus ou des institutions, sauf allusions, mais des discours anthropologiques sur des objets de l'anthropologie – enfin, ce que j'en entends ; à quoi s'appliqueraient, à quels effets présumés, une histoire, une sociologie des ethnologues – et des institutions où ils sont assemblés, disons même de leur implication dans le « terrain » comme dans le « texte » – qui les rendraient muets ? Au reste, bien des chercheurs, toujours plus nombreux depuis quelque vingt ans, ont déjà engagé leur compétence dans des voies qui croisent le chemin que nous venons de parcourir[10]. Il est vrai cependant que j'ai abordé le problème sous l'angle tantôt de la cohérence interne des discours, tantôt de leurs

10. Par exemple, en France : Adam & col. 1990 ; Affergan 1991 ; Augé 1979 ; Bourdieu 1972, et autres ; Caillé 1986 ; Chiva & Jeggle, éd., 1987 ; Gardin & col. 1981 ; Jamin & Zonabend 1985 ; Leclerc 1972 ; Lourau 1988 ; Péquignot 1990 ; Taylor 1984 ; Thomas 1974... Sur l'histoire de l'anthropologie, voir notamment « *L'Anthropologie : points d'histoire* » 1983 ; Blanckaert, éd., 1985 ; Copans & Jamin 1978 ; Jamin 1988 ; Lenclud 1988 a ; Menget 1983 ; Rupp-Eisenreich, éd., 1984. A noter également les travaux d'Isac Chiva sur l'émergence de l'ethnologie en France depuis l'avant-guerre. Sur une des manifestations (et des phases) de la « prise de conscience » évoquée, cf. *Situation actuelle et avenir de l'anthropologie en France* 1979, actes d'un colloque du CNRS, qui est à l'origine de la création de l'Association Française des Anthropologues... Que les non nommé(e)s veuillent m'excuser.

rapports mutuels, sans exclure en outre des considérations sur l'aspect stratégique et le contexte institutionnel de certaines controverses. En fait, j'ai parfois voulu faire feu de tout bois. D'où quelques va-et-vient. Au moins, les limites de l'approche encore circonscrite à une anthropologie « nationale » – dont deux ou trois éléments, on l'a vu, offrent l'intérêt de chevaucher les frontières –, de tels garde-fous provisoires, donc, donnent certaines garanties d'unité ; sans, je l'espère, enfermer pour autant la réflexion dans un « monographisme » où s'enlise parfois « l'étude de communauté » – puisque ainsi se préparent des comparaisons de plus grande échelle.

Mais la raison profonde de cette mobilité relative – la cause d'un certain « tremblé » du cadre de référence – m'apparaît fort simple. Je l'énonçais en parabole dès les premières phrases de ce livre. Je peux maintenant la formuler autrement : où placer ce travail dans l'iconographie de ses comparaisons (figure V) ?

Si l'on prétend commencer une anthropologie de *toutes* les anthropologies, c'est que ces dernières ne portent pas sur elles-mêmes (ou alors le travail serait inutile ou monterait d'un degré), pas plus d'ailleurs que la première : la présente étude. Le texte qu'on vient de lire est donc membre – comme ceux qu'il mentionne – de la classe de tous les textes qui ne se prennent pas eux-mêmes pour objet ou pour le dire autrement, de l'ensemble des livres dont la référence propre ne figure pas dans leurs bibliographies respectives. Mais à ce titre, devrait-il se placer sur la figure V et se mentionner lui-même en son annexe, l'une et l'autre étant supposées exhaustives ? Logiquement, oui, bien sûr, comme élément de l'ensemble en question. Auquel cas pourtant, il cesserait de faire partie de cette classe des textes qui ne renvoient pas à eux-mêmes. Dès lors, il faudrait l'exclure du schéma (et de sa propre bibliographie)... et on le retrouverait au point de départ : livre qui ne se mentionne pas lui-même, donc à inclure..., *ad infinitum...*

Ce n'est qu'un apologue. La pensée souple n'a que faire du logicisme et même les logiciens ont de longue date dépassé ce strict paradoxe : à certaines conditions toutefois. Et pensée souple n'est pas pensée molle ; n'y a-t-il vraiment aucun problème, par exemple, dans l'idée d'une histoire marxiste de l'historiographie marxiste – ou d'une psychanalyse de la psychanalyse ? La théorie ethnologique des théories ethnologiques doit sortir du langage dont elle fait son objet. Sans avoir tracé même les prodromes d'une solution, vouloir déjà conclure serait donner le change.

Epilogue

Dans un train, raconte un biographe, un inconnu s'adresse à Picasso en lui reprochant de ne pas représenter la réalité « telle qu'elle est ». Le peintre élude la discussion et engage familièrement une causerie à bâtons rompus. Bientôt le voyageur mis en confiance sort une photo de son portefeuille : « Voici ma femme. » Et Picasso : « Mais elle est toute petite et toute plate, non ? »

C'est une des réponses que je voudrais pouvoir donner à ceux qui me reprocheront ce livre, et surtout, de ne pas en avoir fait une sorte de photographie aussi précise que possible (c'est-à-dire toujours trop peu) de l'anthropologie française contemporaine. Quoique je n'aie pas le talent d'un grand peintre.

Je réitère une ultime question, déjà posée à la fin de l'« Interlude » : les anthropologues peuvent-ils avoir tort – donc avoir quelquefois raison ? Les premiers pas vers une réponse, mais aussi, transversalement, vers une anthropologie de l'anthropologie, devront accéder au problème par la bande. Car je pense maintenant, pour ce faire, à une anthropologie de l'échec et de son interprétation dans les sociétés humaines : défaite militaire, échec technique, rituel, magique... Ou « erreur scientifique » – y compris ethnologique, et même lorsque le cours ultérieur des événements en fait une *felix culpa*. Puisqu'une telle démarche se devrait d'intégrer une dimension réflexive, elle n'irait pas sans paradoxes : comment interpréter son possible insuccès ? Mais ethnologie paradoxale vaut mieux qu'anthropologie machinale. Ce livre s'approche de la première.

Un livre dont je comprends maintenant la vraie nature. Ni essai, ni analyse systématique ou pas encore : une note de bas de page un peu longue. Au moins n'ai-je pas commis « le péché de réponse ». *Se hace camino al andar,* écrit le poète ; « la méthode, c'est le choix des faits », mais c'est aussi « le chemin après qu'on l'ait parcouru ». Prétendre qu'on a déjà franchi une bonne distance serait donner le change, puisque les paradoxes de la réflexivité nous barrent encore la route. Certes, il y a eu comme un défrichement préalable, suivi de quelques brûlis. Pour la suite du parcours, il faudrait changer la donne. Est-ce possible, et quand ? Quel est d'ailleurs l'avenir de l'ethnologie, et de l'ethnologie française ? Alphonse Allais disait : il est difficile de faire des prévisions, surtout lorsqu'elles portent sur le futur. Mais la vraie force de l'esprit se mesure au degré d'incertitude qu'il est capable de supporter, répondrait le philosophe. Sans égard pour son mode d'existence, la nature imite nos modèles, jusqu'à ce qu'elle n'en puisse mais : à nous, dès lors, de la chercher plus avant – ou autrement.

Références bibliographiques

ABÉLÈS, M., 1983, *Le Lieu du politique*, Paris, Société d'ethnographie.

ABÉLÈS, M., 1990, *Anthropologie de l'Etat*, Paris, Armand Colin (« Anthropologie au présent »).

ADAM, J.-M., M.-J. BOREL, C. CALAME & M. KILANI, 1990, *Le Discours anthropologique. Description, narration, savoir*, Paris, Méridiens Klincksieck (« Sémiotique »).

ADLER, A., 1976, « L'ethnologie marxiste : vers un nouvel obscurantisme ? », *L'Homme*, oct.-déc. 1976, XVI (4).

ADLER, A., 1979, « Le dédoublement rituel de la personne du roi », *in* Izard, M. & P. Smith, éd., 1979 (cf. *infra*).

ADLER, A., 1982, *La Mort est le masque du roi. La royauté sacrée chez les Moundang du Tchad*, Paris, Payot.

AFFERGAN, F., 1991, *Critiques anthropologiques*, Paris, Presses de la Fondation nationale des sciences politiques.

AGAR, M., 1980, *The Professional Stranger. An Informal Introduction to Ethnography*, New York, Academic Press.

AGULHON, M. & col., 1975, *Ethnologie et histoire. Forces productives et problèmes de transition*, Paris, Ed. Sociales.

ALBERGONI, G., 1990, « Les Bédouins et les échanges : la piste introuvable », *Cahiers des sciences humaines* 26 (1-2).

AMSELLE, J.-L., éd., 1979, *Le Sauvage à la mode*, Paris, Le Sycomore.

AMSELLE, J.-L. & E. M'BOKOLO, éd., 1985, *Au cœur de l'ethnie. Ethnies, tribalisme et Etat en Afrique*, Paris, La Découverte.

AMSTERDAMSKI, S. & col., 1990, *La Querelle du déterminisme*, Paris, Gallimard (« Le débat »).

ANDLER, D., 1990, « Sciences cognitives », *Encyclopaedia Universalis* : « Supplément », tome I, Paris, Encyclopaedia Universalis France S. A.

ANDRÉ, J., 1987, *L'Inceste focal dans la famille noire antillaise. Crimes, conflits, structure* (sous la direction de J. Laplanche), Paris, Presses Universitaires de France (« Voix nouvelles en psychanalyse »).

André Leroi-Gourhan ou les voies de l'homme, 1988, Actes du colloque du CNRS – mars 1987 (consacré à la mémoire d'A. Leroi-Gourhan), Paris, Albin Michel.

Anthropologie et écologie, 1977, rapport collectif du groupe « Ecologie et

sciences humaines », Paris, Fondation de la Maison des sciences de l'homme (multicopié).
« Anthropologie : état des lieux », 1986, numéro spécial de *L'Homme*, janv.-juin, 97-98, XXVI (1-2) [également édité (sauf rubriques courantes) en 1986 par Navarin / Le Livre de poche (« Biblio-essais »)].
« Anthropologie historique des sociétés andines », 1978, éd. scientifique de J. Revel, J.V. Murra et N. Wachtel, numéro spécial de *Annales ESC*, 33 (5-6).
APOSTEL, L. & col., 1973, *L'Explication dans les sciences*, Paris, Flammarion (« Nouvelle bibliothèque scientifique »).
ARDREY, R., 1961, *African Genesis*, New York, Atheneum Publishers [trad. fr. : *Les Enfants de Caïn*, Paris, Stock, 1977].
ARON, R., 1970, « Le paradoxe du même et de l'autre », *in* Pouillon, J. & P. Maranda, éd., *Echanges et communications. Mélanges offerts à Claude Lévi-Strauss à l'occasion de son soixantième anniversaire*, tome II, The Hague / Paris, Mouton.
ATLAN, H., 1979, *Entre le cristal et la fumée*, Paris, Seuil.
ATRAN, S., 1986, *Fondements de l'histoire naturelle. Pour une anthropologie de la science*, Bruxelles, Complexe.
ATRAN, S., 1988, « Du savoir populaire au savoir scientifique sur la nature », *in* Cadoret, A., éd., 1988 (cf. *infra*).
ATTALI, J., 1984, *La Figure de Fraser*, Paris, Fayard.
« Au cœur des sciences sociales : "Homo oeconomicus" ou "Homo sociologicus" ? », 1987, *Bulletin du MAUSS* (ancienne série), juin 1987, n° 22.
AUGÉ, M., 1975, *Théorie des pouvoirs et idéologie. Etudes de cas en Côte-d'Ivoire*, Paris, Hermann.
AUGÉ, M., 1977, *Pouvoirs de vie, pouvoirs de mort*, Paris, Flammarion.
AUGÉ, M., 1978, « Vers un dépassement de l'alternative sens-fonction », *L'Homme*, XVIII (3-4).
AUGÉ, M., 1979, *Symbole, fonction, histoire*, Paris, Hachette.
AUGÉ, M., 1982, *Génie du paganisme*, Paris, Gallimard (« Bibliothèque des sciences humaines »).
AUGÉ, M., 1986, « L'Anthropologie de la maladie », *in « Anthropologie : état des lieux »* (cf. *supra*).
AUGÉ, M., 1988, *Le Dieu objet*, Paris, Flammarion (« Nouvelle bibliothèque scientifique »).
AUGÉ, M. & Cl. HERZLICH, éd., 1984, *Le Sens du mal. Anthropologie, histoire, sociologie de la maladie*, Paris, Ed. des Archives contemporaines.
AUGER, P., 1966, *L'Homme microscopique*, Paris, Flammarion, 2ème éd. (« Nouvelle bibliothèque scientifique »).
« Autour de Lucien Lévy-Bruhl », 1989, *Revue philosophique de la France et de l'étranger*, oct.-déc. 1989, 114ème année, n° 4 (thème du numéro).
BACHELARD, G., 1965 a [1938], *La Formation de l'esprit scientifique. Contribution à une psychanalyse de la connaissance objective*, Paris,

Librairie philosophique J. Vrin, 4ème éd. (« Bibliothèque des textes philosophiques »).
BACHELARD, G., 1965 b, *La Psychanalyse du feu*, Paris, Gallimard.
BACHELARD, G., 1986 [1949], *Le Rationalisme appliqué*, Paris, Presses Universitaires de France, 6ème éd. (« Quadrige »).
BALANDIER, G., 1955, *Sociologie actuelle de l'Afrique noire*, Paris, Presses Universitaires de France.
BALANDIER, G., 1974, *Anthropo-logiques*, Paris, Presses Universitaires de France.
BALANDIER, G., 1975, « Economie, société et pouvoir chez les Duala anciens », *Cahiers d'études africaines*, XV (59).
BALANDIER, G., 1988, *Le Désordre. Eloge du mouvement*, Paris, Fayard.
BALFET, H., éd., 1991, *Observer l'action technique. Des chaînes opératoires, pour quoi faire ?*, Paris, Presses du CNRS.
BARNES, B. & D. BLOOR, 1982, « Relativism, Rationalism and the Sociology of Knowledge », *in* Hollis, M. & S. Lukes, 1982 (cf. *infra*).
BARRAU, J., 1975, « Ecologie », *in* Cresswell, R., éd., 1975 (cf. *infra*), tome II.
BARRAU, J., 1978 a, « Ecosystèmes, sociétés et civilisations : le point de vue d'un naturaliste », *Information sur les sciences sociales*, XVII (2).
BARRAU, J., 1978 b, « Domesticamento », *in Enciclopedia Einaudi*, tome 5, Torino, Einaudi.
BARRAU, J., 1982, « Espace, sociétés, environnement », *in* Godelier, M., éd, 1982, tome I (cf. *infra*).
BARRAU, J., 1983, *Les Hommes et leurs aliments. Esquisse d'une histoire écologique et ethnologique de l'alimentation humaine*, Paris, Temps actuels.
BARRAU, J., 1989, « Ethnologie : H. Ethnosciences », *in Encyclopaedia Universalis*, tome 8, Paris, Encyclopaedia Universalis France S. A.
BASTIDE, R., 1967, *Les Amériques noires*, Paris, Payot.
BASTIDE, R., 1970, *Le Prochain et le lointain*, Paris, Payot.
BASTIDE, R., 1971, *Anthropologie appliquée*, Paris, Payot.
BASTIDE, R., éd., 1962, *Sens et usages du terme structure dans les sciences humaines*, La Haye / Paris, Mouton.
BATESON, G., 1977 [1972], *Vers une écologie de l'esprit* (tome I), Paris, Seuil [*Steps to an Ecology of Mind*, New York, Chandler Publishing Company].
BATON, J.-P. & G. COHEN-TANNOUDJI, 1989, *L'Horizon des particules*, Paris, Gallimard (« NRF essais »).
BAZIN, J. & A. BENSA, 1979, « Avant-propos », *in* Goody, J., 1979 (cf. *infra*).
BAZIN, J. & E. TERRAY, éd., 1982, *Guerres de lignages et guerres d'Etats en Afrique*, Paris, Ed. des Archives contemporaines.
BÉDOUCHA, G., 1987, *« L'Eau, l'amie du puissant ». Une communauté oasienne du Sud-tunisien*, Paris, Ed. des Archives contemporaines (« Ordres sociaux »).

BELLOUR, R. & C. CLÉMENT, éd., 1979, *Claude Lévi-Strauss*, Paris, Gallimard.

BELMONT, N., 1983 [1971], *Les Signes de la naissance. Etude des représentations symboliques associées aux naissances singulières*, Brionne, Gérard Montfort [1ère éd. Paris, Plon (« Recherches en sciences humaines », 29)].

BENOIST, J., 1983, « Rencontres de la médecine avec l'anthropologie sociale et culturelle », *in Une anthropologie médicale en France ?* (cf. *infra*).

BENSA, A. & J.-C. RIVIERRE, 1982, *Les Chemins de l'alliance. L'organisation sociale et ses représentations en Nouvelle-Calédonie*, Paris, SELAF.

BENSA, A. & J.-C. RIVIERRE, 1988, « De l'histoire des mythes. Narrations et polémiques autour du rocher Até (Nouvelle-Calédonie) », *L'Homme*, avr.-sept. 1988, XVIII (2-3), 106-107 (thème du n° : *« Le mythe et ses métamorphoses »*).

BERLIN, B. & P. KAY, 1969, *Basic Color Terms : Their Universality and Evolution*, Berkeley, University of California Press.

BERNAL, J. D., 1959, *The Social Function of Science*, London, Routledge and Kegan Paul.

BERNAND, C. & J.-P. DIGARD, 1985, « Rapport de conjoncture 1984 du Comité national de la Recherche Scientifique : ethnologie », *Bulletin de l'AFA*, n° 21-22.

BERNAND, C. & J.-P. DIGARD, 1986, « De Téhéran à Tehuantepec. L'ethnologie au crible des aires culturelles », *in « Anthropologie : état des lieux »*, 1986 (cf. *supra*).

BERNAND, C. & S. GRUZINSKI, 1988, *De l'idolâtrie. Une archéologie des sciences religieuses*, Paris, Seuil.

BERNARD, J., 1983, *Le Sang et l'histoire*, Paris, Buchet-Chastel.

BERNUS, S., P. BONTE, L. BROCK & H. CLAUDOT, éd., 1986, *Le Fils et le neveu. Jeux et enjeux de la parenté touarègue*, Cambridge / Paris, Cambridge University Press / Ed. de la Maison des sciences de l'homme.

BERTAUX, D., 1979, « Ecrire la sociologie », *Information sur les sciences sociales*, vol. I, n° 19.

BIDOU, P., à paraître en 1993, « La mythologie clivée. Une autre définition de la mythologie », *L'Homme*, avril-déc. 1993, 126-128.

BIOCCA, E., 1968, *Yanoama. Récit d'une femme brésilienne enlevée par les Indiens*, Paris, Plon (« Terre humaine »).

BIRNBAUM P. & J. LECA, éd., 1986, *Sur l'individualisme*, Presses de la Fondation nationale des sciences politiques,

BLANCKAERT, Cl., 1988, « Variations sur le darwinisme. Epistémologie et transfert lexical », *in* Louis, P. & J. Roger, éd., M. Groult (prép.), 1988 (cf. *infra*).

BLANCKAERT, Cl., éd., 1985, *Naissance de l'ethnologie ?*, Paris, Ed. du Cerf.

BLOOR, D., 1982 a [1976], *Sociologie de la logique. Les limites de l'épistémologie,* Paris, Pandore [*Knowledge and Social Imagery*, London, Routledge and Kegan Paul].

BLOOR, D., 1982 b, « Durkheim and Mauss Revisited : Classification and the Sociology of Knowledge », *Studies in History and Philosophy of Science*, n° 13.

BOESCH, C. & H. BOESCH-ACHERMANN, 1991, « Les chimpanzés et l'outil », *La Recherche*, juin 1991, n° 233.

BOLTANSKI, L., 1990, *L'Amour et la justice comme compétences*, Paris, A.-M. Métailié.

BOLTANSKI, L. & L. THÉVENOT, 1991, *De la justification. Les économies de la grandeur*, Paris, Gallimard.

BONTE, P., 1976, « Marxisme et anthropologie : les malheurs d'un empiriste », *L'Homme*, oct.-déc. 1976, XVI (4).

BONTE, P., 1977 a, « Classes et parenté dans les sociétés lignagères », *Dialectiques*, Automne 77, n° 21 *(« Anthropologie tous terrains »).*

BONTE, P., 1977 b, « Non-stratified Social Formations Among Pastoral Nomads », *in* Friedman, J. & J. M. Rowlands, éd., *The Evolution of Social Systems*, London, Duckworth.

BONTE, P., 1985, « Faits techniques et valeurs sociales. Quelques directions de recherche », *Techniques et culture*, janv.-juin 1985, n °5 (thème du numéro : *« Par où passe la technologie »*, I).

BOUDON, R., 1984, *La Place du désordre*, Paris, Presses Universitaires de France.

BOUDON, R., 1990, *L'Art de se persuader des idées douteuses, fragiles ou fausses*, Paris, Fayard.

BOURDÉ, G. et H. MARTIN, 1983, *Les Ecoles historiques*, Paris, Seuil (« Points / Histoire »).

BOURDIEU, P., 1972, *Esquisse d'une théorie de la pratique.* Précédée de *Trois études d'ethnologie kabyle*, Genève, Droz.

BOURDIEU, P., 1976, « Le champ scientifique », *Actes de la recherche en sciences sociales*, juin 1976, n° 2-3.

BOURDIEU, P., 1987, *Choses dites*, Paris, Ed. de Minuit (« Le sens commun »).

BOURDIEU, P., 1990, « Les conditions sociales de la circulation des idées », *Romanistische Zeitschrift für Literaturgeschichte / Cahiers d'histoire des littératures romanes*, vol. 14, n° 1-2.

BOURDIEU, P., 1991, « The Peculiar History of Scientific Reason », *Sociological Forum*, vol. 6, n° 1.

BOURDIEU, P., J.-Cl. CHAMBOREDON & J.-Cl. PASSERON, 1973, *Le Métier de sociologue*, Paris/La Haye, Mouton (2ème éd.).

BOURDIEU, P., avec L. J. D. WACQUANT, 1992, *Réponses. Pour une anthropologie réflexive*, Paris, Seuil (« Libre examen / Politique »).

BOUVERESSE, J., 1977, « L'animal cérémoniel. Wittgenstein et l'anthropologie », *Actes de la recherche en sciences sociales*, septembre 1977, n° 16.

BOUVERESSE, J., 1984, *Le Philosophe chez les autophages,* Paris, Ed. de Minuit (« Critique »).

BRAUDEL, F., 1979, *Civilisation matérielle, économie et capitalisme, XVe-XVIIIe siècles* (3 tomes), Paris, Armand Colin.

BRETON, A., 1988 [1924], « Manifeste du surréalisme », *in André Breton, Œuvres complètes, I* (éd. établie par M. Bonnet, Ph. Bernier, E.-A. Hubert et J. Pierre), Paris, Gallimard (« Bibliothèque de la Pléiade »).

BROMBERGER, C., 1979, « Technologie et analyse sémantique des objets : pour une sémiotechnologie », *L'Homme*, XIX (1).

BULMER, R., 1967, « Why is the Cassowary not a Bird ? A Problem of Zoological Taxonomy Among the Karam of the New Guinea Highlands », *Man. The Journal of the Royal Anthropological Institute,* vol. 2, n° 1, march 1967.

BURGUIÈRE, A. 1975, *Les Bretons de Plozevet,* Paris, Flammarion.

BURGUIÈRE A., C. KLAPISCH-ZUBER, M. SEGALEN & F. ZONABEND, éd., 1986, *Histoire de la famille* (2 tomes, préface de J. Goody), Paris, Armand Colin.

CADORET, A., éd., 1988, *« Chasser le naturel... »*, Paris, Ed. de l'EHESS (« Cahiers des Etudes rurales », 5).

CAILLÉ, A., 1986, *Splendeurs et misères des sciences sociales,* Genève, Droz.

CAILLÉ, A., 1988, « Pour un universalisme relativiste », *in « Rationalisme et relativisme»*, I, 1988 (cf. *infra*).

CALAME-GRIAULE, G., 1987 [1965], *Ethnologie et langage. La parole chez les Dogon*, Paris, Institut d'ethnologie, seconde édition avec une postface de l'auteur [1ère éd. Paris, Gallimard (« Bibliothèque des sciences humaines »)].

CALLON, M., 1986, « Eléments pour une sociologie de la traduction. La domestication des coquilles Saint-Jacques et des marins pêcheurs en baie de Saint-Brieuc », *L'Année sociologique*, vol. XXXVI.

CALLON, M., éd., 1989, *La Science et ses réseaux. Genèse et circulation des faits scientifiques*, Paris / Strasbourg, La Découverte / Conseil de l'Europe / UNESCO (« Textes à l'appui / Anthropologie des sciences et des techniques »).

CALLON, M. & B. LATOUR, éd., 1982, *La Science telle qu'elle se fait. Anthologie de la sociologie des sciences de langue anglaise*, Paris, Pandore.

CALLON, M. & B. LATOUR, éd., 1985, *Les Scientifiques et leurs alliés,* Paris, Pandore.

CALLON, M. & B. LATOUR, éd., 1990, *La Science telle qu'elle se fait,* Paris, La Découverte (« Textes à l'appui / Anthropologie des sciences et des techniques » : réédition « des meilleurs textes » traduits dans Callon & Latour, éd., 1982 et 1985, cf. *supra*).

« Causes, origines et agents de la maladie chez les peuples sans écriture », 1985, *L'Ethnographie*, 1985 (2-3), n° 96-97 (thème du numéro).

CAUVIN, J., 1978, *Les Premiers villages de Syrie-Palestine, du XIe au VIIe millénaire avant J.-C.*, Lyon, Maison de l'Orient.

CAVALLI-SFORZA, L. L. & M. W. FELDMAN, 1981, *Cultural Transmission and Evolution : A Quantitative Model*, Princeton, NJ, Princeton University Press (« Monographs in Population Biology », 16).

Centre Royaumont pour une science de l'homme & M. PIATELLI-PALMARINI, éd., 1979, *Théories du langage, théories de l'apprentissage. Le débat entre Jean Piaget et Noam Chomsky*, Paris, Seuil (« Points »).

CHAGNON, N. A., 1968, *Yanomamö : The Fierce People*, New York, Holt, Rinehart and Winston.

CHALMERS, A., 1991 [1990], *La Fabrication de la science*, Paris, La Découverte (« Sciences et société ») [*Science and its Fabrication*, Buckingham, Open University Press].

CHAMOUX, M.-N., 1981, *Indiens de la Sierra. La communauté paysanne au Mexique*, Paris, L'Harmattan (« Collection Amérindienne »).

CHANGEUX, J.-P., 1983, *L'Homme neuronal*, Paris, Fayard (« Le temps des sciences »).

CHANGEUX, J.-P. & A. CONNES, 1989, *Matière à pensée*, Paris, Odile Jacob.

CHARMES, J., 1976, « Evolution des modes de faire-valoir et transformation des structures sociales dans la région de l'Anony (Madagascar) », *Cahiers de l'ORSTOM* (série « Sciences humaines »), XIII (4).

CHAUVEAU, J.-P., 1978, « Société Baulé pré-coloniale et modèle segmentaire. Le cas de la région de Kokumbo », *Cahiers d'études africaines*, XVII (68).

CHAVENTRÉ, A., 1984, « Les Touaregs Kel Kummer », *in* A. Jacquard, éd., 1984 (cf. *infra*).

CHIVA, I. & U. JEGGLE, éd., 1987, *Ethnologies en miroir*, Paris, Ed. de la Maison des sciences de l'homme [publié aussi en allemand, Frankfurt, Campus Verlag, 1987].

CHOMSKY, N., 1957, *Syntactic Structures*, La Haye, Mouton [trad. fr. : *Structures syntaxiques*, Paris, Seuil, 1969 (« L'ordre philosophique »)].

CHOMSKY, N., 1977 [1975], *Réflexions sur le langage*, Paris, Maspero [*Reflections on Language*, New York, Pantheon Books, a division of Random House Inc.].

CHRISTEN, Y., 1979, *L'Heure de la sociobiologie*, Paris, Albin Michel.

CHURCHLAND, P. S., 1986, *Neurophilosophy : Towards a Unified Science of the Mind-Brain*, Cambridge (Mass.), MIT Press and Bradford Books.

CHURCHLAND, P. S. & P. CHURCHLAND, 1990, « Les machines peuvent-elles penser ? », *Pour la science*, mars 1990, n° 149.

CIRESE, A. M., 1988, « Homo faber, homo loquens », *in André Leroi-Gourhan ou les voies de l'homme*, 1988 (cf. *supra*).

CLASTRES, P., 1974, *La Société contre l'Etat. Recherches d'anthropologie politique*, Paris, Ed. de Minuit (« Critiques »).

CLASTRES, P., 1976, « Préface », *in* Sahlins, M., 1976 (cf. *infra*).
CLAVERIE, E. & P. LAMAISON, 1982, *L'Impossible mariage. Violence et parenté en Gévaudan, 17e, 18e et 19e siècles*, Paris, Hachette.
CLIFFORD, J., 1987, *Maurice Leenhardt. Personne et mythe en Nouvelle-Calédonie*, Paris, Ed. Jean-Michel Place (« Cahiers de *Gradhiva* », 1).
COHEN-TANNOUDJI, G., 1991, *Les Constantes universelles*, Paris, Hachette (« Questions de science »).
COLLET, S., 1991, « Guerre et pêche : quelle place pour les sociétés de pêcheurs dans le modèle des chasseurs-cueilleurs », *Information sur les sciences sociales*, sept. 1991, n° 3.
Colloque de Cerisy, J.-P. BRANS & col., éd., 1988, *Temps et devenir. A partir de l'œuvre d'Ilya Prigogine*, Genève, Patiño.
Colloque de Cerisy & P. DUMOUCHEL, éd., 1985, *Violence et vérité. Autour de René Girard*, Paris, Grasset.
Colloque de Cerisy, P. DUMOUCHEL & J.-P. DUPUY, éd., 1983, *L'Auto-organisation. De la physique au politique*, Paris, Seuil.
Colloque de Cerisy & Y. WINKIN, éd., 1988, *Bateson : premier état d'un héritage*, Paris, Seuil.
COMBESSIE, J.-Cl., 1989, *Au sud de Despeñaperros*, Paris, Ed. de la Maison des sciences de l'homme.
CONDOMINAS, G., 1974, « Essai sur l'évolution des systèmes politiques thaï », *Ethnos*, 4 (1).
CONKLIN, H. C., 1954, *The Relation of Hanunóo Culture to the Plant World*, Ph. D. dissertation, New Haven, Yale University.
CONKLIN, H. C., 1962, « Lexicographical Treatment of Folk Taxonomies », *in* Householder, F. W. & S. Saporta, éd., *Problems in Lexicography*, Bloomington, Indiana University, Research Center in Anthropology, Folklore and Linguistics.
COPANS, J., 1978, « Ethnies et régions dans une formation sociale dominée : hypothèses à propos du cas sénégalais », *Anthropologie et sociétés*, II (1).
COPANS, J. & J. JAMIN, 1978, *Aux origines de l'anthropologie française. Les Mémoires de la Société des observateurs de l'homme en l'an VIII*, Paris, Le Sycomore.
COPET-ROUGIER, E., 1980, « Mariage et inceste. L'endogamie dans une société à fortes prohibitions matrimoniales », *Bulletin de la Société d'Anthropologie du Sud-Ouest*, XV (1).
COULON, A. 1987, *L'Ethnométhodologie*, Paris, Presses Universitaires de France (« Que sais-je ? »).
C.R.E.A., 1986, « Sciences cognitives et sciences sociales », *Cahiers du CREA*, n° 10, déc. 1986 (multicopié, Centre de recherche en épistémologie appliquée, 1, rue Descartes, Paris 5ème).
CRESSWELL, R., 1975 a, « Rapports techniques et rapports sociaux : l'exemple de l'Irlande », *in* Agulhon, M. & col., 1975 (cf. *supra*).
CRESSWELL, R., 1975 b, « Introduction » et « Evolution humaine : techniques et culture », *in* Cresswell, R., éd., 1975 (cf. *infra*), tome I.

CRESSWELL, R., 1976, « Techniques et culture : les bases d'un programme de travail » , *Techniques et culture,* 1 (ancienne série : bulletin multicopié de l'ER 191 du CNRS).

CRESSWELL, R., 1985, « Technologie comparée des Wayana et Aluku de Guyane française », *Techniques et culture*, juil.-déc. 1985, n° 6 (thème du n° : *« Par où passe la technologie »*, II).

CRESSWELL, R., 1989, « Ethnologie », *in* Jacob, A., éd., *Encyclopédie philosophique universelle*, tome I : *L'Univers philosophique*, Paris, Presses Universitaires de France.

CRESSWELL, R., à paraître, *De l'outil à l'homme*.

CRESSWELL, R., éd., 1975, *Eléments d'ethnologie*, Paris, Armand Colin (2 tomes).

CROCKER, J. C., 1977, « My Brother the Parrot », *in* Sapir, J. D. & J. C. Crocker, *The Social Use of Metaphor : Essays on the Anthropology of Rhetoric*, Philadelphy, University of Pensylvania Press.

CROQUETTE, V., 1982, « Déterminisme et chaos », *Pour la science*, août 1982, n° 62.

DAWKINS, R., 1976, *Le Gène égoïste*, Paris, Mengès [*The Selfish Gene*, Oxford University Press, 1976].

DAWKINS, R., 1989 [1986], *L'Horloger aveugle*, Paris, Robert Laffont [*The Blind Watchmaker*, Harlow, Essex, Longman Scientific & Technical].

DEFORGE, Y. 1985, *Technologie et génétique de l'objet industriel*, Paris, Maloine (« Université de Compiègne »).

DELBOS, G. & P. JORION, 1984, *La Transmission des savoirs*, Paris, Ed. de la Maison des sciences de l'homme (« Ethnologie de la France »).

DESCOLA, Ph., 1982, « Territorial Adjustments Among the Achuar of Ecuador », *Information sur les sciences sociales*, 21 (2).

DESCOLA, Ph., 1986, *La Nature domestique. Symbolisme et praxis dans l'écologie des Achuar*, Paris, Fondation Singer-Polignac / Ed. de la Maison des sciences de l'homme.

DESCOLA, Ph., 1988 a, « L'explication causale », *in* Descola & col., 1988 (cf. *infra*).

DESCOLA, Ph., 1988 b, « Le déterminisme famélique », *in* Cadoret, A., éd., 1988 (cf. *supra*).

DESCOLA, Ph., G. LENCLUD, C. SEVERI & A.-C. TAYLOR, 1988, *Les Idées de l'anthropologie*, Paris, Armand Colin (« Anthropologie au présent »).

« Des machines et des hommes », 1990, *Techniques et culture,* 16, juil.-déc. 1990 (thème du numéro).

DESMOND, A., 1975, *The Hot Blooded Dinosaurs. A Revolution in Palaeontology*, London, Blond and Briggs.

DESROSIERS, S., 1988, « Les techniques de tissage ont-elles un sens ? Un mode de lecture des tissus andins », *Techniques et culture*, juil.-déc. 1988, n° 12.

DÉSVEAUX, E., 1988, *Sous le signe de l'ours. Mythes et temporalité chez les Ojibwa septentrionaux*, Paris, Ed. de la Maison des sciences de l'homme.

DEVEREUX, G., 1977 [1970], *Essais d'ethnopsychiatrie générale*, Paris, Gallimard (« Tel » ; troisième éd. revue et corrigée).

DEVEREUX, G., 1980 [1967], *De l'angoisse à la méthode dans les sciences du comportement*, Paris, Flammarion (« Nouvelle bibliothèque scientifique ») [*From Anxiety to Method in the Behavioral Sciences*, Paris / La Haye, Mouton / Ecole pratique des hautes études].

DEVEREUX, G., 1985 [1972], *Ethnopsychanalyse complémentariste*, Paris, Flammarion (« Champs »).

DIAMOND, S., 1981, *In Search of the Primitive. A Critique of the Civilization*, New Brunswick and London, Transaction Books.

DIGARD, J.-P., 1979, « La technologie en anthropologie : fin de parcours ou nouveau souffle ? », *L'Homme*, XIX (1).

DIGARD, J.-P., 1981, *Techniques des nomades baxtyâri d'Iran*, Cambridge / Paris, Cambridge University Press / Ed. de la Maison des sciences de l'homme.

DIGARD, J.-P., 1983, « Techniques d'équitation et antagonismes sociaux », *Techniques et culture*, janv.-juin 1983, n° 3.

DIGARD, J.-P., 1989, « Du nouveau en technologie ? », *L'Homme*, janv.-mars, XXIX (1), n° 109.

DIGARD, J.-P., 1990, *L'Homme et les animaux domestiques. Anthropologie d'une passion*, Paris, Fayard (« Le temps des sciences »).

DOLLFUS, O., 1975, « Espaces et sociétés : le point de vue d'un géographe », *Information sur les sciences sociales*, XIV (1).

DOSSE, F., 1991-1992, *Histoire du structuralisme*, tome I : *Le Champ du signe*, tome II : *Le Chant du cygne*, Paris, La Découverte.

DOUGLAS, M., 1971 [1966], *De la souillure*, Paris, Maspero [*Purity and Danger. An Analysis of Concepts of Pollution and Taboo*, London, Routledge and Kegan Paul].

DOUGHERTY, J. W. D., éd., 1985, *Directio«s in Cognitive Anthropology*, Urbana and Chicago, University of Illinois Press.

DOZON, J.-P., 1977, « Economie marchande et structures sociales. Le cas des Bétés de Côte d'Ivoire », *Cahiers d'études africaines*, XVII, 68.

DUBY, G., 1978, *Les Trois ordres ou l'imaginaire féodal*, Paris, Gallimard.

DUCHET, J.-L., 1986, *La Phonologie*, Paris, Presses Universitaires de France (« Que sais-je ? », 1ère éd. 1981).

DUMONT, L., 1975, *Dravidien et Kariera. L'alliance de mariage dans l'Inde du Sud, et en Australie*, Paris, Mouton (« Textes de sciences sociales », 14).

DUMONT, L., 1977, *Homo aequalis, I. Genèse et épanouissement de l'idéologie économique*, Paris, Gallimard.

DUMONT, L., 1979 [1966], *Homo hierarchicus. Le système des castes et ses implications*, Paris, Gallimard (« Tel » : rééd. augmentée).

DUMONT, L., 1983, *Essais sur l'individualisme. Une perspective anthropologique sur l'idéologie moderne*, Paris, Seuil (« Esprit »).

DUPUY, J.-P., 1982, *Ordres et désordres. Enquête sur un nouveau paradigme*, Paris, Seuil.

DURKHEIM, E. & M. MAUSS, 1969 [1903], « De quelques formes primitives de classification. Contribution à l'étude des représentations collectives », *in* Mauss, M., *Œuvres* (présentation de V. Karady), tome 2, Paris, Ed. de Minuit (« Le sens commun ») [extrait de l'*Année sociologique*, tome VI].

E.A.S.P., éd., 1979. *Production pastorale et société*, Cambridge / Paris, Cambridge University Press / Ed. de la Maison des sciences de l'homme.

ECKMANN, J.-P. & M. MASHAAL, 1991, « La physique du désordre », *La Recherche*, mai 1991, n° 232 (thème du n° : *« La science du désordre »*).

EISENSTEIN, E. L., 1991 [1983], *La Révolution de l'imprimé dans l'Europe des premiers temps modernes*, Paris, La Découverte (« Textes à l'appui, série Anthropologie des sciences et des techniques ») [*The Printing Revolution in Early Modern Europe*, Cambridge (Mass.), Cambridge University Press : version abrégée et illustrée de *The Printing Press as an Agent of Change*, même éd., 2 tomes, 1979].

ELIADE, M., 1985 [1978], *L'Epreuve du labyrinthe. Entretiens avec Claude-Henri Roquet*, Paris, Belfond.

ELSTER, J., 1986, *Le Laboureur et ses enfants. Deux essais sur les limites de la rationalité*, Paris, Ed. de Minuit (« Propositions »).

ESPAGNAT, B. d', 1980, *A la recherche du réel. Le regard d'un physicien*, Paris, Gauthier-Villars.

ESPINAS, A., 1877, *Les Sociétés animales*, Paris, Germer Baillères.

Essais sur la reproduction de formations sociales dominées (Cameroun, Côte-d'Ivoire, Haute-Volta, Sénégal, Madagascar, Polynésie), 1977 (ouvrage collectif), Paris, Travaux et documents de l'ORSTOM.

EVANS-PRITCHARD, E. E., 1962, *Essays in Social Anthropology*, London, Faber.

EVANS-PRITCHARD, E. E., 1968 [1940], *Les Nuer*, Paris, Gallimard [*The Nuer*, Oxford, Clarendon Press].

FAINZANG, S. & O. JOURNET, 1988, *La Femme de mon mari. Anthropologie du mariage polygamique en Afrique et en France*, Paris, L'Harmattan (« Connaissance de l'homme »).

FAUCONNET, P. & M. MAUSS, 1969 [1901], « Sociologie », *in* Mauss, M., *Œuvres* (présentation de V. Karady), tome 3, Paris, Ed. de Minuit (« Le sens commun ») [extrait de la *Grande encyclopédie*, tome 30, Paris, S. A. de la Grande encyclopédie].

FAVRET-SAADA, J., 1977, *Les Mots, la mort, les sorts*, Paris, Gallimard.

FAVRET-SAADA, J., 1987, « Les culottes Petit-Bateau », *Gradhiva*, n° 3.

FEYERABEND, P., 1979 [1975], *Contre la méthode. Esquisse d'une théorie anarchiste de la connaissance*, Paris, Seuil (« Science ouverte ») [*Against Method*, London, New Left Books].

FEYERABEND, P., 1989 [1987], *Adieu la raison*, Paris, Seuil [*Farewell to Reason*, London, Verso].

FOSSAERT, R., 1977, *La Société*, tome I : *Une théorie générale*, Paris, Seuil (1er d'une série de 6 tomes).

FOUCAULT, M., 1966, *Les Mots et les choses. Une archéologie des sciences humaines*, Paris, Gallimard.

FREEMAN, D., 1983, *Margaret Mead and Samoa. The Making and Unmaking of an Anthropological Myth*, Cambridge, Mass., Harvard University Press.

FREUD, S., 1987 [1927], L'*Avenir d'une illusion*, Paris, Presses Universitaires de France, 7ème éd. (« Bibliothèque de psychanalyse ») [*Die Zukunft einer Illusion*, Frankfurt am Mein, S. Fischer Verlag].

FRIEDBERG, Cl., 1987, « Les études d'ethnoscience », *in Le Courrier du CNRS. Images des sciences de l'homme* (supplément au n° 67), Paris, Centre National de la Recherche Scientifique.

FRISCH, J. E., 1959, « Research on Primate Behavior in Japan », *American Anthropologist*, 61 (4).

FURET, F., 1989, *L'Atelier de l'histoire*, Paris, Flammarion (« Champs », 1ère éd. 1982).

GAILLARD, G., 1988, *Images d'une génération. Contribution à la constitution d'une histoire de l'anthropologie française de ces trente dernières années*, thèse pour le Doctorat « nouveau régime », Paris, EHESS.

GARDIN, J.-Cl. & col., 1981, *La Logique du plausible. Essais d'épistémologie pratique*, Paris, Ed. de la Maison des sciences de l'homme.

GARFINKEL, H., 1984 [1967], *Studies in Ethnomethodology*, Cambridge, Polity Press.

GARRIGUES-CRESSWELL, M., 1987, « La complémentarité verticale dans le Haut Atlas », *Bulletin économique et social du Maroc*, n° 159-160-161.

GAUCHET, M., 1988, « Changement de paradigme dans les sciences sociales ? », *in « Notre histoire... »*, 1988 (cf. *infra*).

GEERTZ, Cl. C., 1973, *The Interpretation of Cultures*, New York, Basic Books (recueil d'articles).

GEERTZ, Cl. C., 1983 [1959-1983], *Bali. Interprétation d'une culture*, Paris, Gallimard (« Bibliothèque des sciences humaines ») [trad. de textes parus entre 1959 et 1983, dont certains figurent *in* Geertz, 1973 (cf. *supra*)].

GEERTZ, Cl. C., 1986 [1983], *Savoir local, savoir global. Les lieux du savoir*, Paris, Presses Universitaires de France (« Sociologie d'aujourd'hui ») [*Local Knowledge. Further Essays in Interpretive Anthropology*, New York, Basic Books].

GEFFRAY, Chr., 1990, *Ni père ni mère. Critique de la parenté : le cas makhuwa*, Paris, Seuil.

GEISTDOERFER, A., 1987, *Pêcheurs acadiens, pêcheurs madelinots.*

Ethnologie d'une communauté de pêcheurs, Québec / Paris, Presses de l'Université Laval / Presses du CNRS.

GIBBAL, J.-M., 1982, *Tambours d'eau. Journal et enquête sur un culte de possession au Mali occidental*, Paris, Le Sycomore.

GIBBAL, J.-M., 1988, *Les Génies du fleuve. Voyage sur le Niger*, Paris, Presses de la Renaissance (« De près comme de loin »).

GINZBURG, C., 1980, « Signes, traces, pistes. Racines d'un paradigme de l'indice », *Le Débat. HPS*, novembre 1980, n° 6 (rééd. *in* Ginzburg, 1986, cf. *infra*).

GINZBURG, C., 1986, *Miti, emblemi, spie*, Torino, Einaudi [trad. fr. : *Mythes, emblèmes, traces. Morphologie et histoire*, Paris, Flammarion, 1989 (« Nouvelle bibliothèque scientifique »)].

GIRARD, R., 1972, *La Violence et le sacré*, Paris, Grasset.

GIRARD, R., 1978, *Des choses cachées depuis la fondation du monde*, Paris, Grasset.

GIRARD, R., 1982, *Le Bouc émissaire*, Paris, Grasset.

GIRAUD, M., 1979, *Races et classes à la Martinique. Les relations sociales entre enfants de différentes couleurs à l'école*, Paris, Anthropos.

GODELIER, M., 1969, *Rationalité et irrationalité en économie* (2 tomes), Paris, Maspero (« Petite collection Maspero »).

GODELIER, M., 1973 a, *Horizon, trajets marxistes en anthropologie*, Paris, Maspero.

GODELIER, M., 1973 b, « Modes de production, rapports de parenté et structures démographiques », *La Pensée*, déc. 1973, n° 172.

GODELIER, M., 1974, « Considérations théoriques et critiques sur le problème des rapports entre l'homme et son environnement », *Information sur les sciences sociales*, XIII (6).

GODELIER, M., 1982 a, *La Production des Grands hommes. Pouvoir et domination masculine chez les Baruya de Nouvelle-Guinée*, Paris, Fayard.

GODELIER, M., 1982 b, « Le domaine des sciences de l'homme et de la société », *in* Godelier, M., éd., 1982, tome 1 (cf. *infra*).

GODELIER, M., 1984, *L'Idéel et le matériel. Pensée, économies, sociétés*, Paris, Fayard.

GODELIER, M., 1987, « L'analyse des processus de transition », *Information sur les sciences sociales*, juin 1987, 26 (2).

GODELIER, M., 1989, « Sexualité, parenté et pouvoir », *La Recherche*, sept. 1989, n° 213.

GODELIER, M., éd., 1970, *Sur les sociétés précapitalistes*, Paris, Editions sociales.

GODELIER, M., éd., 1982, *Les Sciences de l'homme et de la société en France. Analyse et propositions pour une politique nouvelle*, Paris, La Documentation française, 2 tomes (rapport présenté au ministre de la Recherche et de l'industrie).

GODELIER, M., éd., 1991, *Transitions et subordinations au capitalisme*, Paris, Editions de la maison des sciences de l'homme.

GODELIER, M. & J. GARANGER, 1973, « Outils de pierre, outils d'acier chez les Baruya de Nouvelle-Guinée », *L'Homme*, XIII (3).

GOODY, J., 1979 [1977], *La Raison graphique. La domestication de la pensée sauvage*, Paris, Ed. de Minuit (« Le sens commun ») [*The Domestication of the Savage Mind*, Cambridge, Cambridge University Press].

GONSETH, F., 1947, « Remarque sur l'idée de complémentarité », *Dialectica* (Neufchâtel), n° 7.

GOULD, S. J., 1977, « Sociobiology and Human Nature : A Post-Panglossian Vision », *in* Montaigu, A., éd., *Sociobiology Examined*, Oxford, Oxford University Press.

GOULD, S. J., 1982 [1980], *Le Pouce du Panda*, Paris, Grasset [*The Panda's Thumb*, New York, W. W. Norton & Co].

GOULD, S. J., 1991 [1989], *La Vie est belle. Les surprises de l'évolution*, Paris, Seuil (« Science ouverte ») [*Wonderful Life*, New York, W.W. Norton & Co].

GOULD, S. J. & R. J. LEWONTIN, 1982, « L'adaptation biologique », *La Recherche*, n° 139.

GOUROU, P., 1982, *Terres de bonne espérance : le monde tropical*, Paris, Plon (« Terre humaine »).

GOUSTARD, M., 1983, « A propos des capacités mentales des singes anthropoïdes », *Journal de psychologie*, n° 4.

GRANGER, G.-G., 1973, « L'explication dans les sciences sociales », *in* Apostel, L. & col. (cf. *supra*).

GRANGER, G.-G., 1977, « Logique et pragmatique de la causalité dans les sciences de l'homme », *in* Granger, G.-G., éd., *Systèmes symboliques. Science et philosophie*, Paris, Ed. du CNRS (« Travaux du Séminaire d'épistémologie comparative d'Aix-en-Provence » – ERA 650 du CNRS).

GRIAULE, M., 1948, *Dieu d'eau. Entretiens avec Ogotemmêli*, Paris, Fayard.

GRIAULE, M., avec G. DIETERLEN, 1965, *Le Renard pâle*, Paris, Institut d'ethnologie.

GRIFFIN, D., 1984, *La Pensée animale*, Paris, Denoël [*Animal Thinking*, Cambridge, Harvard University Press, 1984].

GUILLE-ESCURET, G., 1984, « Le fait social contre nature », *Les Temps modernes*, fév. 1984, n° 451.

GUILLE-ESCURET, G., 1986, « Le cœur d'une anthropologie évanescente », *L'Homme*, n° 100, oct.-déc. 1986, XXVI (4).

GUILLE-ESCURET, G., 1988 a, *La Souche, la cuve et la bouteille. Les rencontres de l'histoire et de la nature dans un aliment : le vin*, Paris, Editions de la Maison des sciences de l'homme.

GUILLE-ESCURET, G., 1988 b, « Ecosystème et organisme social : le duel des jumeaux amnésiques », in Cadoret, A., éd. (cf. *supra*).

GUILLE-ESCURET, G., 1989, *Les Sociétés et leurs natures*, Paris, Armand Colin (« Anthropologie au présent »).

GUTWIRTH, J., 1982, « Jalons pour l'anthropologie urbaine », *L'Homme*, oct.-déc. 1982, XXII (4) (thème du n° : *« Etudes d'anthropologie urbaine »*).

GUTWIRTH, J., 1988 a, *Les Judéo-Chrétiens aujourd'hui*, Paris, Editions du Cerf.

GUTWIRTH, J., 1988 b, « André Leroi-Gourhan et l'ethnologie de la modernité », *in André Leroi-Gourhan ou les voies de l'homme*, 1988 (cf. *supra*).

HAGÈGE, Cl., 1985, *L'Homme de paroles. Contribution linguistique aux sciences humaines*, Paris, Fayard (« Le temps des sciences »).

HAGÈGE Cl., & A.-G. HAUDRICOURT, 1978, *La Phonologie panchronique*, Paris, Presses Universitaires de France.

HAMBURGER, J., éd., 1986, *La Philosophie des sciences aujourd'hui*, Paris, Académie des sciences / Gauthier-Villars / Bordas.

HANSON, N. R., 1958, *Patterns of Discovery*, Cambridge, Cambridge University Press.

HARRIS, M., 1979 [1977], *Cannibales et monarques. Essai sur l'origine des cultures*, Paris, Flammarion [*Cannibals and Kings*, New York, Random House].

HARRIS, M., 1984, « Animal Capture and Yanomamö Warfare : Retrospect and New Evidence », *Journal of Anthropological Research*, 40 (1).

HAUDRICOURT, A.-G., 1987, *La Technologie, science humaine. Recherches d'histoire et d'ethnologie des techniques* (recueil d'articles parus entre 1936 et 1978), Paris, Ed. de la Maison des sciences de l'homme.

HAUDRICOURT, A.-G. & P. DIBIE, 1987, *Les Pieds sur terre*, Paris, A.-M. Métailié.

HAUDRICOURT, A.-G. & L. HÉDIN, 1987 [1943], *L'Homme et les plantes cultivées*, Paris, A.-M. Métailié.

HAUDRICOURT, A.-G. & M. JEAN-BRUNHES DELAMARRE, 1986 [1955], *L'Homme et la charrue à travers le monde*, Paris, La Manufacture.

HELL, B., 1985, *Entre chien et loup. Faits et dits de chasse dans la France de l'Est*, Paris, Ed. de la Maison des sciences de l'homme (« Ethnologie de la France »).

HENNIG, W., 1966, *Phylogenetic Systematics*, Chicago, University of Illinois Press.

HÉRITIER, F., 1975, « L'ordinateur et l'étude du fonctionnement matrimonial réel d'un système omaha », *in* Augé, M., éd., *Les Domaines de la parenté. Filiation / alliance / résidence*, Paris, Maspero (« Dossiers africains »).

HÉRITIER, F., 1976, « Contribution à la théorie de l'alliance. Comment fonctionnent les systèmes d'alliance omaha ? », *Informatique et sciences humaines*, n° 29, juin 1976.

HÉRITIER, F., 1979, « Symbolique de l'inceste et de sa prohibition », *in* Izard, M. et P. Smith, éd., 1979 (cf. *infra*).

HÉRITIER, F., 1981, *L'Exercice de la parenté*, Paris, Hautes Etudes / Gallimard / Le Seuil.
HÉRITIER, F., 1984, « Stérilité, aridité, sécheresse. Quelques invariants de la pensée symbolique », *in* Augé, M. & Cl. Herzlich, 1984 (cf. *supra*).
HÉRITIER-AUGÉ, F. & E. COPET-ROUGIER, éd., 1990, *Les Complexités de l'alliance. Vol. I : Les Systèmes semi-complexes*, Paris, Ed. des Archives contemporaines.
HEUSCH, L. de, 1982, *Rois nés d'un cœur de vache (Mythes et rituels bantous III)*, Paris, Gallimard (« Les essais », CCXVIII).
HOLLIS, M. & S. LUKES, éd., 1982, *Rationality and Relativism*, Oxford, Basil Blackwell.
HOLTON, G., 1981 [1973, 1978], *L'Imagination scientifique*, Paris, Gallimard (« Bibliothèque des sciences humaines ») [trad. partielle de *Thematic Origins of Scientific Thought : Kepler to Einstein*, Cambridge, Mass., Harvard University Press, 1973, et de *The Scientific Imagination : Case Studies*, Cambridge, Cambridge University Press, 1978].
HOLTON, G., 1982 [1973, 1978], *L'Invention scientifique. Thêmata et interprétation*, Paris, Presses Universitaires de France (« Croisées ») [trad. partielle de *Thematic Origins of Scientific Thought* et de *The Scientific Imagination* (cf. *supra*, Holton)].
HORTON, R., 1990 [1967], « La pensée traditionnelle africaine et la science occidentale », *in La Pensée métisse...*, 1990 (cf. *infra*). [Texte rédigé en français par l'auteur à partir des thèses qu'il présenta dans « African Traditional Thought and Western Science », *Africa*, n° 37, 1967.]
HUSSERL, E., 1965 [1929], *Logique formelle et logique transcendantale*, Paris, Presses Universitaires de France [*Formale und transzendentale Logik*, Halle].
IMBERT, M., 1991, « L'acte cognitif », *in* Sicard, M., éd., *Le Cerveau dans tous ses états (entretiens)*, Paris, Presses du CNRS.
INGOLD, T., 1986, *Evolution and Social Life*, Cambridge, Cambridge University Press (« Themes in the Social Sciences »).
IZARD, M., 1980, *Les Archives orales d'un royaume africain : recherches sur la formation du Yatênga* (7 tomes), thèse pour le Doctorat d'Etat, Paris, Université Paris V.
IZARD, M., 1982, « L'anthropologie et les recherches en sciences sociales dans le tiers-monde », *in* Godelier, M., éd., 1982, tome 1 (cf. *supra*).
IZARD, M., 1985, *Gens du pouvoir et gens de la terre. Les institutions politiques de l'ancien royaume du Yatênga*, Paris / Cambridge, Cambridge University Press / Ed. de la Maison des sciences de l'homme.
IZARD, M., 1986, « Emmanuel Terray en son royaume », *Etudes rurales*, janv.-juin 1986, n° 101-102.
IZARD, M., 1988, « Présentation », *Revue française de sciences politiques*, vol. XXXVIII, n° 5, oct. 1988 (thème du n° : *« L'anthropologie politique aujourd'hui »*).

IZARD, M. & P. SMITH, éd., 1979, *La Fonction symbolique*, Paris, Gallimard.
JACOB, F., 1970, *La Logique du vivant. Une histoire de l'hérédité*, Paris, Gallimard.
JACOB, F., 1982, *Le Jeu des possibles*, Paris, Fayard.
JACQUARD, A., éd., 1976, *L'Etude des isolats*, Paris, INED.
JACQUARD, A., éd., 1984, *Génétique des populations humaines*, Paris, Presses Universitaires de France.
JACQUES, J., 1990, *L'Imprévu ou la science des objets trouvés*, Paris, Ed. Odile Jacob.
JAHODA, G., 1989 [1982], *Psychologie et anthropologie*, Paris, Armand Colin (« U, Psychologie ») [*Psychology and Anthropology. A Psychological Perspective*, London, Academic Press].
JAKOBSON, R., 1970, « La linguistique », *in Tendances principales de la recherche dans les sciences sociales et humaines*, Paris, UNESCO.
JAKOBSON, R., 1976, *Six leçons sur le son et le sens*, Paris, Ed. de Minuit.
JAMES, W., 1898, *The Will to Believe, and Other Essays in Popular Philosophy*, New York, Longmans.
JAMIN, J., 1974, *La Tenderie aux grives chez les Ardennais du plateau. Essai d'ethnobiologie*, Paris, Institut d'ethnologie.
JAMIN, J., 1985, « Le texte ethnographique. Argument », *in* Jamin, J. & F. Zonabend, éd., 1985 (cf. *infra*).
JAMIN, J., 1988, « L'histoire de l'ethnologie est-elle une histoire comme les autres ? », *Revue de synthèse*, juil.-déc. 1988, n° 3-4.
JAMIN, J. & F. ZONABEND, éd., 1985, *« Le texte ethnographique »* (thème d'un fascicule de *Etudes rurales*, janv.-juin 1985, n° 97-98).
JANVIER, P. & col., 1980, « Le Cladisme », *La Recherche*, n° 117.
JAULIN, R., 1977, *Les Chemins du vide*, Paris, Chr. Bourgois.
JAULIN, R., éd., 1974 a, *La Paix blanche. Introduction à l'ethnocide* (2 tomes), Paris, UGE (« 10/18 »).
JAULIN, R., éd., 1974 b, *La Décivilisation*, Bruxelles, Ed. Complexe.
JAYNES, J., 1977, *The Origins of Consciousness in the Breakdown of the Bicameral Mind*, Boston, Houghton Mifflin Co.
« Je et Moi, les Emois du je. Questions sur l'individualisme », 1988, n° spécial, *Espaces Temps*, n° 37.
JOLAS, T., M.-C. PINGAUD, Y. VERDIER & F. ZONABEND, 1990, *Une campagne voisine. Minot, un village bourguignon*, Paris, Ed. de la Maison de sciences de l'homme (« Ethnologie de la France » ; recueil d'articles parus sur 10 ans).
JORION, P., 1984, « L'inscription dans la structure de parenté », *Ornicar ? Revue du champ freudien*, janv. 1984, n° 31.
JORION, P., 1986, « Reprendre à zéro », *in « Anthropologie : état des lieux »*, 1986 (cf. *supra*).
JORION, P., 1989 a, « Intelligence artificielle et mentalité primitive. Actualité de quelques concepts lévy-bruhliens », *in « Autour de Lucien Lévy-Bruhl »*, 1989 (cf. *supra*).

JORION, P., 1989 b, *Principes des systèmes intelligents*, Paris, Masson (« Sciences cognitives »).

JORION, P. & D. SPERBER, 1988, « Le relativisme en anthropologie : débat entre Paul Jorion et Dan Sperber », *in « Rationalisme et relativisme »*, I (cf. *infra*).

JUILLERAT, B., 1986, *Les Enfants du sang. Société, reproduction et imaginaire en Nouvelle-Guinée*, Paris, Ed. de la Maison des sciences de l'homme.

JUILLERAT, B., 1991, *Œdipe chasseur. Une mythologie du sujet en Nouvelle-Guinée*, Paris, Presses Universitaires de France (« Le fil rouge »).

KANT, E., 1987 [1781], *Critique de la raison pure*, trad. J. Barni revue par P. Archambauld, préf. de L. Ferry, Paris, Flammarion (« GF ») [*Kritik der reinen Vernunft*.

KARADY, V., 1988, « Durkheim et les débuts de l'ethnologie universitaire », *Actes de la recherche en sciences sociales*, n° 74.

KILANI, M., 1990, « Que de *hau* ! Le débat autour de l'*Essai sur le don* et la construction de l'objet en anthropologie », *in* Adam, J.-M., M.-J. Borel, C. Calame & M. Kilani, 1990 (cf. *supra*).

KNORR-CETINA, K. D., 1981, *The Manufacture of Knowledge. An Essay on the Constructivist and Contextual Nature of Science*, Oxford, Pergamon Press.

KUHN, T. S., 1983 [1970], *La Structure des révolutions scientifiques*, Paris, Flammarion (« Champs ») [*The Structure of Scientific Revolutions*, Chicago, Ill., The University of Chicago Press, Second Edition, Enlarged 1970 (1ère éd. 1962)].

KUHN, T. S., 1990 [1977], *La Tension essentielle. Tradition et changement dans les sciences*, Paris, Gallimard (« Bibliothèque des sciences humaines ») [*The Essential Tension. Selected Studies in Scientific Tradition and Change*, Chicago and London, The University of Chicago Press, 1977] ; cf. en partic. le chap. XII, « En repensant aux paradigmes ».

L'Agriculture africaine et le capitalisme, 1975 (ouvrage collectif), Paris, Anthropos.

LAKATOS, I. & A. MUSGRAVE, éd., 1972 [1970], *Criticism and the Growth of Knowledge (Proceedings of the International Colloquium in the Philosophy of Science)*, Cambridge, Cambridge University Press [2ème éd.].

« L'Anthropologie : points d'histoire », 1983, numéro spécial de *L'Ethnographie*, LXXIX (90-91).

La Pensée métisse. Croyances africaines et rationalité occidentale en questions (recueil collectif), 1990, Paris / Genève, Presses Universitaires de France / Cahiers de l'IUED.

LAPLANE, D., 1987, *La Mouche dans le bocal. Essai sur la liberté de l'homme neuronal*, Paris, Plon.

LARGEAULT, J., 1980, « Règlements de comptes entre épistémologues », *in* Largeault, J., *Enigmes et controverses. Quelques problèmes en théorie de la connaissance*, Paris, Aubier Montaigne (« Analyse et raisons ») [à propos de Lakatos, I & A. Musgrave, éd., 1972 (cf. *supra*)].

LATOUR, B., 1984, *Les Microbes. Guerre et paix*, suivi de *Irréductions*, Paris, A.-M. Métailié (« Pandore »).

LATOUR, B., 1988 a, « Le Grand partage », *La Revue du MAUSS*, n° 1 (nouvelle série : Paris, La Découverte) : *« Rationalisme et relativisme »*, I (cf. *infra*).

LATOUR, B., 1988 b, « A Relativistic Account of Einstein's Relativity », *Social Studies of Science* (SAGE, London), vol. 18.

LATOUR, B., 1989 a [1987], *La Science en action*, Paris, La Découverte (« Textes à l'appui / Anthropologie des sciences et des techniques ») [*Science in Action. How to Follow Scientists and Engineers through Society*, Cambridge, Mass., Harvard University Press].

LATOUR, B., 1989 b, « Pasteur et Pouchet : hétérogenèse de l'histoire des sciences », *in* Serres, M., éd., *Eléments d'histoire des sciences*, Paris, Bordas (« Cultures »).

LATOUR, B., 1990, « Sommes-nous postmodernes ? Non, amodernes ! Etapes vers une anthropologie de la science », *in La Pensée métisse...* (cf. *supra*).

LATOUR, B., 1991, *Nous n'avons jamais été modernes. Essai d'anthropologie symétrique*, Paris, La Découverte (« L'armillaire »).

LATOUR, B. & P. FABBRI, 1977, « La rhétorique de la science. Pouvoir et devoir dans un article de science exacte », *Actes de la recherche en sciences sociales*, février 1977, n° 13.

LATOUR, B. & S. WOOLGAR, 1988 [1979], *La Vie de laboratoire. La production des faits scientifiques*, Paris, La Découverte (« Science et société ») [*Laboratory Life. The Construction of Scientific Facts*, London / Beverly Hills / New Delhi, SAGE publications, Inc.].

LAUDAN, L., 1987 [1977], *La Dynamique de la science*, Bruxelles / Liège, Pierre Mardaga éditeur (« Philosophie et langage ») [*Progress and its Problems. Towards a Theory of Scientific Growth*, University of California Press].

LECLERC, G., 1972, *Anthropologie et colonialisme*, Paris, Fayard.

LE GOFF, J., éd., 1988, *La Nouvelle histoire*, Paris, Ed. Complexe (1ère éd. 1978).

LEIRIS, M., 1981 [1934], *L'Afrique fantôme*, Paris, Gallimard (« Bibliothèque des sciences humaines »).

LEMAINE, G. & B. MATALON, 1969, « La lutte pour la vie dans la cité scientifique », *Revue française de sociologie*, n° 10.

LEMAINE, G., M. CLEMENÇON, A. GOMIS, B. POLLIN & B. SALVO, 1977, *Stratégies et choix dans la recherche. A propos des travaux sur le sommeil*, La Haye / Paris, Mouton.

LEMONNIER, P., 1980, *Les Salines de l'Ouest. Logique technique, logique sociale*, Paris / Lille, Editions de la Maison des sciences de l'homme / Presses de l'Université de Lille.

LEMONNIER, P., 1990, *Guerres et festins. Paix, échanges et compétition*

dans les Highlands de Nouvelle-Guinée, Paris, Editions de la Maison des sciences de l'homme.
LENCLUD, G., 1988 a, « Pour une anthropologie de l'histoire de l'anthropologie », *Gradhiva*, n° 4.
LENCLUD, G., 1988 b, « La perspective fonctionnaliste », *in* Descola & col., 1988 (cf. *supra*).
LEPENIES, W., 1990 [1985], *Les Trois cultures. Entre science et littérature, l'avènement de la sociologie*, Paris, Editions de la Maison des sciences de l'homme [*Die drei Kulturen : Soziologie zwischen Literatur und Wissenschaft*, München, Hanser Verlag].
Le Père. Métaphore paternelle et fonctions du père : l'Interdit, la Filiation, la Transmission, 1989, ouvrage collectif (préface de Marc Augé), Paris, Denoël (« L'espace analytique ») [textes issus d'un colloque (mai 1987) tenu à Paris sous l'égide du CNRS et de la MIRE].
LEROI-GOURHAN, A., 1946, *Archéologie du Pacifique Nord*, Paris, Institut d'ethnologie (« Travaux et mémoires de l'Institut d'ethnologie », vol. 47).
LEROI-GOURHAN, A., 1964, *Technique et langage (Le Geste et la parole I)*, Paris, Albin Michel (« Sciences d'aujourd'hui »).
LEROI-GOURHAN, A., 1965, *La Mémoire et les rythmes (Le Geste et la parole II)*, Paris, Albin Michel (« Sciences d'aujourd'hui »).
LEROI-GOURHAN, A., 1971 [1943], *L'Homme et la matière (Evolution et techniques I)*, Paris, Albin Michel (« Sciences d'aujourd'hui »).
LEROI-GOURHAN, A., 1973 [1945], *Milieu et techniques (Evolution et techniques II)*, Paris, Albin Michel (« Sciences d'aujourd'hui »).
LEROI-GOURHAN, A., 1976 [1964], *Les Religions de la préhistoire*, Paris, Presses Universitaires de France.
LEROI-GOURHAN, A., 1982, *Les Racines du monde. Entretiens avec Claude-Henri Rocquet*, Paris, Belfond.
LEROI-GOURHAN, A., 1983 a, *Les Chasseurs de la préhistoire*, Paris, A.-M. Métailié.
LEROI-GOURHAN, A., 1983 b, *Le Fil du temps. Ethnologie et préhistoire 1920-1970*, Paris, Fayard (recueil de textes publiés entre 1935 et 1969).
« Les Animaux : domestication et représentations », 1988, *L'Homme*, oct.-déc. 1988, XXVIII (4), n° 108 (thème du n°).
LÉVI-STRAUSS, Cl., 1958, *Anthropologie structurale*, Paris, Plon.
LÉVI-STRAUSS, Cl., 1962 a, *Le Totémisme aujourd'hui*, Paris, Presses Universitaires de France.
LÉVI-STRAUSS, Cl., 1962 b, *La Pensée sauvage*, Paris, Plon.
LÉVI-STRAUSS, Cl., 1963, « Réponses à quelques questions », *Esprit*, 31e année, n° 322 (thème du n° : *« "La Pensée sauvage" et le structuralisme »*).
LÉVI-STRAUSS, Cl., 1964, *Le Cru et le cuit (Mythologiques I)*, Paris, Plon.
LÉVI-STRAUSS, Cl., 1966, *Du miel aux cendres (Mythologiques II)*, Paris, Plon.

LÉVI-STRAUSS, Cl., 1967 [1947], *Les Structures élémentaires de la parenté*, Paris / La Haye, Mouton (2ème éd.).

LÉVI-STRAUSS, Cl., 1968 a [1950], « Introduction à l'œuvre de Marcel Mauss », *in* Mauss, M., 1968 [1950] (cf. *infra*).

LÉVI-STRAUSS, Cl., 1968 b, *L'Origine des manières de table (Mythologiques III)*, Paris, Plon.

LÉVI-STRAUSS, Cl., 1971 a, *L'Homme nu (Mythologiques IV)*, Paris, Plon.

LÉVI-STRAUSS, Cl., 1971 b, « The Deduction of the Crane », *in* Maranda, P. & E. K. Maranda, éd., *The Structural Analysis of Oral Tradition*, Philadelphia, University of Pensylvania Press, 1971.

LÉVI-STRAUSS, Cl., 1973, *Anthropologie structurale deux*, Paris, Plon.

LÉVI-STRAUSS, Cl., 1979, *La Voie des masques*, Paris, Plon.

LÉVI-STRAUSS, Cl., 1983 a, *Le Regard éloigné*, Paris, Plon.

LÉVI-STRAUSS, Cl., 1983 b, « Histoire et ethnologie », *Annales ESC*, nov.-déc. 1983, XXXVIII (6) (texte présenté à la Sorbonne le 2 juin 1983 pour la cinquième Conférence Marc Bloch).

LÉVI-STRAUSS, Cl., 1984, *Paroles données*, Paris, Plon.

LÉVI-STRAUSS, Cl., 1985, *La Potière jalouse*, Paris, Plon.

LÉVI-STRAUSS, Cl., 1988, « "... Nous avons lui et moi essayé de faire à peu près la même chose" », *in André Leroi-Gourhan ou les voies de l'homme*, 1988 (cf. *supra*).

LÉVI-STRAUSS, Cl., 1991, *Histoire de Lynx*, Paris, Plon.

LÉVI-STRAUSS, Cl., M. AUGÉ & M. GODELIER, 1975, « Anthropologie, histoire, idéologie », *L'Homme*, juil.-déc. 1975, XV (3-4).

LÉVI-STRAUSS, Cl. & D. ÉRIBON, 1988, *De près et de loin*, Paris, Odile Jacob.

LÉVY-LEBLOND, J.-M., 1977, « Des mathématiques catastrophiques ? », *Critique*, avril 1977, n° 359.

L'Identité, 1977 (séminaire dirigé par Claude Lévi-Strauss au Collège de France, 1974-1975), Paris, Grasset et Fasquelle (nouvelle éd. : Paris, Presses Universitaires de France, 1983 [« Quadrige »]).

« L'Individualisme. Le grand retour », 1989, *Magazine littéraire*, n° spécial, avril 1989, n° 264.

LINTON, R., 1923, « The Sacrifice to the Morning Star by the Skidi Pawnee », *Field Museum of Natural History, Department of Anthropology Leaflet*, n° 6.

LIZOT, J., 1976, *Le Cercle des feux*, Paris, Seuil (« Recherches anthropologiques »).

LIZOT, J., 1984, *Les Yanõmami centraux*, Paris, Ed. de l'EHESS (« Cahiers de l'Homme », 22).

LOUIS, P. & J. ROGER, éd., M. GROULT (préparation), 1988, *Transferts de vocabulaire dans les sciences*, Paris, Ed. du CNRS (« Histoire du vocabulaire scientifique »).

LOURAU, R., 1988, *Le Journal de recherche. Matériaux d'une théorie de l'implication*, Paris, Méridiens Klincksieck.

L'Univers impitoyable de Gary Larson, 1988, dessins humoristiques de G. Larson présentés par Cavanna, Paris, Presses de la Cité (hors collection).

MAGNAN, C., 1988, *La Nature sans foi ni loi. Les grands thèmes de la physique du XXe siècle*, Paris, Belfond-Science.

MAHIAS, M.-Cl., 1985, *Délivrance et convivialité. Le système culinaire des Jaina de Delhi*, Paris, Ed. de la Maison des sciences de l'homme.

MASTERMAN, M., 1972, « The Nature of a Paradigm », *in* Lakatos, I. & A. Musgrave, éd., 1972 (cf. *supra*).

MATHIEU, N.-Cl., 1991, *L'Anatomie politique. Catégorisations et idéologies du sexe*, Paris, Ed. Côté-femmes (« Recherches ») [recueil de textes parus entre 1971 et 1989].

MATHIEU, N.-Cl., éd., 1985, *L'Arraisonnement des femmes. Essais en anthropologie des sexes*, Paris, Ed. de l'EHESS (« Cahiers de l'Homme », 24).

MAUSS, M., 1904-1905, « Essai sur les variations saisonnières des sociétés eskimos. Etude de morphologie sociale », *Année sociologique*, tome IX [réédité dans Mauss, M., 1968 [1950] (cf. *infra*)].

MAUSS, M., 1923-1924, « Essai sur le don. Forme et raison de l'échange dans les sociétés archaïques », *Année sociologique*, seconde série, tome I [réédité dans Mauss, M., 1968 [1950] (cf. *infra*)].

MAUSS, M., 1968 [1950], *Sociologie et anthropologie*, Paris, Presses Universitaires de France (« Bibliothèque de sociologie contemporaine », Introd. de Cl. Lévi-Strauss).

MAUZÉ, M., 1992, *Les Fils de Wakai. Une histoire des Indiens Lekwiltoq*, Paris, Ed. Recherche sur les civilisations.

MEAD, M., 1928, *Coming of Age in Samoa*, s. l., William Morrow and Co [trad. fr. partielle : *Moeurs et sexualité en Océanie*, Paris, Plon, 1963].

MEILLASSOUX, Cl., 1960, « Essai d'interprétation du phénomène économique dans les sociétés d'auto-subsistance », *Cahiers d'études africaines*, 1960, n° 4.

MEILLASSOUX, Cl., 1962, « Social and Economic Factors Affecting Markets in Guroland », *in* Bohannan, P. & G. Dalton, éd., *Markets in Africa*, Evanston, Ill., Northwestern University Press.

MEILLASSOUX, Cl., 1964, *Anthropologie économique des Gouro de Côte d'Ivoire*, Paris, Mouton.

MEILLASSOUX, Cl., 1967, « Recherche d'un niveau de détermination dans la société cynégétique », *L'Homme et la société*, 4ème trimestre 1967, n° 6.

MEILLASSOUX, Cl., 1968, « Ostentation, destruction, reproduction » [sur le potlatch et des phénomènes comparables], *Economies et sociétés*, avr. 1968, II (4).

MEILLASSOUX, Cl., 1973, « Y a-t-il des castes aux Indes ? », *Cahiers internationaux de sociologie*, 1er trimestre 1973, LIV.

MEILLASSOUX, Cl., 1975, *Femmes, greniers et capitaux*, Paris, Maspero.

MEILLASSOUX, Cl., 1977 a, *Terrains et théories*, Paris, Anthropos.

MEILLASSOUX, Cl., 1977 b, « Sur deux critiques [...] ou “Fahrenheit 450,5” », *L'Homme*, janv.-mars 1977, XVII (1).

MEILLASSOUX, Cl., 1980, « Le mâle en gésine ou de l'historicité des mythes », *Cahiers d'études africaines*, XIX (1-4), n° 73-76.

MEILLASSOUX, Cl., 1985, « Past and Future Relevance of Marx and Engels' Works to Anthropology », *Dialectical Anthropology*, june 1985, IX (1-4).

MEILLASSOUX, Cl., 1986, *Anthropologie de l'esclavage. Le ventre de fer et d'argent*, Paris, Presses Universitaires de France.

MEILLASSOUX, Cl., éd., 1975, *L'Esclavage en Afrique précoloniale*, Paris, Maspero.

MENGET, P., 1983, « Bibliographie sommaire de l'histoire de l'ethnologie », *in « L'Anthropologie : points d'histoire »* (cf. *supra*).

MERTON, R. K., 1973, *The Sociology of Science. Theoretical and Empirical Investigations* (ed. by N. W. Storer), Chicago, University of Chicago Press.

MONOD, J., 1970, *Le Hasard et la nécessité*, Paris, Seuil (« Points »).

MONTIGNY-KOZLOWSKA, A., 1983, « La transition d'un fait technique : pertinence de l'analyse. Exemple des habitations bédouines à Qatar », *Techniques et culture*, n° 2.

MORANGE, M., 1986, « Biologie moléculaire et anthropologie », *in « Anthropologie : état des lieux »*, 1986 (cf. *supra*).

MORIN, E., 1973, *Le Paradigme perdu : la nature humaine*, Paris, Seuil.

MORIN, E., 1991, *La Méthode. 4. Les Idées. Leur habitat, leur vie, leurs mœurs, leur organisation*, Paris, Seuil.

MORIN, E. & M. PIATELLI-PALMARINI, éd., 1974, *L'Unité de l'homme*, Paris, Seuil, 3 tomes (actes du colloque sur « L'unité de l'homme : invariants biologiques et universaux culturels », Royaumont, sept. 1972).

MOSCOVICI, S., 1972, *La Société contre nature*, Paris, UGE.

NATHAN, T., 1977, *Sexualité idéologique et névrose. Essai de clinique ethnopsychanalytique*, Paris, La Pensée sauvage.

NATHAN, T., 1986, *La Folie des autres. Traité d'ethnopsychiatrie clinique*, Paris, Bordas (« Cliniques »).

« Notre histoire. Matériaux pour servir à l'histoire intellectuelle de la France, 1953-1987 », 1988, *Le Débat HPS*, mai-août 1988, n° 50 (thème du n°).

PAGELS, H., 1990 [1988], *Les Rêves de la raison. L'ordinateur et les sciences de la complexité*, Paris, InterEditions [*The Dreams of Reason*, New York, Simon & Schuster].

PANOFF, M., 1977 a, « Claude Meillassoux et le mode de production domestique », *Revue française de sociologie*, janv.-mars 1977, XVIII (1).

PANOFF, M., 1977 b, « Energie et vertu. Le travail et ses représentations en Nouvelle-Bretagne », *L'Homme*, XVII (2-3).

PANOFF, M., 1977 c, *Ethnologie : le deuxième souffle*, Paris, Payot.

PANOFF, M., 1979, « Travailleurs, recruteurs et planteurs dans l'Archipel Bismarck de 1885 à 1914 », *Journal de la Société des Océanistes*, XXXV (64).

PANOFF, M., 1985, « Du travail villageois au travail en plantation », *Techniques et culture*, janv.-juin 1985, n° 5 (thème du n° : *« Par où passe la technologie »*, I).

PANOFF, M., éd., 1982, *« Tubercules et pouvoir »*, numéro spécial du *JATBA (Journal d'agriculture traditionnelle et de botanique appliquée)*, juil.-déc. 1982, n° 3-4.

PARK, R. E., E. W. BURGESS & R. D. McKENZIE, 1979 [1925], *L'Ecole de Chicago. Naissance de l'écologie urbaine*, Paris, Ed. du Champ urbain [trad. française augmentée de *The City*, Chicago, University of Chicago Press, 1967 [1925]].

PASSERON, J.-Cl., 1991, *Le Raisonnement sociologique. L'espace non-poppérien du raisonnement naturel*, Paris, Nathan (« Essais & Recherches »).

PAVEL, T., 1988, *Le Mirage linguistique. Essai sur la modernisation intellectuelle*, Paris, Ed. de Minuit (« Critiques »).

PEPPER, S., 1942, *World Hypotheses. A Study in Evidence*, Berkeley-Los Angeles, University of California Press.

PÉQUIGNOT, B., 1990, *Pour une critique de la raison anthropologique. Eléments d'épistémologie des sciences humaines* (Préface de Louis-Vincent Thomas), Paris, L'Harmattan (« Logiques sociales »).

PERRIN, M., 1986, « Une interprétation morphogénétique de l'initiation chamanique », *in « Anthropologie : état des lieux »*, 1986 (cf. *supra*).

PERRIN, M. & J. POUILLON, 1988, « La pensée mythique : de la forme à l'usage », *L'Homme*, avr.-sept. 1988, XXVIII (2-3), 106-107 (thème du n° : *« Le mythe et ses métamorphoses »*).

PETITOT, J., 1985, *Morphogenèse du sens. I : Pour un schématisme de la structure*, Paris, Presses Universitaires de France (« Formes sémiotiques »).

PETITOT, J., 1988 a, « Approche morphodynamique de la formule canonique du mythe », *L'Homme*, avr.-sept. 1988, XXVIII (2-3), 106-107 (thème du n° : *« Le mythe et ses métamorphoses »*).

PETITOT, J., 1988 b, « Pas même un ange... (le problème de l'émergence du descriptible hors de l'indescriptible) », *in* Colloque de Cerisy, J.-P. Brans & col., éd., 1988 (cf. *supra*).

PETITOT, J., 1988 c, « Structuralisme et phénoménologie : la théorie des catastrophes et la part maudite de la raison », *in* Colloque de Cerisy & J. Petitot, éd., *Logos et théorie des catastrophes. A partir de l'œuvre de René Thom*, Genève, Patiño.

PÉTONNET, C., 1968, *Ces gens-là*, Paris, Maspero.

PIAGET, J., 1973, « Introduction : le problème de l'explication », *in* Apostel, L. & col., 1973 (cf. *supra*).

PIAGET, J., 1974, *Le Structuralisme*, Paris, Presses Universitaires de France (« Que sais-je ? », 6ème éd.).

PICON, F.-R., 1983, *Pasteurs du Nouveau Monde. Adoption de l'élevage chez les Indiens Guajiros (Colombie)*, Paris, Ed. de la Maison des sciences de l'homme.

PINGAUD, M.-Cl., 1978, *Paysans de Bourgogne. Les gens de Minot*, Paris, Flammarion (« Bibliothèque d'ethnologie historique »).

POLANCO, X., 1989, « Une science-monde : la mondialisation de la science européenne et la création de traditions scientifiques locales », *in* Polanco, X., éd., 1989, *Naissance et développement de la science-monde*, Paris, La Découverte / Conseil de l'Europe / UNESCO (« Textes à l'appui / Anthropologie des sciences et des techniques »).

POPPER, Sir K., 1973 [1968], *La Logique de la découverte scientifique*, Paris, Payot (préface de Jacques Monod) [*The Logic of Scientific Discovery*, London, Hutchinson, trad. angl. revue, corrigée et augmentée de *Logik der Forschung*, Wien, Springer, 1935].

POPPER, Sir K., 1984 [1982], *L'Univers irrésolu. Plaidoyer pour l'indéterminisme*, Paris, Hermann [*The Postscript to the Logic of Scientific Discovery, II : The Open Universe*, London, Hutchinson].

POPPER, Sir K., 1991 [1979], *La Connaissance objective*, Paris, Aubier (« Bibliothèque philosophique » ; préface de Jean-Jacques Rosat) [trad. franç. au deux tiers inédite de *Objective Knowledge*, Oxford, Oxford University Press, 2ème éd. (1ère éd. 1972)].

POUILLON, J., 1975, *Fétiches sans fétichisme*, Paris, Maspero.

PRACONTAL, M. de, 1990, *Les Mystères de la mémoire de l'eau*, Paris, La Découverte (« Enquêtes »).

PRADELLES DE LATOUR, Ch.-H., 1991, *Ethnopsychanalyse en pays bamiléké*, Paris, E.P.E.L. (« Ecole lacanienne de psychanalyse »).

PRIGOGINE, I., 1977, « L'ordre par fluctuations et le système social », *in* A. Lichnerowicz & col., *L'Idée de régulation dans les sciences*, Paris, Maloine-Drouin.

PRIGOGINE, I., 1980, *Physique, temps et devenir*, Paris, Masson.

PRIGOGINE, I. & I. STENGERS, 1979, *La Nouvelle alliance. Métamorphose de la science*, Paris, Gallimard.

PRIGOGINE, I. & I. STENGERS, 1988, *Entre le temps et l'éternité*, Paris, Fayard.

PUTNAM, H., 1984 [1981], *Raison, vérité et histoire*, Paris, Ed. de Minuit (« Propositions ») [*Reason, Truth and History*, Cambridge, Cambridge University Press].

QUILICI-PACAUD, J.-F., 1987, « Hommage à André Leroi-Gourhan. Lettre d'un technicien à ses amis ethnologues », *Techniques et culture*, juil.-déc. 1987, n° 10.

QUINE, W. v. O., 1977 [1969], *La Relativité de l'ontologie*, Paris, Aubier-Montaigne [*Ontological Relativity and Other Essays*, New York, Columbia University Press].

RADCLIFFE-BROWN, A. R., 1952, *Structure and Function in Primitive Society*, London, Cohen and West. [Trad. franç. : *Structure et fonction dans la société primitive*, Paris, Ed. de Minuit, 1968.]

RADCLIFFE-BROWN, A. R., 1957, *A Natural Science of Society*, Glencoe, Free Press.
« *Rationalisme et relativisme* », I, 1988, et II, 1988 (« Les embarras de la raison »), *La Revue du MAUSS*, 3ème et 4ème trimestres 1988, n°s 1 et 2 respectivement (nouvelle série : Paris, La Découverte).
RAVIS-GIORDANI, G., 1983, *Bergers corses. Les communautés villageoises du Niolu*, Aix-en-Provence, Edisud.
RAYNAUT C., 1983, « Une approche anthropologique des écosystèmes », *in* Raynaut, éd., 1983 (cf. *infra*) : « Conclusions ».
RAYNAUT C., éd., 1983, *Milieu naturel, techniques, rapports sociaux*, Bordeaux, Ed. du CNRS (actes du symposium organisé sur ce thème dans le cadre du premier colloque international de l'AFA, Association Française des Anthropologues).
REICHENBACH, H., 1938, *Experience and Prediction*, Chicago, Chicago University Press.
REY, P.-Ph., 1971, *Colonialisme, néo-colonialisme et transition au capitalisme. Exemple de la « Comilog » au Congo-Brazzaville*, Paris, Maspero.
REY, P.-Ph., 1973, *Les Alliances de classe*, Paris, Maspero.
REY, P.-Ph., 1975, « The Lineage Mode of Production », *Critique of Anthropology*, 1975, n° 3.
REY, P.-Ph., 1977, « Contradictions de classes dans les sociétés lignagères », *Dialectiques*, Automne 77, n° 21 (thème du n° : « *Anthropologie tous terrains* »).
REY, P.-Ph., 1978, *Les Concepts de l'anthropologie économique marxiste : critique et mise à l'épreuve*, thèse pour le Doctorat d'Etat, Paris, Université Paris V.
REY, P.-Ph., 1983, « Innovation technique et lutte des classes », *Techniques et culture*, juil.-déc. 1983, n° 2.
RICŒUR, P., 1963, « Structure et herméneutique », *Esprit* , 31e année, n° 322 (thème du n° : « *"La Pensée sauvage" et le structuralisme* »).
RICŒUR, P., 1969, *Le Conflit des interprétations. Essais d'herméneutique*, Paris, Seuil (« L'ordre philosophique »).
ROCHETEAU, G., 1975, « Pionniers mourides au Sénégal : transformation des terres neuves », *Cahiers de l'ORSTOM* (série « Sciences humaines »), XII (1).
RORTY, R., 1979, *Philosophy and the Mirror of Nature*, Princeton, NJ, Princeton University Press [trad. fr. : *L'Homme spéculaire*, Paris, Seuil, 1990 (« L'ordre philosophique »)].
RUELLE, D., 1991, *Hasard et chaos*, Paris, Ed. Odile Jacob (« Sciences »).
RUPP-EISENREICH, B., éd., 1984, *Histoire de l'anthropologie : XVIe-XIXe siècles*, Paris, Klincksieck (« Epistémologie »).
RUSSELL, Sir B., 1918, « On the Notion of Cause », *in* Russell, B., *Mysticism and Logic*, London, Allen and Unwin.
SAHLINS, M., 1976 [1972], *Age de pierre, âge d'abondance*, Paris, Gallimard [*Stone Age Economics*, New York, Aldine].

SAHLINS, M., 1989 [1985], *Des îles dans l'histoire*, Paris, Gallimard / Le Seuil / Hautes études [*Islands of History*, Chicago and London, The University of Chicago Press].

SARTRE, J.-P., 1960, *Critique de la raison dialectique* (2 tomes), Paris, Gallimard.

SAVONNET, G., 1976, « Inégalités de développement et organisation sociale [dans le] Sud-Ouest de la Haute Volta », *Cahiers de l'ORSTOM* (série « Sciences humaines »), XIII (1).

SCHEERER, E., 1988, « Esquisse d'une histoire de la science cognitive », *Revue internationale des sciences sociales*, fév. 1988, n° 115.

SCHEURER, P., 1979, *Révolutions de la science et permanence du réel*, Paris, Presses Universitaires de France (« Croisées »).

SCUBLA, L., 1988 a, « Diversité des cultures et invariants transculturels (1ère partie) », *in « Rationalisme et relativisme »*, I, 1988 (cf. *supra*).

SCUBLA, L., 1988 b, « Diversité des cultures et invariants transculturels (fin) », *in « Rationalisme et relativisme »*, II (« Les embarras de la raison »), 1988 (cf. *supra*).

SEARLE, J. R., 1985 [1984], *Du cerveau au savoir*, Paris, Hermann (« Savoir ») [*Minds, Brains and Science*, London, British Broadcasting Corporation, 1984].

SEARLE, J. R., 1990, « L'esprit est-il un programme d'ordinateur ? », *Pour la science*, mars 1990, n° 149.

SEBAG, L., 1964, *Marxisme et structuralisme*, Paris, Payot (« Bibliothèque scientifique, collection Sciences de l'homme »).

SEGALEN, M., 1980, *Mari et femme dans la société paysanne*, Paris, Flammarion (« Bibliothèque d'ethnologie historique »).

SEGALEN, M., éd., 1989, *L'Autre et le semblable. Regards sur l'ethnologie des sociétés contemporaines*, Paris, Presses du CNRS (« CNRS-Plus »).

SERGUINE, J., 1985, *Je suis de la nation du loup* (roman), Paris, Belfond.

SERRES, M., 1987, *Statues*, Paris, François Bourin.

SÈVE, L., 1984, *Structuralisme et dialectique*, Paris, Editions sociales.

SEVERI, C., 1988, « Structure et forme originaire », *in* Descola & col., 1988 (cf. *supra*).

SHAPIN, S. & S. SCHAFFER, 1985, *Leviathan and the Air Pump : Hobbes, Boyle, and the Experimental Life*, Princeton, Princeton University Press.

SHINN, T., 1988, « Hiérarchies des chercheurs et formes des recherches », *Actes de la recherche en sciences sociales*, sept. 1988, n° 74 (thème du n° : *« Recherches sur la recherche »*).

SIGAUT, F., 1978, *Les Réserves de grains à long terme. Techniques de conservation et fonction sociale dans l'histoire*, Paris, Ed. de la Maison des sciences de l'homme / Université Lille III.

SIGAUT, F., 1982, « Techniques et société chez les cultivateurs de tubercules : quelques réflexions critiques », *in* Panoff, éd., 1982 (cf. *supra*).

SIGAUT, F., 1985, « Ethnoscience et technologie : les tâches de la technologie... », *Techniques et culture*, janv.-juin 1985, n° 5 (thème du n° : *« Par où passe la technologie »*, I).

SIRAN, J.-L., 1980, « Contribution à la réflexion sur le métier d'anthropologue », *Bulletin de l'AFA (Association Française des Anthropologues)*, juin 1980, n° 3.

Situation actuelle et avenir de l'anthropologie en France, 1979, Paris, Ed. du CNRS (actes d'un colloque organisé à Paris en 1977 sous l'égide du CNRS et qui est à l'origine de la création de l'Association Française des Anthropologues – AFA – en 1979).

SORENSEN, R., 1991, « Thought Experiments », *American Scientist*, may-june 1991, vol. 79.

SOUSTELLE, J., 1975, *La Recherche française en archéologie et en anthropologie*, Paris, La Documentation française.

SPERBER, D., 1973 [1968], *Le Structuralisme en anthropologie (Qu'est-ce que le structuralisme ? 3)*, Paris, Ed. du Seuil (« Points »).

SPERBER, D., 1974, *Le Symbolisme en général*, Paris, Hermann (« Savoir »).

SPERBER, D., 1975, « Pourquoi les animaux parfaits, les hybrides et les monstres sont-ils bons à penser symboliquement ? », *L'Homme*, avr.-juin 1975, XV (2).

SPERBER, D., 1979, « La pensée symbolique est-elle pré-rationnelle ? », *in* Izard, M. & P. Smith, éd., 1979 (cf. *supra*).

SPERBER, D., 1982, *Le Savoir des anthropologues*, Paris, Hermann (« Savoir »).

SPERBER, D., 1985 a, « Anthropology and Psychology : Towards an Epidemiology of Representations » (Malinowski Memorial Lecture, 1984), *Man. The Journal of the Royal Anthropological Institute*, March 1985, XX (1).

SPERBER, D., 1985 b, « Un esprit psychologue », *Magazine littéraire*, oct. 1985, n° 223 : « Dossier Claude Lévi-Strauss ».

SPERBER, D., 1987, « Les sciences cognitives, les sciences sociales et le matérialisme », *in « Une nouvelle science de l'esprit »*, 1987 (cf. *infra*).

SPERBER, D. & D. WILSON, 1986, *Relevance. Communication and Cognition*, Oxford, Blackwell [trad. franç. de A. Gerschenfeld & D. Sperber : *La Pertinence. Communication et cognition*, Paris, Ed. de Minuit, 1989 (« Propositions »)].

STENGERS, I., éd., 1987, *D'une science à l'autre. Des concepts nomades*, Paris, Seuil.

STENGERS, I. & J. SCHLANGER, 1989, *Les Concepts scientifiques. Invention et pouvoir*, Paris / Strasbourg, La Découverte / Conseil de l'Europe / UNESCO (« Textes à l'appui / Anthropologie des sciences et des techniques »).

STURTEVANT, W. C., 1966, « Anthropology, History and Ethnohistory », *Ethnohistory*, vol. 13, n° 1-2.

SUTTLES, W., 1968, « Coping with Abundance [...] », *in* Lee, R. B. & I. DeVore, éd., *Man the Hunter*, Chicago, Aldine.

TABET, P., 1979, « Les mains, les outils, les armes », *L'Homme*, XIX (3-4).

TAGUIEFF, P.-A., 1987, *La Force du préjugé. Essai sur le racisme et ses doubles*, Paris, La Découverte (« Armillaire »).

TARDITS, Cl., 1980, *Le Royaume bamoum*, Paris, Armand Colin.

TASSY, P., 1991, *L'Arbre à remonter le temps. Les rencontres de la systématique et de l'évolution*, Paris, Chr. Bourgois (« Epistémè Essais »).

TAYLOR, A.-C., 1984, « L'américanisme tropical, une frontière fossile de l'ethnologie ? », *in* Rupp-Eisenreich, B., éd., 1984 (cf. *supra*).

TAYLOR, A.-C., 1988, « Les modèles d'intelligibilité de l'histoire », *in* Descola & col., 1988 (cf. *supra*).

TCHERKÉZOFF, S., 1983, *Le Roi Nyamwezi, la droite et la gauche*, Cambridge / Paris, Cambridge University Press / Ed. de la Maison des sciences de l'homme.

TERRADAS, I., 1988, *Mal natural, mal social. Introducción a la teoría de las ciencias humanas*, Barcelona, Barcanova.

TERRAY, E., 1973, « Technologie, Etat et tradition en Afrique », *Annales ESC*, 28.

TERRAY, E., 1975, « Classes and Class Consciousness in the Abron Kingdom of Gyaman », *in* Bloch, M., éd., *Marxist Analysis and Social Anthropology*, London, Malaby Press (« ASA Monographs »).

TERRAY, E., 1977, « Events, Structure and History : The Formation of Abron Kingdom of Gyaman », *in* Friedman, J. & M. Rowlands, éd., *The Evolution of Social Systems*, London, Duckworth.

TERRAY, E., 1979, « Long Distance Trade and the Formation of the State [...] », *in* Diamond, S., éd., *Toward a Marxist Anthropology*, The Hague, Mouton.

TERRAY, E., 1984 a, *Une histoire du royaume Abron de Gyaman, des origines à la conquête coloniale*, thèse pour le doctorat d'Etat, Paris, Université Paris V.

TERRAY, E., 1984 b, « L'anthropologie marxiste en France entre 1960 et 1980 : essai de bilan », *in* R. Galissot, éd., *Les Aventures du marxisme*, Paris, Syros (Actes du Colloque *Marx-marxismes*, organisé en 1983 par les Universités Paris VII et Paris VIII, la Fondation nationale des sciences politiques et le ministère de la Recherche).

TERRAY, E., 1986, « L'Etat, le hasard et la nécessité. Réflexions sur une histoire », *in « Anthropologie : état des lieux »*, 1986 (cf. *supra*).

TESTART, A., 1982 a, *Les Chasseurs-cueilleurs ou l'origine des inégalités*, Paris, Société d'ethnographie.

TESTART, A., 1982 b, « Conclusion », *in* Panoff, M., éd., 1982 (cf. *supra*).

TESTART, A., 1985, *Le Communisme primitif. I : Economie et idéologie*, Paris, Editions de la Maison des sciences de l'homme.

TESTART, A., 1986, *Essai sur les fondements de la division sexuelle du travail chez les chasseurs-cueilleurs*, Paris, Ed. de l'EHESS (« Cahiers de l'Homme », 25).

TESTART, A., 1988, « Some Major Problems in the Social Anthropology of Hunter-Gatherers », *Current Anthropology*, feb. 1988, 29 (1).

TESTART, A., 1991 a, *Essai d'épistémologie. Pour les sciences sociales*, Paris, Chr. Bourgois (« Epistémè Essais »).

TESTART, A., 1991 b, *Des mythes et des croyances. Esquisse d'une théorie générale*, Paris, Ed. de la Maison des sciences de l'homme.

THOM, R., 1977 [1972], *Stabilité structurelle et morphogenèse*, 2ème éd. revue, cor. et augm., Paris, InterEdition [W. A. Benjamin, Inc., 1972].

THOM, R., 1978, « Entretiens sur les catastrophes, le langage et la métaphysique extrême », *Ornicar ? Revue du champ freudien*, n° 16.

THOM, R., 1980, *Modèles mathématiques de la morphogenèse*, nouvelle éd. revue et augm., Paris, Chr. Bourgois.

THOM, R., 1983 a [1980], *Paraboles et catastrophes. Entretiens sur les mathématiques, la science et la philosophie*, Paris, Flammarion [Milano, Il Saggiatore, 1980].

THOM, R., 1983 b, « Structures cycliques en sémiologie », *Actes sémiotiques*, V (47-48).

THOM, R., 1988, *Esquisse d'une sémiophysique. Physique aristotélicienne et théorie des catastrophes*, Paris, InterEditions.

THOMAS, L.-V., 1974, « L'ethnologie, mystifications et démystifications », *in* Chatelet, F., éd., *Histoire de la philosophie*, tome VII, Paris, Hachette.

THUILLIER, P., 1976, « Goethe l'hérésiarque », *La Recherche*, février 1976, n° 64.

THUILLIER, P., 1984, « La science d'aujourd'hui est-elle dans une impasse ? », *La Recherche*, mars 1984, n° 153.

TODOROV, T., 1989, *Nous et les autres. La réflexion française sur la diversité humaine*, Paris, Seuil (« La couleur des idées »).

TORNAY, S., éd., 1978, *Voir et nommer les couleurs*, Nanterre, Laboratoire d'Ethnologie et de Sociologie comparative.

TORT, P., 1983, *La Pensée hiérarchique et l'évolution*, Paris, Aubier Montaigne (« Résonnances »).

TORT, P., 1988, « Introduction à l'anthropologie darwinienne. Entretien avec Georges Guille-Escuret », *L'Homme*, janv.-mars 1988, XXVIII(1), 105.

TORT, P., 1989, *La Raison classificatoire. Quinze études*, Paris, Aubier (« Résonnances »).

TORT, P. & col., 1985, *Misère de la sociobiologie*, Paris, Presses Universitaires de France.

TRAWEEK, S., 1988, *Beam Times and Life Times. The World of High Energy Physicists*, Cambridge, Mass., Harvard University Press.

TURVEY, M. T. & C. CARELLO, 1981, « Cognition : the View from Ecological Realism », *Cognition*, n° 10.

TYLER, S. A., éd., 1969, *Cognitive Anthropology*, New York, Holt, Rhinehart & Winston.

ULIN, R. C., 1984, *Understanding Cultures. Perspectives in Anthropology and Social Theory*, Austin, University of Texas Press.

Une anthropologie médicale en France ?, 1983, Paris, Ed. du CNRS.

« Une nouvelle science de l'esprit », 1987, *Le Débat. Histoire, politique, société*, nov.-déc. 1987, n° 47 (thème du numéro).

VALÉRY, P., 1974, *Cahiers, II*, Paris, Gallimard (« Bibliothèque de la Pléiade »).

VAN PARIJS, Ph., 1978, « Théorie des catastrophes et matérialisme historique », *Revue française de sociologie*, n° 19.

VAN PARIJS, Ph., 1981, *Evolutionary Explanation in the Social Sciences. An Emerging Paradigm*, Totowa, NJ, Rowman and Littlefield.

VARELA, F., 1979, *Principles of Biological Autonomy*, New York, Elsevier North Holland.

VARELA, F., 1989 a, *Autonomie et connaissance. Essai sur le vivant*, Paris, Seuil (« La couleur des idées » ; prolongement actualisé et complété de Varela, 1979 – cf. *supra*).

VARELA, F., 1989 b, *Connaître les sciences cognitives. Tendances et perspectives*, Paris, Seuil.

VERDIER, Y., 1979, *Façons de dire, façons de faire [...]*, Paris, Gallimard.

VEYNE, P., 1976, *L'Inventaire des différences. Leçon inaugurale au Collège de France*, Paris, Seuil.

VEYNE, P., 1978, *Comment on écrit l'histoire* [1971, éd. abrégée], suivi de *Foucault révolutionne l'histoire* [inédit], Paris, Seuil.

VEYNE, P., 1983, *Les Grecs ont-ils cru à leurs mythes ?*, Paris, Ed. du Seuil (« Des travaux »).

VEYNE, P., 1986 [1974], « L'Histoire conceptualisante », *in* Le Goff, J. & P. Nora, éd., *Faire de l'histoire*, tome I : *Nouveaux problèmes*, Paris, Gallimard (« Folio / Histoire »).

VIALLES, N., 1987, *Le Sang et la chair. Les abattoirs des pays de l'Adour*, Paris, Ed. de la Maison des sciences de l'homme (« Ethnologie de la France »).

WARNIER, J.-P., 1985, *Echanges, développement et hiérarchies dans le Bamenda pré-colonial (Cameroun)*, Stuttgart, Franz Steiner Verlag.

WHITE, L., Jr., 1962, *Medieval Technology and Social Change*, Oxford, Oxford University Press [tr. fr. : *Technologie médiévale et transformations sociales*, La Haye / Paris, Mouton & Co / Ecole pratique des hautes études, 1969 (« Civilisations et sociétés », 13)].

WILSON, E. O., 1975, *Sociobiology : The New Synthesis*, Cambridge, Belknap Press of Harvard University Press.

WIND, E., 1936, « Some Points of Contact between History and Natural Science », *in Philosophy and History : Essays Presented to Cassirer*, Oxford, Clarendon Press.

WITTGENSTEIN, L., 1982 [1967], *Remarques sur* Le Rameau d'or *de Frazer*, Lausanne, L'Âge d'homme (trad. fr. de J. Lacoste) [*Bemerkun-*

gen über Frazer's « Golden Bough », ed. Rhees, R., *in Synthèse,* n° 17, 1967].

XANTHAKOU, M., 1989, *Idiots de village. Conversations ethnopsychiatriques en Péloponnèse*, Toulouse, Presses Universitaires du Mirail (« Chemins cliniques »).

XANTHAKOU, M., 1991, « De la mémoire à la méthode : Georges Devereux, tel qu'en nous-mêmes... », communication présentée à « *Psychanalyse et Anthropologie* », Paris, Colloque international organisé à l'EHESS, 10-12 juin 1991, multicopié (à paraître dans les actes de ce colloque).

ZONABEND, F., 1980, *La Mémoire longue. Temps et histoire au village*, Paris, Presses Universitaires de France.

ZONABEND, F., 1989, *La Presqu'île au nucléaire*, Paris, Ed. Odile Jacob.

Index des auteurs

Table des Matières

DEUXIÈME PARTIE : DE LA NATURE HUMAINE À CELLE DE L'ETHNOLOGIE

ACHEVÉ D'IMPRIMER
EN MARS 1993
SUR LES PRESSES DE
L'IMPRIMERIE DU PAQUIS
70400 HÉRICOURT
DÉPÔT LÉGAL : 1er TRIMESTRE 1993